高等职业教育"互联网+"创新型系列教材

运动控制系统集成
与应用项目教程

主　编　李永杰　冷雪锋
参　编　顾六平　杨　苗

机械工业出版社

本书共分成 5 个项目，包括运动控制系统认知、C++ 项目设计、常见运动模式实现、搬运系统设计与装调、打标系统设计与装调。书中列举固高运动控制卡和汇川 PLC，以固高 GEN 控制卡和汇川 H5U 型 PLC 为控制载体，结合 EtherCAT 总线型伺服系统对项目实施进行阐述与举例。

本书结合"1+X 运动控制系统开发与应用"证书项目，适用于电气自动化技术、机电一体化技术、工业过程自动化和工业机器人技术应用等相关专业课程教材，也可作为相关工程技术人员培训和自学参考书。

本书为新形态一体化、融媒体教材，配套教学课件以及教学视频等教学资源，同时在智慧职教平台建设资源库，并开设在线开放课程。凡选用本书作为授课教材的老师，均可通过电话（010-88379564）或 QQ（2314073523）咨询。

图书在版编目（CIP）数据

运动控制系统集成与应用项目教程 / 李永杰，冷雪锋主编 . -- 北京：机械工业出版社，2024.12.
（高等职业教育"互联网+"创新型系列教材）. -- ISBN 978-7-111-77343-6

Ⅰ. TP24

中国国家版本馆 CIP 数据核字第 2025LY8234 号

机械工业出版社（北京市百万庄大街 22 号　邮政编码 100037）
策划编辑：曲世海　　　　　　　责任编辑：曲世海　赵晓峰
责任校对：郑　婕　李　杉　　　封面设计：马若濛
责任印制：张　博
北京机工印刷厂有限公司印刷
2025 年 8 月第 1 版第 1 次印刷
184mm×260mm · 14.25 印张 · 339 千字
标准书号：ISBN 978-7-111-77343-6
定价：47.00 元

电话服务　　　　　　　　　　网络服务
客服电话：010-88361066　　机 工 官 网：www.cmpbook.com
　　　　　010-88379833　　机 工 官 博：weibo.com/cmp1952
　　　　　010-68326294　　金 书 网：www.golden-book.com
封底无防伪标均为盗版　　　　机工教育服务网：www.cmpedu.com

前　言

随着生产自动化和伺服系统应用的普及，生产及技术一线接触运动控制系统的机会越来越多，企业亟需相应开发和调试维护的技术人员，特别是最近几年面临着劳动力的紧缺，生产设备自动化、智能化发展成为趋势。本书由编者结合运动控制相关教改实践和最新技术发展，以及企业实际工程案例编写而成。

本书采用以工作任务为基础的项目形式编排，将行业企业典型、实用的工程项目引入课堂。在编写过程中，结合当前运动控制主要应用的控制设备类型，将运动控制卡和PLC 两大类都融入教材，分别使用这两种控制器对设备进行开发控制。项目任务从引入、准备到实施，围绕固高 GEN 控制卡和汇川 H5U 型 PLC，对项目从硬件设备、任务原理、编程指令、实施步骤和任务调试等内容，紧扣"典型性、先进性、实用性、操作性"原则开展任务实施。本书充分体现了"易学、易懂和易上手"，力求达到提高学习兴趣和效率的目的。

本书主要包括运动控制系统认知、C++ 项目设计、常见运动模式实现、搬运系统设计与装调、打标系统设计与装调 5 个项目。后 3 个项目还专门配备使用 PLC 实现任务的方法和举例。项目 1 融入运动控制系统开发与应用职业技能等级标准设备载体，实现 1+X 课证初步融通。前 3 个项目作为教材运动控制项目的基础，搬运系统设计与装调项目和打标系统设计与装调项目在前 3 个项目的基础上进行综合与拓展。

本书由李永杰、冷雪锋担任主编，顾六平、杨苗参与了本书的编写。全书由李永杰策划统稿，常州固高智能装备技术研究院有限公司曾水生参与审稿。

读者在学习过程中，务必多练习，在学习过程中遇到问题，可以参照教材数字资源，也欢迎读者交流。

本书编写和整理过程中得到了常州固高智能装备技术研究院有限公司的大力支持，在此表示衷心感谢。限于编者的经验和水平，书中难免存在不足和缺陷，敬请广大读者批评指正。

编　者

二维码索引

序号	二维码	页码	序号	二维码	页码
1		45	8		86
2		47	9		98
3		50	10		154
4		51	11		165
5		70	12		171
6		73	13		195
7		79	14		207

目　录

项目 ①

运动控制系统认知

项目目标

知识目标：

1. 了解什么是运动控制，掌握运动控制系统的基本构成。
2. 了解运动控制器的功能、分类、主要性能指标和发展趋势。
3. 掌握运动控制器（卡）的信号类型和系统架构。

能力目标：

1. 熟悉自动化设备中的常见运动控制器。
2. 掌握运动控制器（卡）的软硬件安装基本方法。
3. 掌握运动控制器（卡）调试工具的使用。

素质目标：

1. 积极思考，举一反三，探索解决问题的多种方式。
2. 培养灵活选用运动控制器在实际项目中应用的能力。
3. 增强学生对新技术、新工艺的期盼，培养其学习技术的热情。

项目引入

某企业准备生产一套生产设备，用以传送、加工工件，整套设备采用了运动控制系统，需要控制电动机的转速、转动位置等，从而实现较高的加工精度。

对此，需要认识和配置相应运动控制系统。

任务 1-1　认识运动控制

一、运动控制系统

运动控制（Motion Control）是对机械运动部件的位置、速度等进行实时的控制管理，使其按照预期的运动轨迹和规定的运动参数进行运动。它是自动化的一个分支，使用通称为伺服机构的一些设备（如液压泵、线性执行机构或电动机）来控制机器的位置或速度。运动控制在机器人和数控机床领域的应用要比在专用机器中的应用更加复杂，因为后者运

1

动形式更简单，通常被称为通用运动控制。运动控制被广泛应用在包装、印刷、纺织和装配等工业中。

运动控制起源于早期的伺服控制。早期的运动控制依赖于复杂的机械设计，随着电子元器件、微处理器及通信技术的发展成熟，计算机成为主流设备，一些复杂、高速和高精度的运动控制可通过一个含有运动控制器的特殊计算机来实现。通过使用运动控制器软件完成电子齿轮、电子凸轮等的设置，从而运行程序、接收各轴反馈，形成闭合回路，实现运动控制。

按照使用动力源的不同，运动控制主要可分为以电动机作为动力源的电气运动控制、以气体和流体作为动力源的气液控制和以燃料（煤、油等）作为动力源的热机运动控制等。据资料统计，在所有动力源中，90% 以上来自于电动机。电动机在现代化生产和生活中起着十分重要的作用，所以在这几种运动控制中，电气运动控制应用最为广泛。

二、运动控制系统的组成

一个运动控制系统的基本架构组成如图 1-1 所示，主要包括以下几部分。

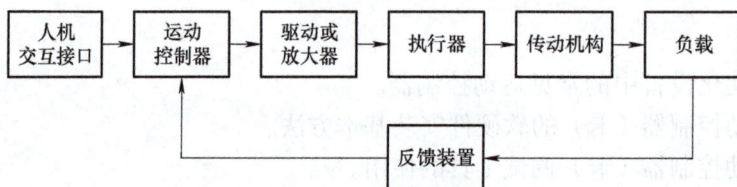

图 1-1　运动控制系统组成

1）人机交互（HMI）接口：指人与设备系统之间建立联系、交换信息的输入 / 输出设备的接口。这些输入 / 输出设备是控制系统与操作人员之间交互信息的窗口。

2）运动控制器：用以生成轨迹点（期望输出）和闭合反馈环，包括闭合的位置环、速度环等。

3）驱动或放大器：用以将来自运动控制器的控制信号（速度、转矩等信号）转换为更高功率的电流或电压信号。更为先进的智能化驱动可以自身闭合位置环和速度环，以获得更精确的控制。

4）执行器：用以输出运动，如液压泵、气缸、线性执行机构或电动机等。

5）传动机构：用以将执行器的运动形式转换为期望的运动形式。它包括齿轮箱、轴、滚珠丝杠、齿形带、联轴器，以及线性和旋转轴承等。

6）反馈装置：反馈传感器（如光电编码器、旋转变压器或霍尔效应设备等）将执行器的位置反馈到位置控制器，以实现和位置环的闭合。

电气运动控制是由电动机拖动发展而来的，电力拖动或电气传动是以电动机为对象的控制系统的通称。运动控制系统多种多样，但从基本结构上看，一个典型的电动机运动控制系统的硬件主要由上位机、运动控制器、功率驱动装置、电动机、执行机构和传感器反馈检测装置等部分组成，如图 1-2 所示。本书中的运动控制系统主要针对电动机实现控制。

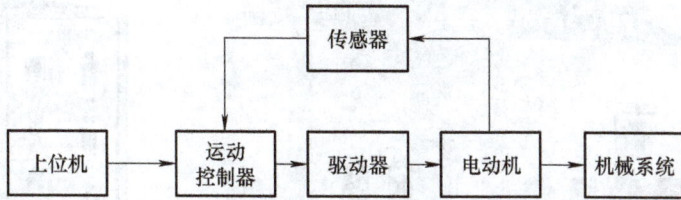

图 1-2　电动机运动控制系统组成

三、运动控制器的类型

运动控制器（Motion Controller）是指以中央逻辑控制单元为核心、以传感器为信号敏感元件、以电动机或动力装置和执行单元为控制对象的一种控制装置。它是一种可编程装置，可以实现机械运动精确的位置控制、速度控制、加速度控制、转矩或力的控制。将规划的运动曲线分配到各轴，并能够监控 I/O（输入 / 输出）信号，构成闭环，最终将预定控制方案转变为期望的机械运动。

运动控制器按结构分类可分为 PLC（可编程序控制器）、单片机控制器、独立式运动控制器、基于 PC（个人计算机）的运动控制卡和网络控制器等，如图 1-3 ～图 1-6 所示。

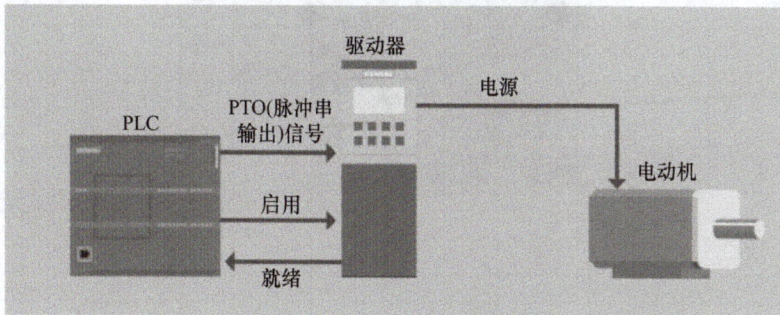

图 1-3　PLC（可编程序控制器）

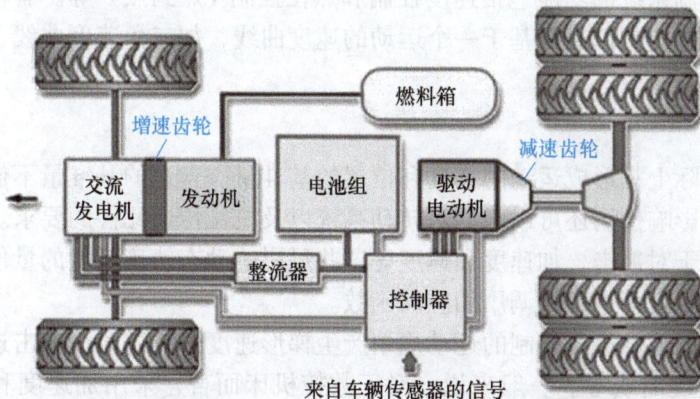

图 1-4　单片机控制器

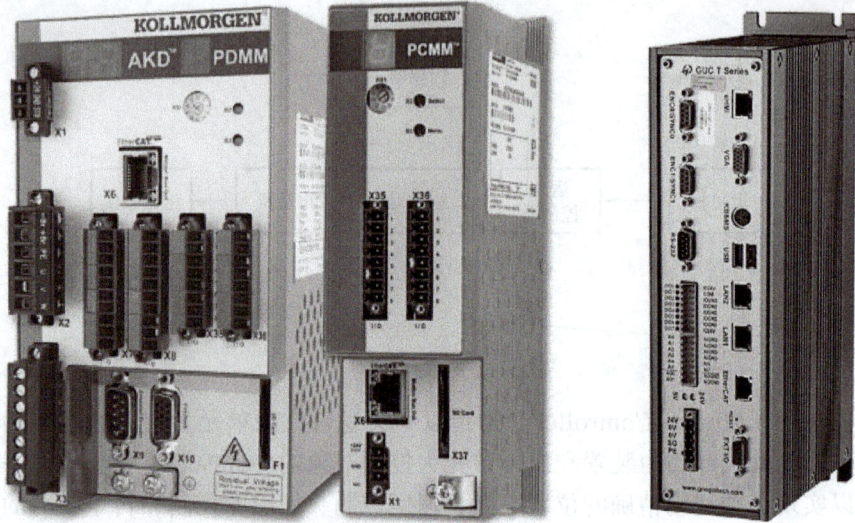

图 1-5 独立式运动控制器

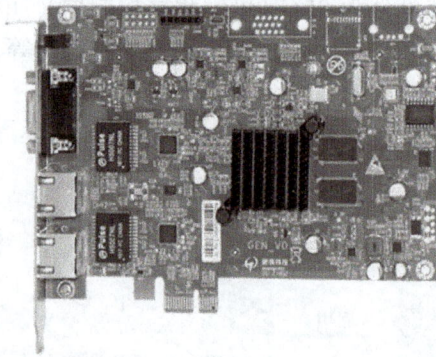

图 1-6 运动控制卡

四、运动控制器的功能

一个运动控制系统的功能包括速度控制和点位控制（点到点）等。有很多方法可以计算出一个运动轨迹，它们通常基于一个运动的速度曲线，如三角速度曲线、梯形速度曲线或 S 形速度曲线。

1. 运动规划功能

运动规划实际上是形成运动的速度和位置的基准量。合适的基准量不但可以改善轨迹的精度，而且其影响作用还可以降低对转动系统以及机械传递元件的要求。通用运动控制器通常都提供基于对冲击、加速度和速度等这些可影响动态轨迹精度的量值加以限制的运动规划方法，使用者可以直接调用相应的函数。

例如，对于加速度进行限制的运动规划产生梯形速度曲线，对于冲击进行限制的运动规划产生 S 形速度曲线等。一般来说，对于数控机床而言，采用加速度和速度基准量限制的运动规划方法，就已获得一种优良的动态特性。对于高加速度、小行程运动的快速定位系统，其定位时间和超调量都有严格的要求，往往需要高阶导数连续的运动规划方法。

2. 多轴插补、连续插补功能

通用运动控制器提供的多轴插补功能在数控机械行业获得广泛的应用。近年来，由于雕刻市场，特别是模具雕刻机市场的快速发展，推动了运动控制器连续插补功能的发展。在模具雕刻中存在大量的短小线段加工，要求段间加工速度波动尽可能小，速度变化的拐点要平滑过渡，这样要求运动控制器有速度前瞻和连续插补的功能。不少公司都推出了专门用于小线段加工工艺的连续插补型运动控制器。

3. 电子齿轮与电子凸轮功能

电子齿轮和电子凸轮可以大大简化机械设计，而且可以实现许多机械齿轮与凸轮难以实现的功能。电子齿轮可以实现多个运动轴按设定的传动比同步运动，这使得运动控制器在定长剪切和无轴转动的套色印刷方面得到很好的应用。

另外，电子齿轮还可以实现一个运动轴以设定的传动比跟随一个函数，而这个函数由其他几个运动轴的运动决定；一个轴也可以按设定的比例跟随其他两个轴的合成速度运动。

电子凸轮可以通过编程改变凸轮形状，无须修磨机械凸轮，极大简化了加工工艺。这个功能使运动控制器在机械凸轮的淬火加工、异形玻璃切割和全电动机驱动弹簧等领域具有良好的应用。

4. 比较输出功能

比较输出功能是指在运动过程中，位置到达设定的坐标点时，运动控制器输出一个或多个开关量，而运动过程不受影响。如在 AOI（自动光学检测）的飞行检测中，运动控制器的比较输出功能使系统运行到设定的位置即启动 CCD（电荷耦合器件）快速摄像，而运动并不受影响，这极大地提高了效率，改善了图像质量。

5. 探针信号锁存功能

探针信号锁存功能可以锁存探针信号产生的时刻、各运动轴的位置，其精度只与硬件电路相关，不受软件和系统运行惯性的影响，在 CCM（坐标测量机）测量行业具有良好的应用。另外，越来越多的 OEM（原始设备制造商）希望其丰富的行业应用经验集成到运动控制系统中去，针对不同应用场合和控制对象，个性化设计运动控制器的功能。

五、伺服系统

伺服系统是运动控制的主要控制载体，是使物体的位置、方位和状态等输出被控量能够跟随输入目标（或给定值）任意变化的自动控制系统。伺服系统是在定位控制中使用非常广泛的一种闭环控制系统，具有控制精度高、转速快和带负载能力强等特点。

现代高性能的伺服系统大多采用永磁交流伺服系统，其中包括永磁同步交流伺服电动机和全数字交流永磁同步伺服驱动器两部分。

1. 伺服系统的结构与分类

伺服系统是用来精确地跟随或复现某个过程的反馈控制系统，又称为随动系统。在多数情况下，伺服系统专指被控制量是机械位移或位移速度、加速度的反馈控制系统，其作用是使输出的机械位移（或转角）准确地跟踪输入的位移（或转角）。

（1）伺服系统的结构　机电一体化伺服系统的结构类型繁多，但从自动控制理论的角度来分析，伺服系统一般包括调节元件、执行元件、被控对象、检测环节（测量、反馈元件）和比较元件五部分，其框图如图1-7所示。

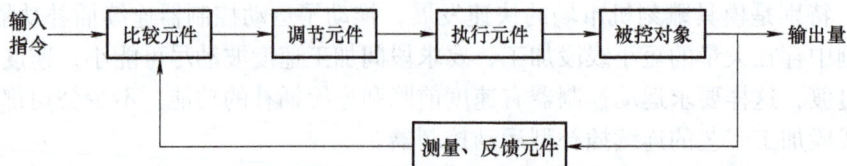

```
输入指令 → 比较元件 → 调节元件 → 执行元件 → 被控对象 → 输出量
                ↑                                    |
                └──────── 测量、反馈元件 ←────────────┘
```

图 1-7　伺服系统结构框图

（2）伺服系统的分类　伺服系统常见的分类有三种。

1）按被控量参数特性分类：一般机电一体化系统可分为位移、速度和力矩等各种伺服系统，其他系统还有温度、湿度、磁场和光等各种参数的伺服系统。

2）按驱动元件的类型分类：可分为电气伺服系统、液压伺服系统和气动伺服系统，电气伺服系统根据电动机类型的不同又分为直流伺服系统、交流伺服系统和步进电动机控制伺服系统。

3）按控制原理分类：按自动控制原理，伺服系统又可以分为开环控制伺服系统、闭环控制伺服系统和半闭环控制伺服系统。

2. 伺服电动机

（1）伺服电动机的概念　伺服电动机是指在伺服系统中控制机械元件运转的电动机。它可以使控制速度、位置精度非常准确，可以将电压信号转换为转矩和转速以驱动控制对象。

伺服电动机转子转速受输入信号控制，并能快速反应。在自动控制系统中，伺服电动机可用作执行元件，且具有机电时间常数小、线性度高和始动电压小等特性。它可把所收到的电信号转换成电动机轴上的角位移或角速度输出。当信号电压为零时，伺服电动机无自转现象，且其转速随着转矩的增加而匀速下降。

伺服电动机的应用领域非常广泛。只要对精度有要求的场合，一般都可能涉及伺服电动机。如机床、印刷设备、包装设备、纺织设备、激光加工设备、机器人和自动化生产线等对工艺精度、加工效率和工作可靠性等要求相对较高的设备都可以使用伺服电动机。

（2）伺服电动机的分类和结构　伺服电动机可以分为直流伺服电动机和交流伺服电动机。其中，直流伺服电动机又可分为有刷电动机和无刷电动机。有刷电动机成本低、结构简单、起动转矩大、调速范围宽且控制容易，但需要维护且维护不方便（需换电刷）、易产生电磁干扰、对环境有要求。因此它适用于对成本敏感的场合。

交流伺服电动机也属于无刷电动机，可分为同步和异步交流伺服电动机。目前运动控制系统大多采用同步交流伺服电动机，它的功率范围大，适用于低速平稳运行的控制。与无刷直流伺服电动机相比，交流伺服电动机由于采用了正弦波控制，转矩脉动小，控制效果好。直流伺服电动机采用梯形波控制，但直流伺服电动机结构简单，性价比较高。

交流伺服电动机也是由定子和转子构成的。其定子的构造基本上与电容分相式单相异步电动机相似，定子上装有两个位置互差90°的绕组，一个是励磁绕组R_f，它始终接在交

流电压 U_f 上；另一个是控制绕组 L，连接控制信号电压 U_c。

交流伺服电动机的转子通常做成笼型，为了使伺服电动机具有较宽的调速范围、线性的机械特性、无"自转"现象和快速响应等性能，伺服电动机与普通电动机相比，应具有转子电阻大和转动惯量小这两个特点。

（3）伺服电动机的工作原理　伺服电动机内部的转子是永磁铁，驱动器控制的 U、V、W 三相电形成电磁场，转子在该磁场的作用下转动。同时，电动机自带的编码器反馈信号给驱动器，驱动器将反馈值与目标值进行比较，调整转子转动的角度。伺服电动机的精度取决于编码器的精度，即伺服电动机每转编码器能发出多少个反馈脉冲（线数）。

伺服电动机主要靠脉冲来定位，伺服电动机接收到 1 个脉冲，就会旋转 1 个脉冲对应的角度。同时，伺服电动机编码器具备反馈功能，伺服电动机每旋转一个角度，编码器都会发出对应数量的反馈脉冲，反馈脉冲和伺服驱动器接收的脉冲形成闭环控制，这样伺服驱动器就能够很精确地控制电动机的转动，从而实现精确的定位。

3. 伺服驱动器

伺服驱动器又称为"伺服控制器""伺服放大器"，是用来控制伺服电动机的一种控制器，其作用类似于变频器作用于普通交流电动机，属于伺服系统的一部分，主要应用于高精度的定位系统。

（1）伺服驱动器的结构　交流永磁同步伺服驱动器主要由伺服控制单元、功率驱动单元、通信接口单元、伺服电动机及相应的反馈检测器件组成。其中，伺服控制单元包括位置控制器、速度控制器、转矩和电流控制器等。伺服控制模式如图 1-8 所示。

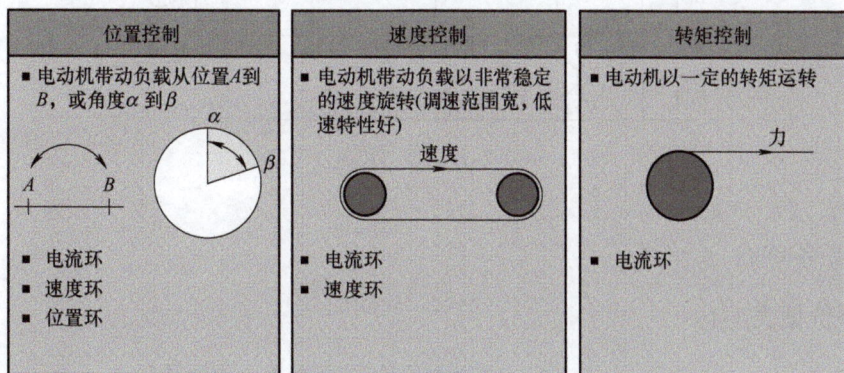

图 1-8　伺服控制模式

1）位置控制。位置控制主要是通过外部脉冲的频率确定转动速度的大小，通过外部脉冲的个数来确定转动角度。电动机带动负载做确定的直线或旋转位置控制。由于位置控制对速度和位置都有很严格的控制，所以一般应用于定位装置，多应用于数控机床、印刷机械等。

2）速度控制。速度控制主要是通过模拟量的输入或脉冲的频率进行转动速度的控制，电动机带动负载以稳定的速度旋转。

速度模式也可以进行定位，但必须把电动机的位置信号或负载的位置信号给反馈以做运算用。

3）转矩控制。转矩控制是通过外部模拟量的输入或直接的地址赋值来设置电动机轴对外输出转矩的大小，有恒转矩控制，电动机以一定转矩工作。转矩控制主要应用于对材质的受力有严格要求的场合，例如，绕线、拉伸动作设备等。

（2）伺服驱动器的工作原理　目前主流的伺服驱动器均采用数字信号处理器（DSP）作为控制核心，其优点是可以实现比较复杂的控制算法，以及实现数字化、网络化和智能化。功率器件普遍采用以智能功率模块（IPM）为核心设计的驱动电路，IPM内部集成了驱动电路，同时具有过电压、过电流、过热和欠电压等故障检测保护电路，在主电路中还加入软起动电路，以减小起动过程对驱动器的冲击。

功率驱动单元首先通过整流电路对输入的三相电或单相电进行整流，得到相应的直流电，再通过三相正弦PWM（脉宽调制）电压型逆变电路变频来驱动三相永磁式同步交流伺服电动机。伺服驱动器三相逆变电路（DC-AC）采用功率器件集成驱动电路、保护电路和功率开关于一体的IPM，主要拓扑结构采用了三相桥式电路，其原理如图1-9所示。它利用PWM技术，通过改变功率晶体管交替导通的时间来改变逆变电路输出波形的频率，改变每半个周期内晶体管的通断时间比，也就是说通过改变脉冲宽度来改变逆变器输出电压幅值的大小以达到调节功率的目的。

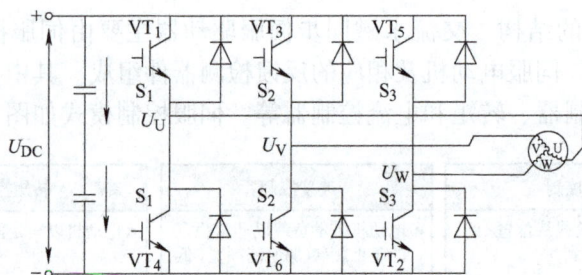

图1-9　伺服驱动器三相逆变电路

六、任务评价

任务评价见表1-1。

表1-1　认识运动控制任务评价表

任务	训练内容与分值	训练要求	学生自评	教师评分
认识运动控制	常见运动控制系统辨识（40分）	1. 正确辨识不同类型的常见运动控制系统 2. 熟悉应用场合		
	伺服系统辨识（40分）	1. 能根据不同运动系统选择不同的伺服控制模式 2. 熟悉不同的应用场景		
	职业素养与创新思维（20分）	1. 积极思考、举一反三 2. 遵守纪律，遵守实验室管理制度		
	学生：　　　　　　教师：　　　　　　日期：			

任务 1-2　控制器的认识及安装

一、运动控制器

本书运动控制器选用固高科技（Googoltech）GTS-800-PV-PCI 和 GEN-008-00 运动控制器，以 IBM-PC 及其兼容机为主机，可以实现高速点位运动控制。该运动控制器提供 C 语言等函数库和 Windows 动态链接库，可以实现复杂的控制功能。

1. GTS-800-PV-PCI 运动控制器

GTS-800-PV-PCI 运动控制器包括标准版运动控制器主卡、GTS 8 轴闭环运动控制器端子板和屏蔽电缆等。安装时，直接将主卡插入计算机主机 PCI 插槽固定，并与外部端子板对应接口连接，如图 1-10 所示。

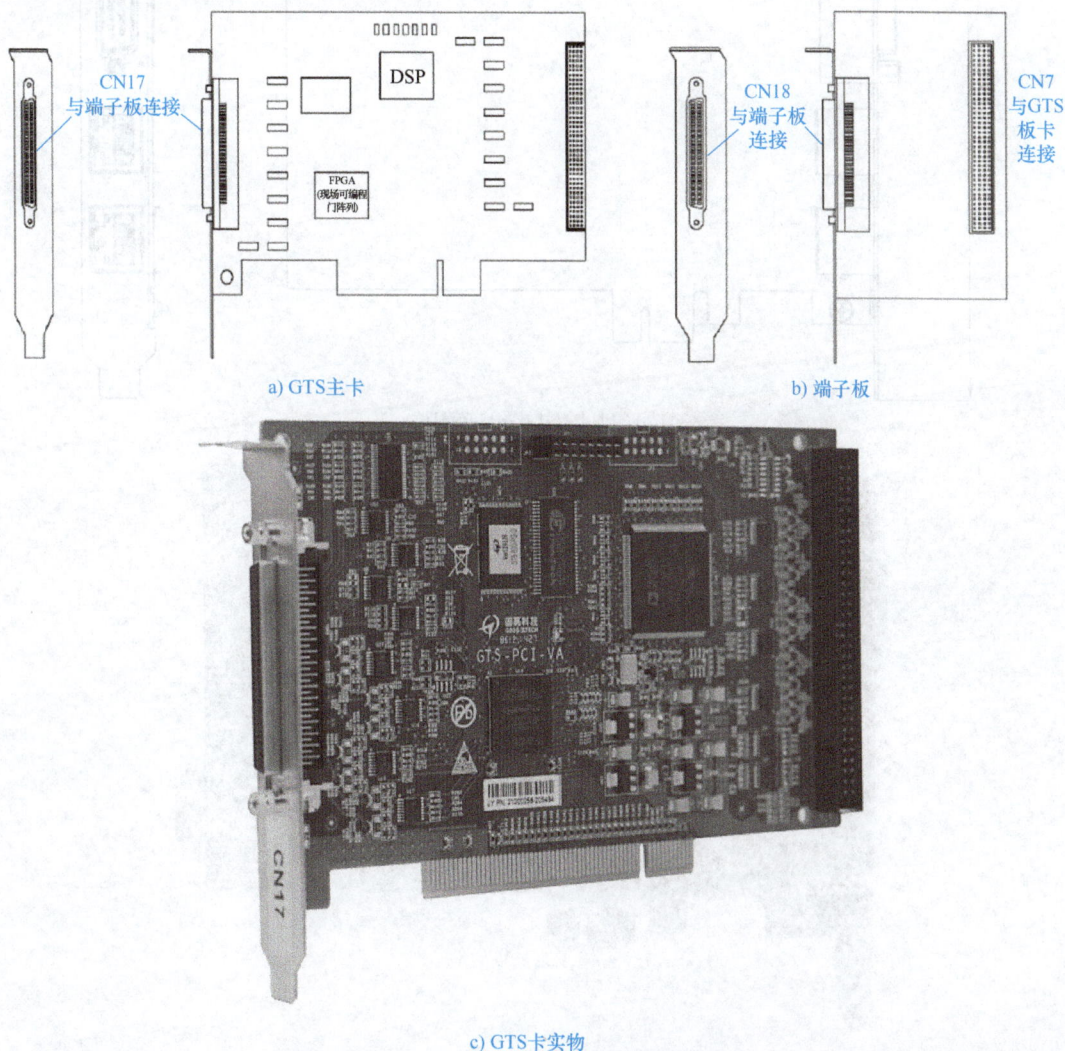

a) GTS主卡　　　　　　　　　　　　　b) 端子板

c) GTS卡实物

图 1-10　GTS-800-PV-PCI 运动控制器

2. GEN-008-00 运动控制器

GEN-008-00 运动控制器是一款基于 EtherCAT（以太网控制自动化技术）总线的插卡式运动控制器。它集成了 EtherCAT 主站解决方案，可实现 8 轴同步运动控制，同时支持 gLink-I I/O 模块和 EtherCAT I/O 模块扩展。该多轴网络运动控制器采用高性能运动控制算法，支持多轴插补、高阶 S 曲线加减速、电子凸轮和电子齿轮等运动模式，如图 1-11 所示。

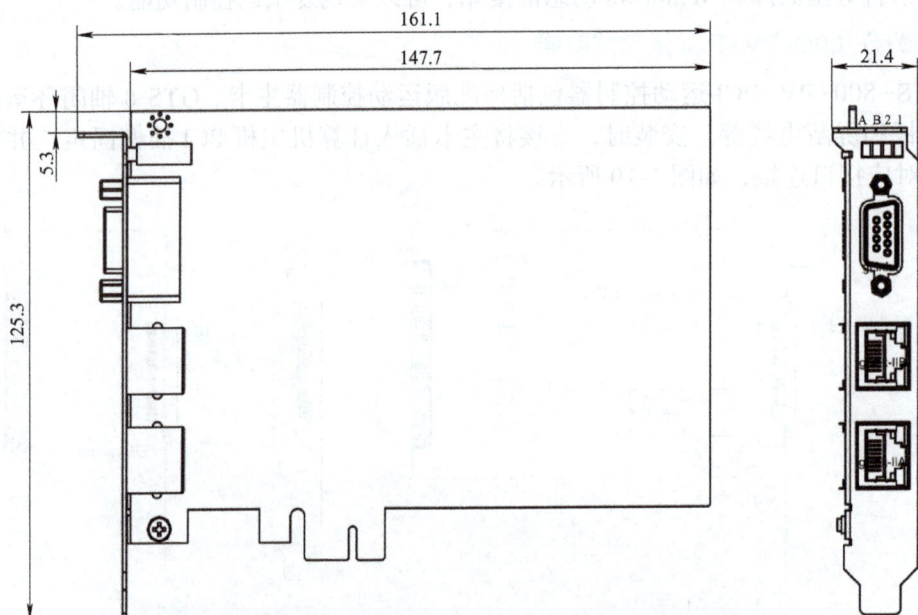

a) GEN卡尺寸及接口示意图

b) GEN卡实物

图 1-11　GEN-008-00 运动控制器

安装时，直接将主卡插入计算机主机 PCI 插槽固定，并通过 EtherCAT 连接器和 gLink-I 连接器与外部驱动器和模块对应接口连接。GEN 控制器系统架构如图 1-12 所示。

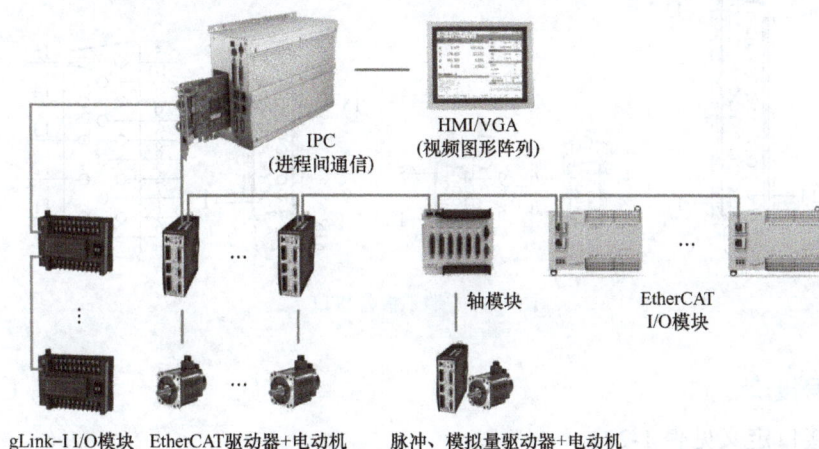

图 1-12　GEN 控制器系统架构

二、端子板介绍

端子板 CN1 ～ CN8 轴信号接口采用 25pin 引脚，CN12、CN13 辅助编码器接口采用 9pin 引脚，CN14 高速输入 / 输出（HSIO）接口采用 9pin 引脚，CN19 模拟量输入（AIN）接口采用 15pin 引脚，CN20 手轮（MPG）接口采用 15pin 引脚。8 轴端子板如图 1-13 所示，端子板各接口如图 1-14 所示。

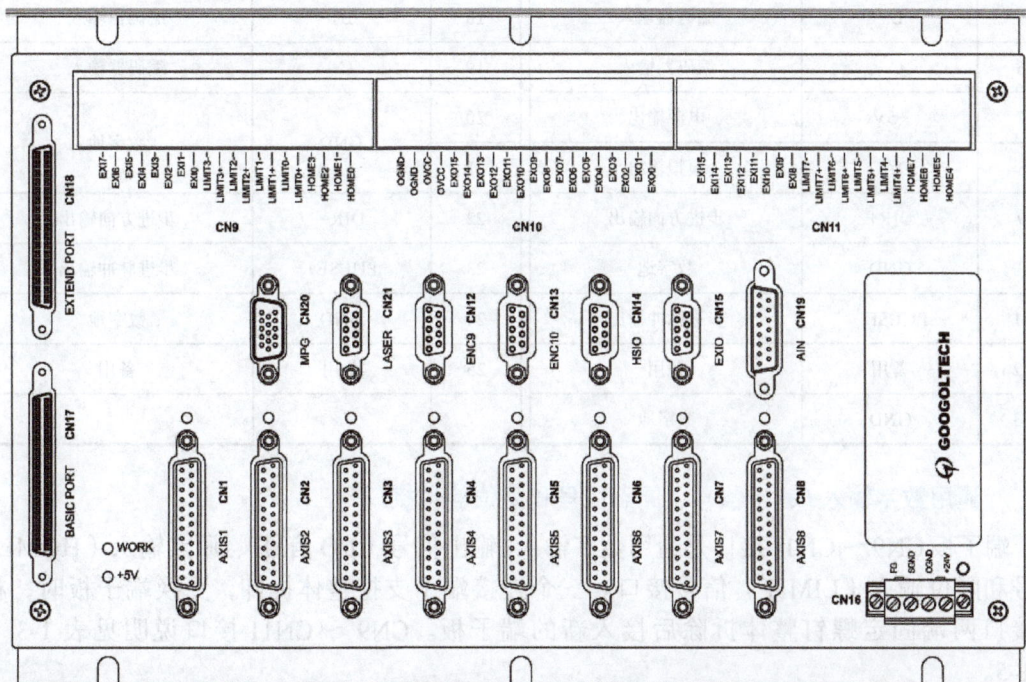

图 1-13　8 轴端子板

11

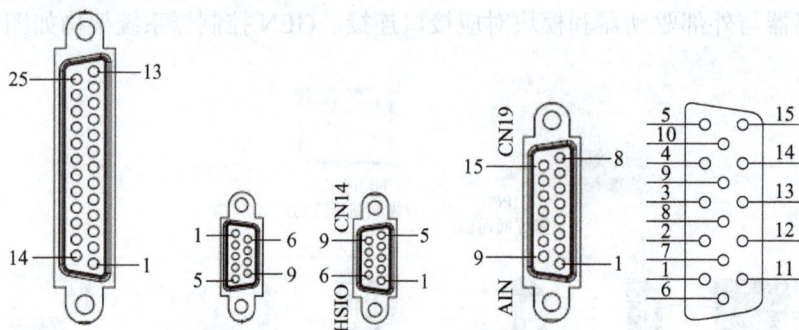

图 1-14　端子板各接口

1. 轴信号接口

轴信号接口定义见表 1-2。

表 1-2　轴信号接口

引脚	信号	说明	引脚	信号	说明
1	OGND	外部电源地	14	OVCC	24V 输出
2	ALM	驱动报警	15	RESET	驱动报警复位
3	ENABLE	驱动允许	16	SERDY	电动机到位
4	A−	编码器输入	17	A+	编码器输入
5	B−	编码器输入	18	B+	编码器输入
6	C−	编码器输入	19	C+	编码器输入
7	+5V	电源输出	20	GND	数字地
8	DAC	模拟输出	21		
9	DIR+	步进方向输出	22	DIR−	步进方向输出
10	GND	数字地	23	PULSE+	步进脉冲输出
11	PULSE−	步进脉冲输出	24	GND	数字地
12	备用	备用	25	备用	备用
13	GND	数字地			

2. 通用数字输入 / 输出信号、原点信号和限位信号接口

端子板 CN9 ～ CN11 接口是通用数字输入/输出信号（I/O 信号）、原点输入（HOME）信号和限位输入（LIMIT）信号接口。三个连接端子支持整体拆卸，更换端子板时，松开接口两端固定螺钉整体拆除后接入新的端子板。CN9 ～ CN11 接口说明见表 1-3 ～表 1-5。

表 1-3　CN9 的接口

引脚	信号	说明	引脚	信号	说明
1	HOME 0	1 轴原点输入	11	LIMIT 3+	4 轴正向限位
2	HOME 1	2 轴原点输入	12	LIMIT 3−	4 轴负向限位
3	HOME 2	3 轴原点输入	13	EXI 0	通用输入 / 探针输入
4	HOME 3	4 轴原点输入	14	EXI 1	
5	LIMIT 0+	1 轴正向限位	15	EXI 2	
6	LIMIT 0−	1 轴负向限位	16	EXI 3	
7	LIMIT 1+	2 轴正向限位	17	EXI 4	通用输入
8	LIMIT 1−	2 轴负向限位	18	EXI 5	
9	LIMIT 2+	3 轴正向限位	19	EXI 6	
10	LIMIT 2−	3 轴负向限位	20	EXI 7	

表 1-4　CN10 的接口

引脚	信号	说明	引脚	信号	说明
1	EXO 0	通用输出	11	EXO 10	通用输出
2	EXO 1		12	EXO 11	
3	EXO 2		13	EXO 12	
4	EXO 3		14	EXO 13	
5	EXO 4		15	EXO 14	
6	EXO 5		16	EXO 15	
7	EXO 6		17	OVCC	24V 供电输出
8	EXO 7		18		
9	EXO 8		19	OGND	24V 电源地
10	EXO 9		20		

表 1-5　CN11 的接口

引脚	信号	说明	引脚	信号	说明
1	HOME 4	5 轴原点输入	11	LIMIT 7+	8 轴正向限位
2	HOME 5	6 轴原点输入	12	LIMIT 7−	8 轴负向限位
3	HOME 6	7 轴原点输入	13	EXI 8	
4	HOME 7	8 轴原点输入	14	EXI 9	
5	LIMIT 4+	5 轴正向限位	15	EXI 10	
6	LIMIT 4−	5 轴负向限位	16	EXI 11	
7	LIMIT 5+	6 轴正向限位	17	EXI 12	通用输入
8	LIMIT 5−	6 轴负向限位	18	EXI 13	
9	LIMIT 6+	7 轴正向限位	19	EXI 14	
10	LIMIT 6−	7 轴负向限位	20	EXI 15	

3. 辅助编码器接口

辅助编码器接口接受 A 相、B 相和 C 相（INDEX）信号（辅助编码器不能用于捕获功能）。CN12、CN13 接口说明见表1-6。

表1-6 CN12、CN13 的接口

引脚	信号	说明	引脚	信号	说明
1	A+	编码器输入	6	A−	编码器输入
2	B+	编码器输入	7	B−	编码器输入
3	C+	编码器输入	8	C−	编码器输入
4	备用	备用	9	GND	数字地
5	+5V	电源输出			

4. 高速输入 / 输出接口

端子板 CN14 接口是高速输入 / 输出（HSIO）接口，有两路位置比较输出通道，对于带非轴模拟量版本，其 PIN4 和 PIN5 脚增加 DAC 输出接口。接口说明见表1-7。

表1-7 CN14 的接口

引脚	信号	说明	引脚	信号	说明
1	HSIO_A+	差分位置比较输出通道 0，复位后状态为高电平	6	HSIO_A−	差分位置比较输出通道 0，复位后状态为低电平
2	HSIO_B+	差分位置比较输出通道 1，复位后状态为高电平	7	HSIO_B−	差分位置比较输出通道 1，复位后状态为低电平
3	备用	备用	8	备用	备用
4[①]	备用	备用	9	GND	数字地
	DAC12	非轴 DAC12 通道，范围为 0 ~ 10V，复位后状态为 0V			
5[②]	5V	5V 电源			
	DAC11	非轴 DAC11 通道，范围为 0 ~ 10V，复位后状态为 0V			

① 引脚 4 为复用脚，对无非轴模拟量的端子板，此脚为空；对带非轴模拟量的端子板，此脚为 DAC12。
② 引脚 5 为复用脚，对无非轴模拟量的端子板，此脚为 +5V；对带非轴模拟量的端子板，此脚为 DAC11。

5. 模拟量接口

端子板 CN19 接口是模拟量输入（AIN）接口，有 8 路模拟量输入通道，每个通道的模拟量与控制轴（CN1 ~ CN8）中的模拟量输入复用，同一时刻只能接其中的一路。接口说明见表1-8。

表 1-8　CN19 的接口

引脚	信号	说明	引脚	信号	说明
1	模拟输入通道 1	模拟输入	9		
2	模拟输入通道 2		10		
3	模拟输入通道 3		11		
4	模拟输入通道 4		12	GND	模拟地
5	模拟输入通道 5		13		
6	模拟输入通道 6		14		
7	模拟输入通道 7		15		
8	模拟输入通道 8				

6. 手轮接口

端子板 CN20 接口是手轮（MPG）接口，有 1 路辅助编码器输入 [接受 A 相和 B 相差分输入（5V）]，7 路数字量 I/O 输入（默认 24V，低电平输入有效）。接口说明见表 1-9。

表 1-9　CN20 的接口

引脚	信号	说明	引脚	信号	说明
1	OGND	24V 电源地	9	MPGB−	编码器输入 B 负向
2	MPGI2	数字量输入	10	MPGA−	编码器输入 A 负向
3	MPGI0		11	MPGI6	数字量输入
4	MPGB+	编码器输入 B 正向	12	MPGI5	
5	GND	5V 电源地	13	MPGI4	
6	OVCC	24V 电源	14	MPGA+	编码器输入 A 正向
7	MPGI3	数字量输入	15	+5V	5V 电源
8	MPGI1				

三、运动控制器的安装

1. 准备工作

在安装之前，准备好以下物品：

1）具有 PCI 接口安装了 Windows 操作系统（Windows 7、Windows 10）的计算机。

2）24V 直流电源。

3）步进电动机或伺服电动机。

4）驱动器和驱动器电源。

5）端子板轴信号接口到驱动器轴接口之间的连接线缆（需要根据驱动器的型号制作与运动控制器端子板轴信号相匹配的线缆）。

6）原点开关、正 / 负限位开关（根据实际需要）。

7）万用表。

2. 控制器硬件安装

1）关断计算机电源。

2）打开计算机机箱，选择一条空闲的 PCI 插槽，用螺丝刀卸下对应插槽的挡板条。

3）将运动控制器可靠地插入该槽。

4）拧紧其上的固定螺钉。

5）卸下临近插槽的一条挡板条，用螺钉将转接板固定在机箱对应插槽上。

6）盖上计算机机盖，打开 PC 电源，启动计算机。

3. 控制器驱动程序安装

在 Windows 下安装驱动程序的方法基本一致，在此以 Windows 10 安装 GEN-008-00 运动控制器为例进行图解说明。

1）在硬件安装好，启动计算机后，进入计算机设备管理器界面，Windows 将自动检测到运动控制器（PCI 控制器），如图 1-15 所示。

2）将驱动程序先复制到计算机中。示例中将驱动程序复制到了 E:\Products\GEN\driver 路径下。

3）右击 "PCI 设备"，单击 "更新驱动程序软件"。

4）单击 "浏览计算机以查找驱动程序软件"，在弹出的界面中单击 "浏览" 按钮，找到驱动程序所在的位置（本计算机为 64 位操作系统，故安装 64 位驱动程序，若用户计算机为 32 位操作系统，则安装相应的 32 位驱动程序），选中后单击 "确定" 按钮。相关界面如图 1-16 所示。

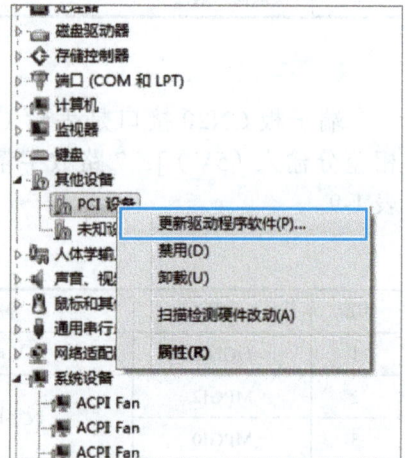

图 1-15　驱动程序安装界面 1

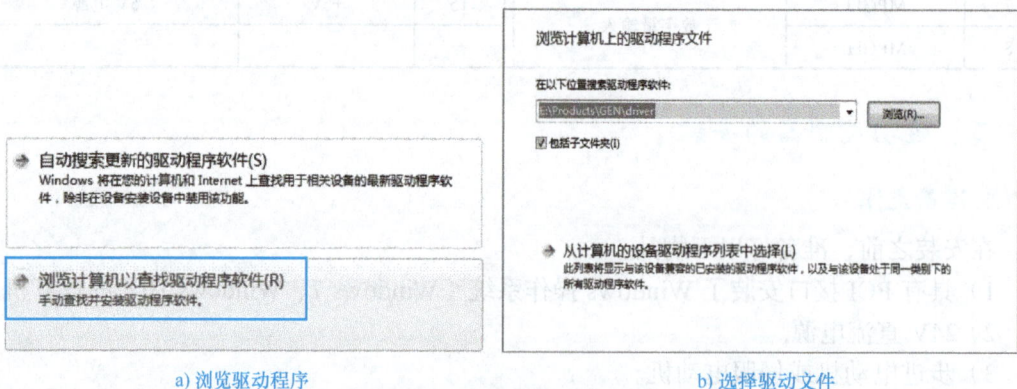

a) 浏览驱动程序　　　　　　　　　　b) 选择驱动文件

图 1-16　驱动程序安装界面 2

5）在找到驱动程序所在位置之后，单击 "下一步" 按钮，驱动开始安装，安装完成后弹出图 1-17 所示界面，单击 "关闭" 按钮。

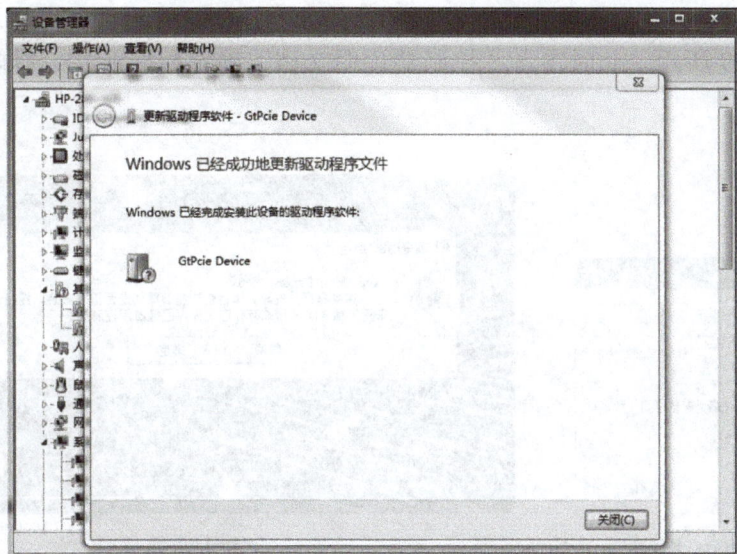

图 1-17　驱动程序安装界面 3

6）此时，在设备管理器的 Motion Controller Drivers 分支下显示 GtPcie Device，如图 1-18 所示，说明驱动程序已经安装成功。

图 1-18　驱动程序安装界面 4

GTS-800-PV-PCI 安装方法类似上述安装过程。

4. 建立主机和运动控制器的通信

（1）GEN-008-00 运动控制器　使用 MotionStudio 系统调试软件，先使用 EtherCATConfig 软件配置 EtherCAT 从站，再打开调试软件。详细的操作过程可参照 MotionStudio 的帮助文档。

如果 MotionStudio 能正常工作，证明运动控制器通信正常，否则会有相应错误提示信息，如图 1-19 所示，此时参考"控制器说明文档"确定问题所在，排除故障后重新测试。

a) 控制卡打开界面　　　　　　　　　　　b) 控制器打开失败提示

图 1-19　打开 MotionStudio 检测控制器通信是否正常

（2）GTS-800-PV-PCI 控制器　使用 MCT2008 系统调试软件，测试主机是否和运动控制器建立了联系。详细的操作过程可参照 MCT2008 的帮助文档。

如果 MCT2008 能正常工作，说明运动控制器通信正常，否则会提示错误信息"打开板卡失败"，如图 1-20 所示，此时，应确定问题所在，排除故障后重新测试。

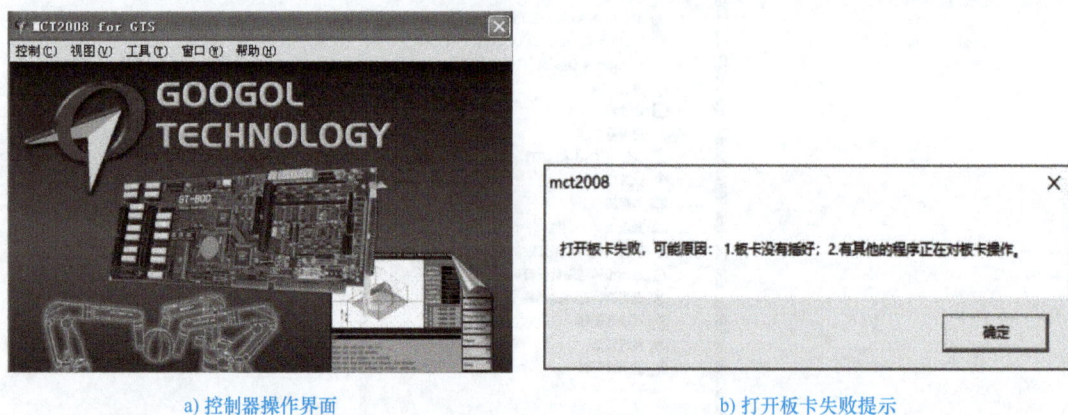

a) 控制器操作界面　　　　　　　　　　　b) 打开板卡失败提示

图 1-20　打开 MCT2008 检测控制器通信是否正常

5. 连接电动机和驱动器

在驱动器没有与运动控制器连接之前，连接驱动器与电动机。连接前必须仔细阅读驱动器说明书。按照驱动器说明书的要求测试驱动器与电动机，确保其工作正常。为安全起见，建议在初次使用板卡时，务必将电动机与负载脱离，在未完成控制系统的安装、调试前，不要将电动机与任何机械装置连接。待调整板卡及驱动器参数使电动机受控后，方可进行系统的机械连接。

6.连接运动控制器和端子板

GTS-800-PV-PCI 运动控制器还需要与端子板连接，如图 1-21 所示。关闭计算机电源，产品附带的两条屏蔽电缆中的一条连接控制器的 CN17 与端子板的 CN17，另一条连接转接板的 CN18 与端子板的 CN18。**注意：**避免带电插拔接口。

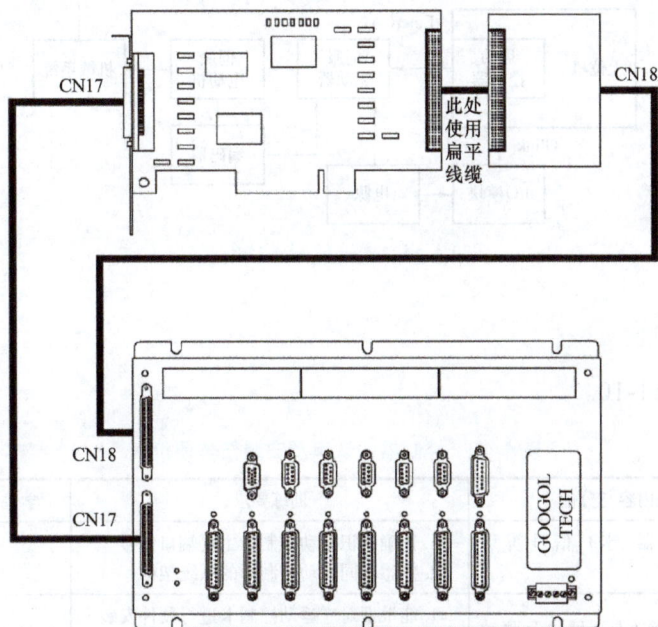

图 1-21　运动控制器与端子板连接

7.系统连接

（1）GEN-008-00 控制器　根据实际控制需求将控制器和 I/O 模块及驱动器连接好，整体如图 1-12 所示。

（2）GTS-800-PV-PCI 控制器　根据实际控制需求将端子板及驱动器连接好，GTS 卡典型系统连接如图 1-22 所示。

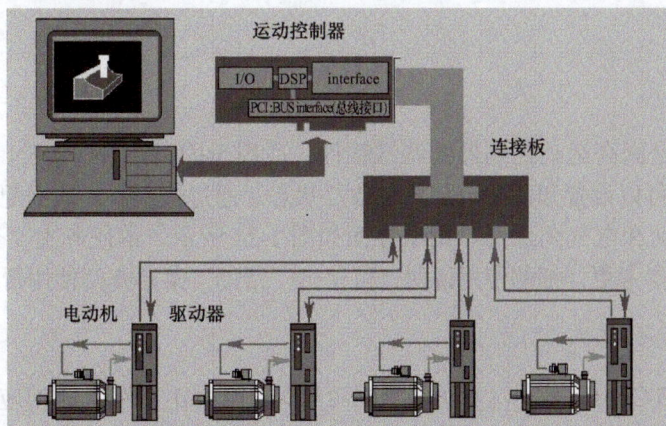

图 1-22　GTS 卡典型系统连接图

（3）运动控制系统的组成　本教学设备结合 EtherCAT 总线，选用相应 GEN 控制器，配套 I/O 模块及相关传感器、电动机组成运动控制系统，整体如图 1-23 所示。

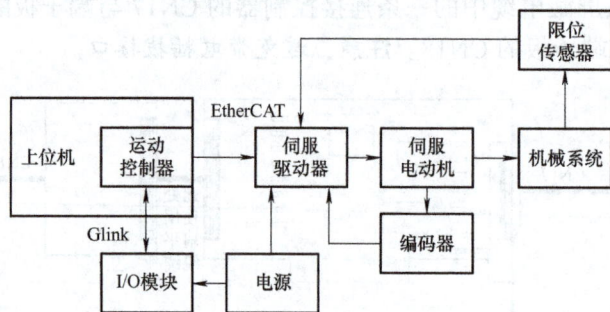

图 1-23　运动控制系统组成

四、任务评价

任务评价见表 1-10。

表 1-10　控制器的认识及安装任务评价表

任务	训练内容与分值	训练要求	学生自评	教师评分
控制器的认识及安装	运动控制器（卡）信号辨识（40 分）	1. 正确辨识运动控制卡主要端口信号 2. 熟悉不同运动控制器的系统架构		
	运动控制器（卡）硬件及驱动安装（40 分）	1. 能根据对应运动控制卡进行硬件安装 2. 能根据安装的运动控制器安装驱动 3. 能根据系统图样完成系统连线		
	职业素养与创新思维（20 分）	1. 积极思考、举一反三 2. 操作安全规范 3. 遵守纪律，遵守实验室管理制度		
	学生：　　　　　　　　　　教师：　　　　　　　　　日期：			

任务 1-3　软件调试

一、调试工具

MotionStudio 是固高运动控制器的调试软件，适用于固高 GTN、GEN 和 GSN 等运动控制器，通过该软件可以设置和监控控制器参数及状态，通过控制器各数据配置进行点位运动、Jog 运动、回零运动和电气调试等。调试界面如图 1-24 所示。本任务主要介绍 MotionStudio 的常用功能。如需参考更详细的使用说明，可单击"帮助"菜单查阅使用帮助。

二、EtherCAT 总线配置

使用 EtherCATConfig 软件（界面见图 1-25）导入 xml 文件生成相应的硬件描述信息文件，从而配置 EtherCAT 从站。下面以三菱伺服系统为例进行介绍。

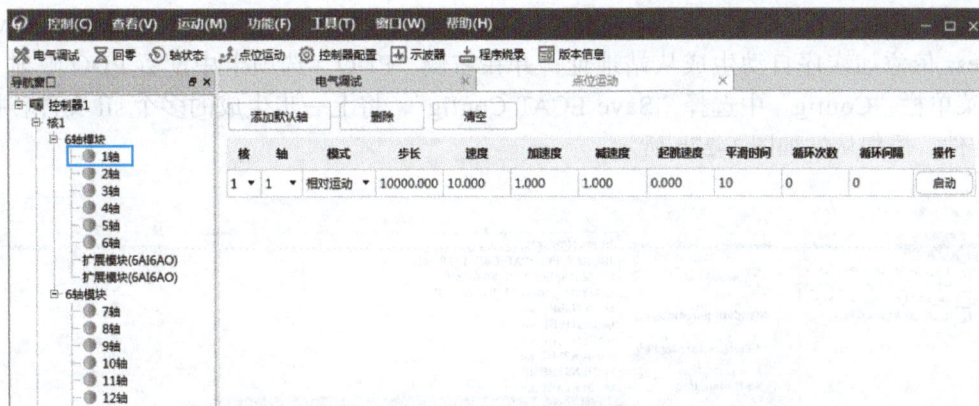

图 1-24　调试界面

1. 安装设备文件（xml → sii）

单击菜单栏"Options"，选择"Import Xml..."，打开"Slave Install Toolkit"窗口，选择三菱 xml 文件，执行"Install"命令，即可转换出对应的 sii 文件，添加伺服驱动 xml 文件如图 1-26 所示。

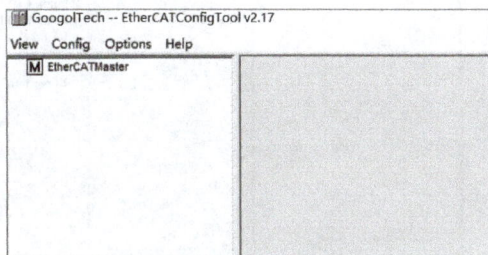

图 1-25　EtherCATConfig 软件

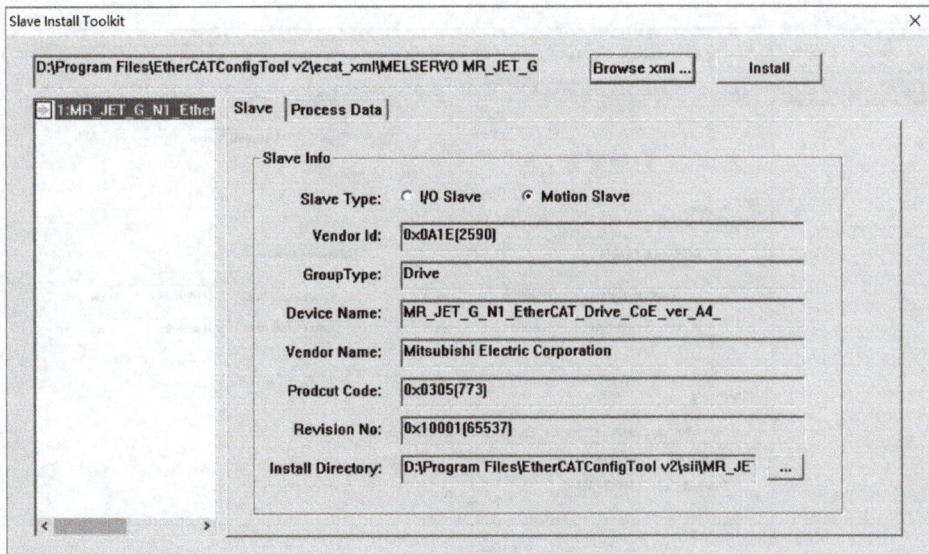

图 1-26　添加伺服驱动 xml 文件

2. 配置 EtherCAT 总线（sii → eni）

右击左侧的"EtherCATMaster"添加设备，从设备列表添加从站（此处添加四个轴）。在 Install Directory（安装目录）中找到生成的 sii 文件，依据实际硬件从站次序添加从站设备次序，如图 1-27a 所示。

21

选任意轴，在右侧"Slave"的"Slave Type"选项卡中选择"1：Motion Slave"，Address 依添加次序自动生成从站地址；并在右侧"PDO"选项卡中配置 PDO 映射。随后在菜单栏"Config"中选择"Save ECAT Config"，将上一步生成的多个 sii 文件转换成 eni 文件。添加从站如图 1-27b 所示。

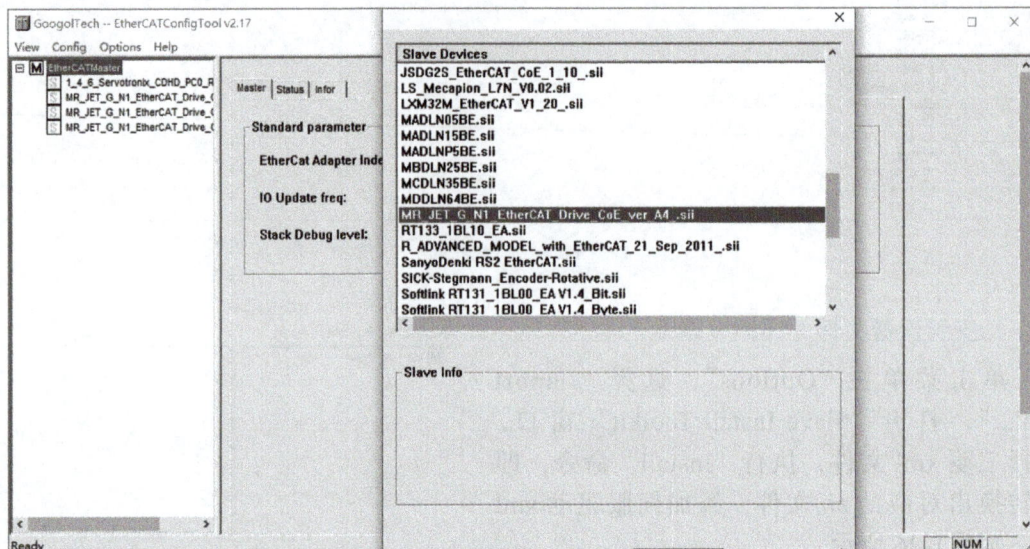

a) 从站设备sii文件

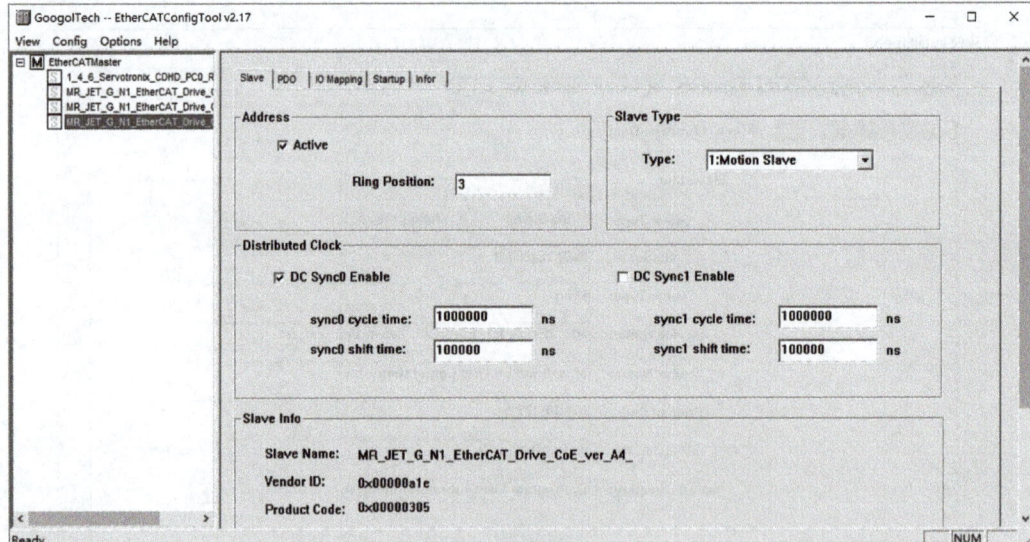

b) 添加从站

图 1-27　添加从站设备

3. 部署 EtherCAT 总线配置文件

最后，将"...\EtherCATConfigTool v*\output\Gecat.eni"文件保存，复制到目标可执行程序目录中。例如，MotionStudio 软件目录，轴 EtherCAT 从站配置文件如图 1-28 所示。

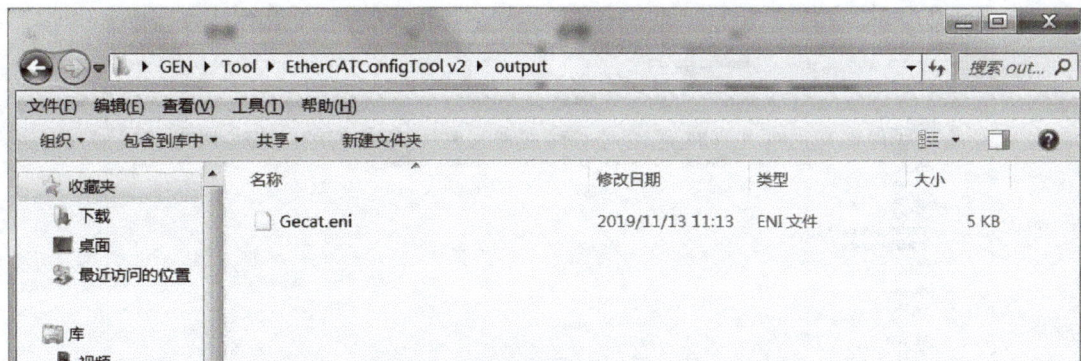

图 1-28　轴 EtherCAT 从站配置文件

三、使用 MotionStudio 软件初步测试

打开"MotionStudio.exe",卡的产品型号选择"GEN",打开方式默认选择 PCIe。程序正常启动,没有弹出错误提示,则说明控制器的驱动安装正确,通信正常,可以开始使用 MotionStudio 软件或编写代码进行控制器的控制和调试了。调试工具开卡界面如图 1-29 所示。

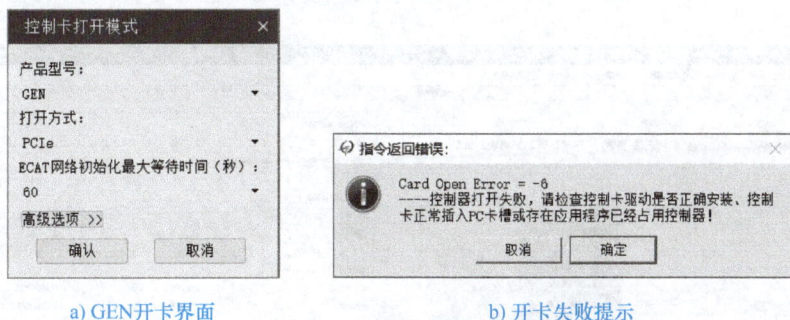

a) GEN 开卡界面　　　　　　　　　　　　b) 开卡失败提示

图 1-29　调试工具开卡界面

1. 添加轴或模块

在软件中打开点位运动、Jog 运动、回零和轴状态等界面后,单击导航窗口相应轴或者模块会触发相应的功能。

例如,进入点位运动选项卡,在左侧导航窗口单击相应的轴号,右侧点位运动界面会显示相应轴号与相应功能,添加轴如图 1-30 所示。

2. 运动参数查看与修正

进入电气调试选项卡,在左侧导航窗口单击相应的轴号,右侧点位运动界面会显示出相应轴号与相应功能。在点位运动选项卡,可添加和修改轴运动参数,如图 1-31 所示。

3. 起动电动机

1)首先,确认控制器与端子板、端子板与驱动器之间已经牢固且正确地连接。

2)启动 MotionStudio 软件,运行调试界面如图 1-32 所示。

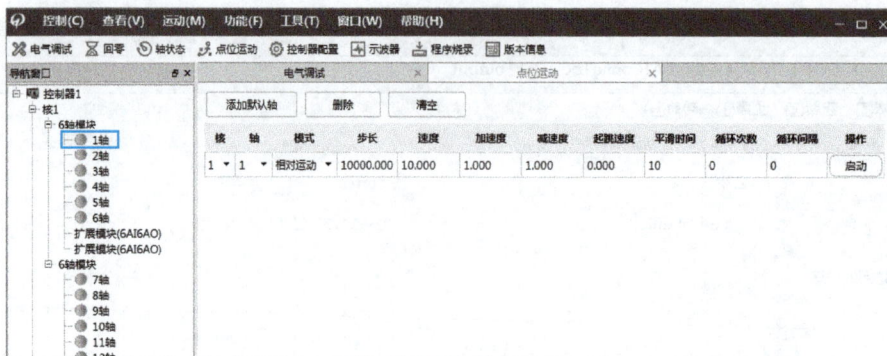

图 1-30　点位运动添加轴

图 1-31　点位运动选项卡

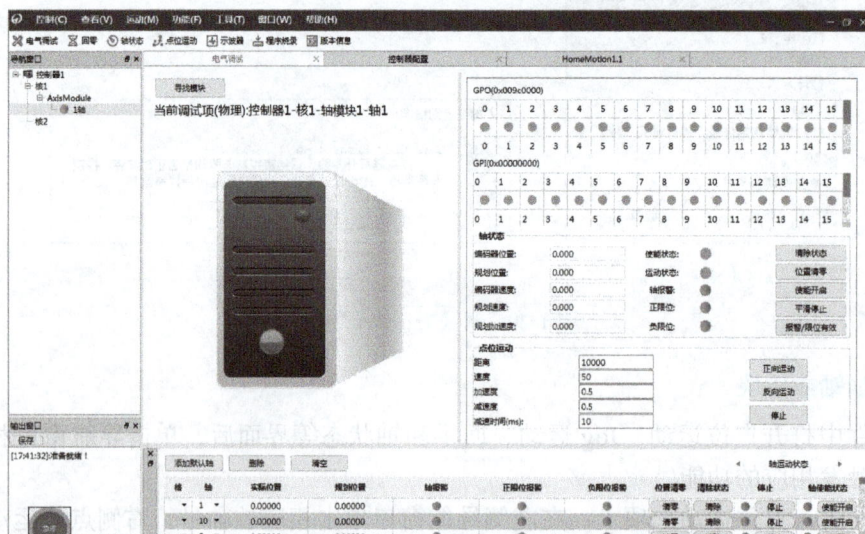

图 1-32　运行调试界面

3）在通信建立的情况下，在电气调试的轴运动状态栏确认该轴不存在错误状态（如报警、限位等），然后单击轴使能按钮。

4）在左侧导航窗口选定指定轴号，在点位运动选项卡中，设置合适的运动参数，单击"反向运动"或者"正向运动"按钮，此时电动机开始运动。

四、控制器开环模式配置

假设端子板上接了 limit0+、limit0－一对正负限位开关，以及一个输入开关 DI0、一个输出开关 DO0，需要配置的 4 项内容分别是 axis、step、di 和 do，配置步骤如下。

1. axis 配置

轴配置界面和配置流程如图 1-33 所示。

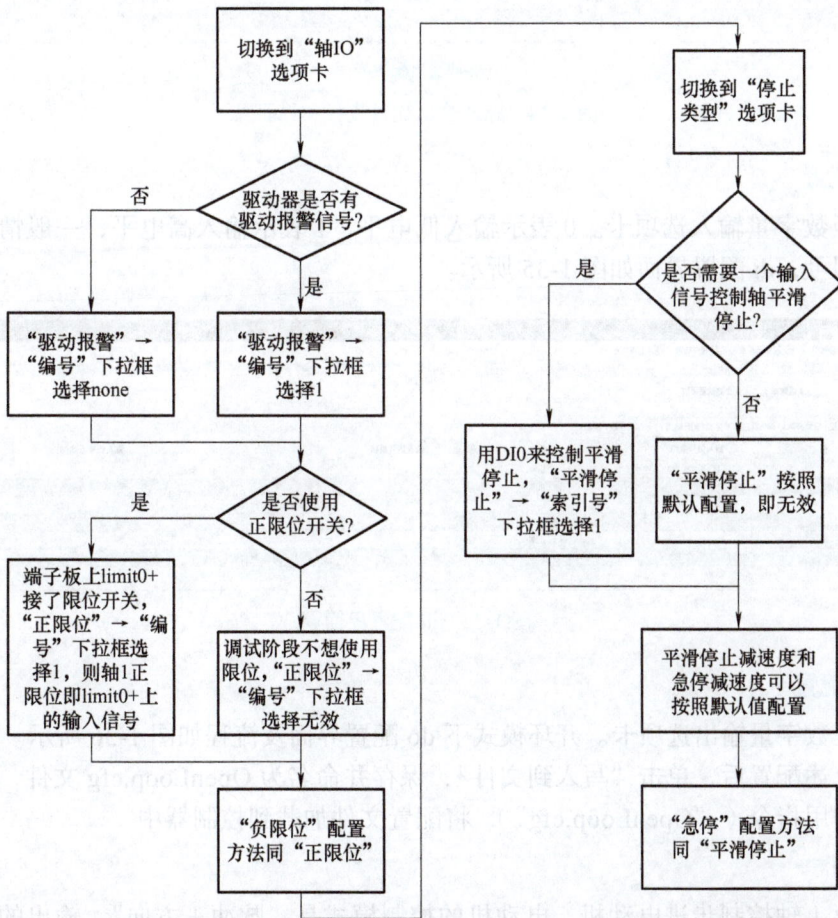

a) 轴配置界面

b) 轴配置流程

图 1-33 轴配置界面和配置流程图

2. step 配置

切换至脉冲输出选项卡。开环模式下脉冲输出配置流程和界面如图 1-34 所示。

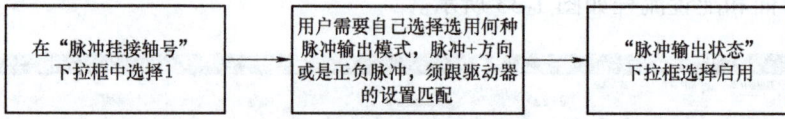

在"脉冲挂接轴号"下拉框中选择1 → 用户需要自己选择选用何种脉冲输出模式，脉冲+方向或是正负脉冲，须跟驱动器的设置匹配 → "脉冲输出状态"下拉框选择启用

a) 脉冲输出配置流程

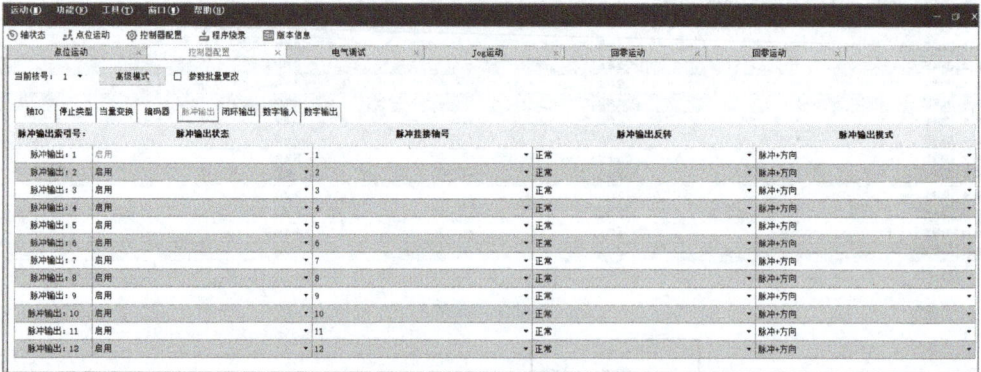

脉冲输出索引号：	脉冲输出状态	脉冲挂接轴号	脉冲输出反转	脉冲输出模式
脉冲输出：1	启用	1	正常	脉冲+方向
脉冲输出：2	启用	2	正常	脉冲+方向
脉冲输出：3	启用	3	正常	脉冲+方向
脉冲输出：4	启用	4	正常	脉冲+方向
脉冲输出：5	启用	5	正常	脉冲+方向
脉冲输出：6	启用	6	正常	脉冲+方向
脉冲输出：7	启用	7	正常	脉冲+方向
脉冲输出：8	启用	8	正常	脉冲+方向
脉冲输出：9	启用	9	正常	脉冲+方向
脉冲输出：10	启用	10	正常	脉冲+方向
脉冲输出：11	启用	11	正常	脉冲+方向
脉冲输出：12	启用	12	正常	脉冲+方向

b) 脉冲输出配置界面

图 1-34　脉冲输出配置流程和界面

3. di 配置

切换至数字量输入选项卡。0 表示输入低电平，1 表示输入高电平，一般情况下按默认值配置即可，di 配置界面如图 1-35 所示。

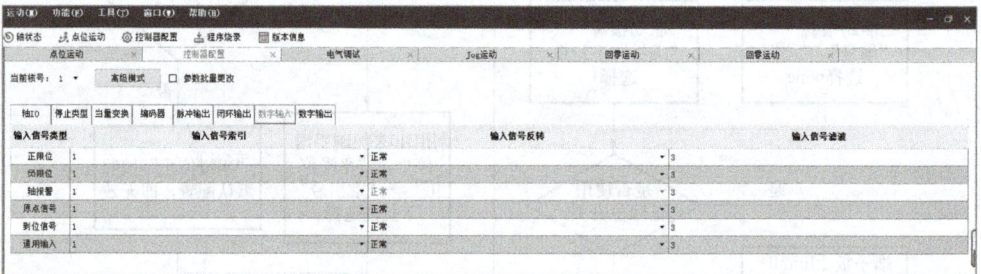

输入信号类型	输入信号索引	输入信号反转	输入信号滤波
正限位	1	正常	3
负限位	1	正常	3
轴报警	1	正常	3
原点信号	1	正常	3
到位信号	1	正常	3
通用输入	1	正常	3

图 1-35　di 配置界面

4. do 配置

切换至数字量输出选项卡。开环模式下 do 配置界面及流程如图 1-36 所示。

完成上述配置后，单击"写入到文件"，保存并命名为 OpenLoop.cfg 文件，可以在应用程序中调用指令（"OpenLoop.cfg"），将配置文件加载到控制器中。

5. 举例

配置第 1 轴控制步进电动机，电动机的控制模式是"脉冲＋方向"，输出的脉冲不经过任何当量转换，没有报警信号，电动机使能信号的电平是低电平，限位的触发电平是低电平，无急停和平滑停止信号，在运动过程中只读取控制器发出的脉冲值。

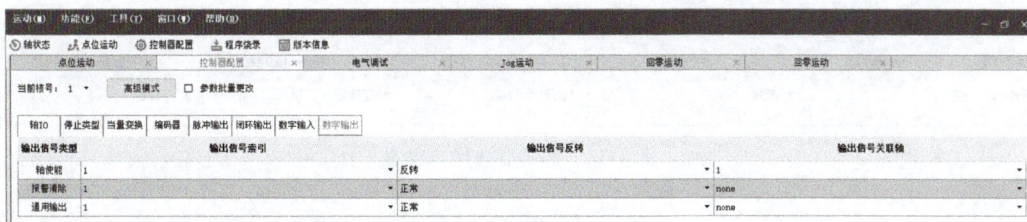

a) do 配置界面

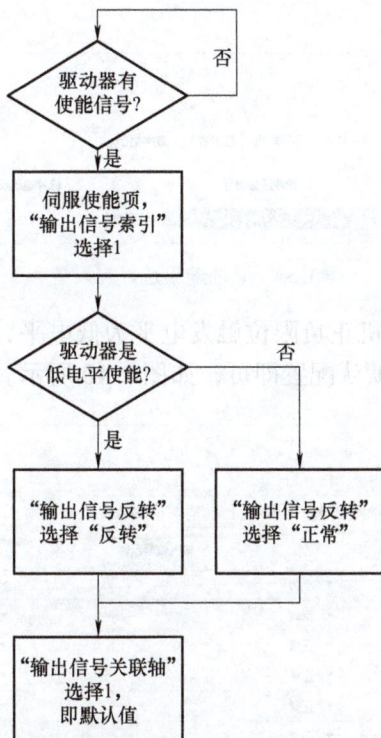

b) do 配置流程

图 1-36　do 配置界面及流程图

1）启动运动控制器管理软件 MotionStudio。选择"工具"菜单，单击"控制器配置"，打开运动控制器配置面板就可以对系统进行配置了。

2）进入轴 IO（选项主要用来配置轴控制的相关信息）选项卡，配置如图 1-37 所示。

轴IO	停止类型	当量变换	编码器	脉冲输出	闭环控制	闭环输出	数字输入	数字输出

轴索引号	(驱动报警)类型	(驱动报警)索引号	(正限位)类型	(正限位)索引号	(负限位)类型	(负限位)索引号
轴：1	轴报警	none	正限位	1	负限位	1

图 1-37　轴选择与设置

3）进入编码器（选项用来配置编码器计数源、Home 捕获及 Index 捕获边沿）选项卡，配置如图 1-38 所示。

27

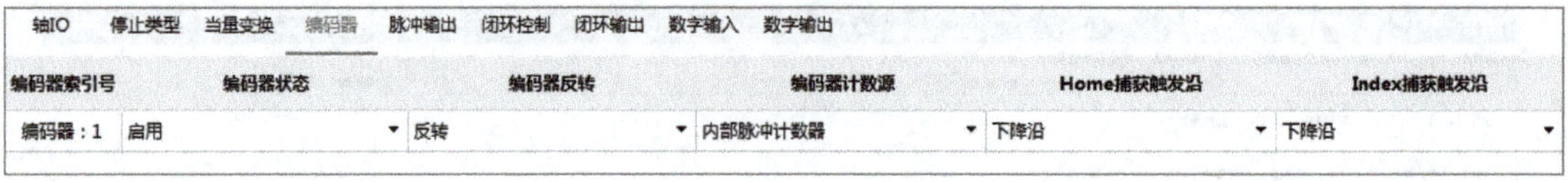

轴IO	停止类型	当量变换	编码器	脉冲输出	闭环控制	闭环输出	数字输入	数字输出

编码器索引号	编码器状态	编码器反转	编码器计数源	Home捕获触发沿	Index捕获触发沿
编码器：1	启用 ▼	反转 ▼	内部脉冲计数器 ▼	下降沿 ▼	下降沿 ▼

图 1-38 编码器选择与设置

4）进入脉冲输出（选项用来配置轴脉冲输出方式）选项卡，配置如图 1-39 所示。此示例中保持默认配置即可。

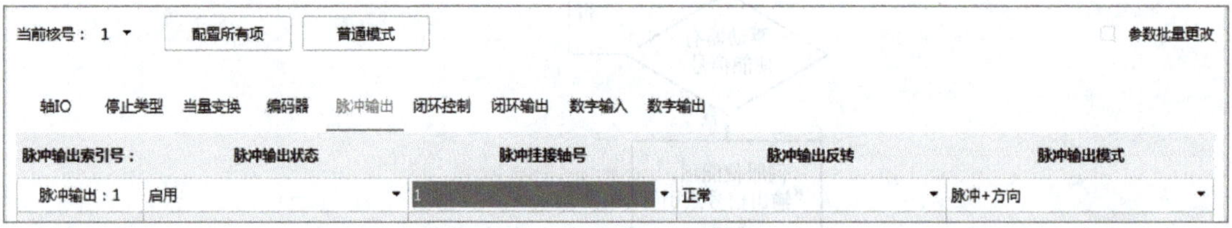

当前核号： 1 ▼	配置所有项	普通模式				参数批量更改

轴IO	停止类型	当量变换	编码器	脉冲输出	闭环控制	闭环输出	数字输入	数字输出

脉冲输出索引号：	脉冲输出状态	脉冲挂接轴号	脉冲输出反转	脉冲输出模式
脉冲输出：1	启用 ▼	1 ▼	正常 ▼	脉冲+方向 ▼

图 1-39 脉冲输出选择与设置

5）di/do 配置，配置电动机正负限位触发电平为低电平，配置电动机伺服使能时输出为低电平。此示例中 do 保持默认配置即可，如图 1-40 所示。

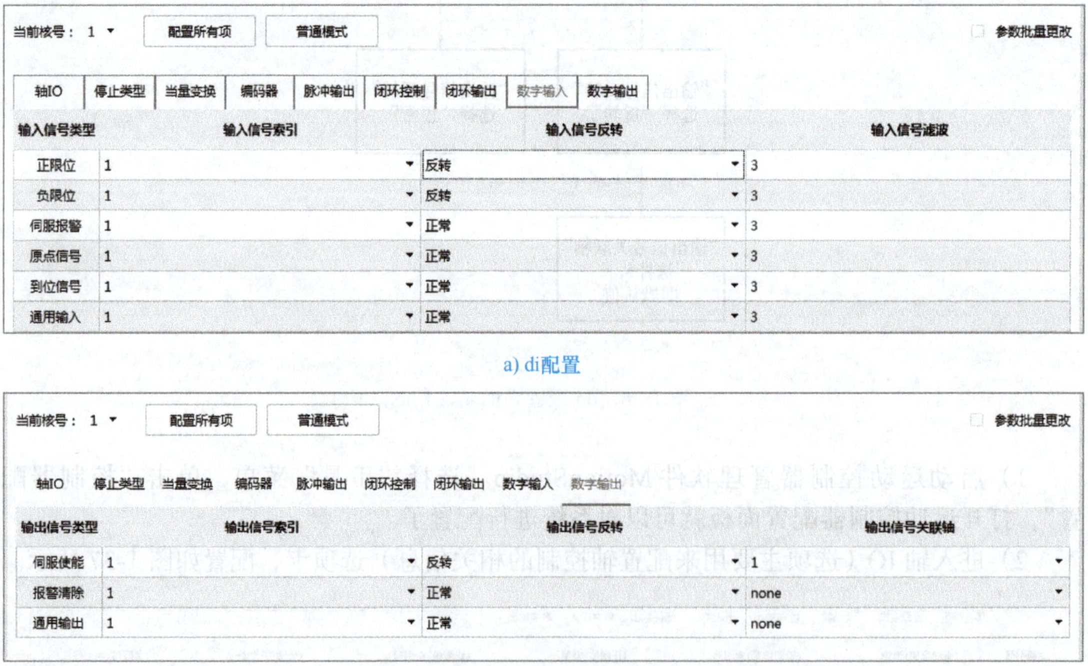

当前核号： 1 ▼	配置所有项	普通模式				参数批量更改

轴IO	停止类型	当量变换	编码器	脉冲输出	闭环控制	闭环输出	数字输入	数字输出

输入信号类型	输入信号索引	输入信号反转	输入信号滤波
正限位	1 ▼	反转 ▼	3
负限位	1 ▼	反转 ▼	3
伺服报警	1 ▼	正常 ▼	3
原点信号	1 ▼	正常 ▼	3
到位信号	1 ▼	正常 ▼	3
通用输入	1 ▼	正常 ▼	3

a) di配置

当前核号： 1 ▼	配置所有项	普通模式				参数批量更改

轴IO	停止类型	当量变换	编码器	脉冲输出	闭环控制	闭环输出	数字输入	数字输出

输出信号类型	输出信号索引	输出信号反转	输出信号关联轴
伺服使能	1 ▼	反转 ▼	1 ▼
报警清除	1 ▼	正常 ▼	none ▼
通用输出	1 ▼	正常 ▼	none ▼

b) do配置

图 1-40 di/do 配置

6）在"控制器配置"界面单击"写入到文件"，即可对配置信息进行保存，生成配置文件（*.cfg）。

7）检验配置是否成功：把配置写入控制器状态，查看轴状态是否异常，如图 1-41 所示切换到调试界面，单击轴状态菜单进入轴状态界面。

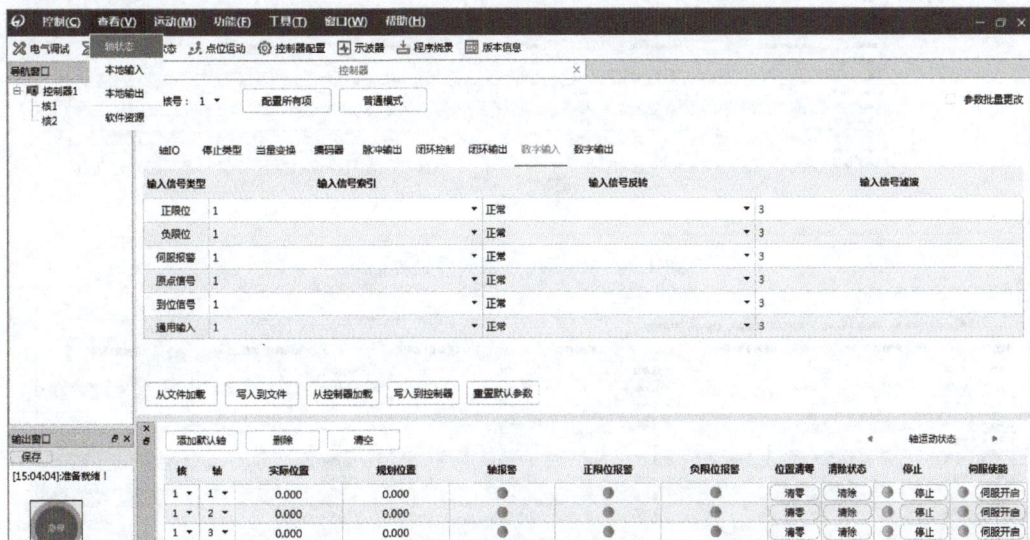

a) 伺服关闭界面

b) 伺服开启界面

图 1-41　调试界面

通过伺服使能可以进行伺服开启和关闭。进入 Jog 或点位运动可以对对应轴进行运动控制。

如果控制电动机没有运动，可以先调出相应轴的状态面板，确认该轴不存在报警、限位，并且已经上伺服。如果状态正常，且规划位置会变化，则需要确认驱动器和控制器的控制模式是否匹配，电气接线上是否存在问题。

五、控制器闭环模式配置

假设端子板上接了 limit0+、limit0-一对正负限位开关，以及一个输入开关 DI0、一个输出开关 DO0。需要配置多项内容，包括 axis、encoder、control、di 和 do 等，配置步骤如下。

1. 模式切换

MotionStudio 配置界面默认为普通模式，如果需要对闭环进行设置，则需要打开高级模式，弹出切换用户密码登录界面。出厂密码为"googoltech"，输入密码就会出现闭环配置界面，如图 1-42 所示。

2. axis 配置

轴配置界面及流程如图 1-43 所示。

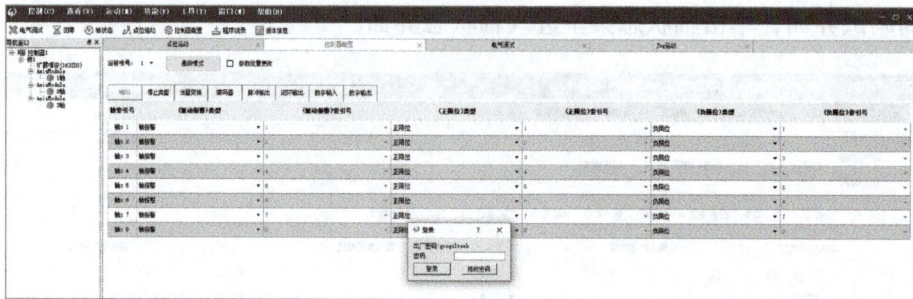

图 1-42　切换用户密码登录界面

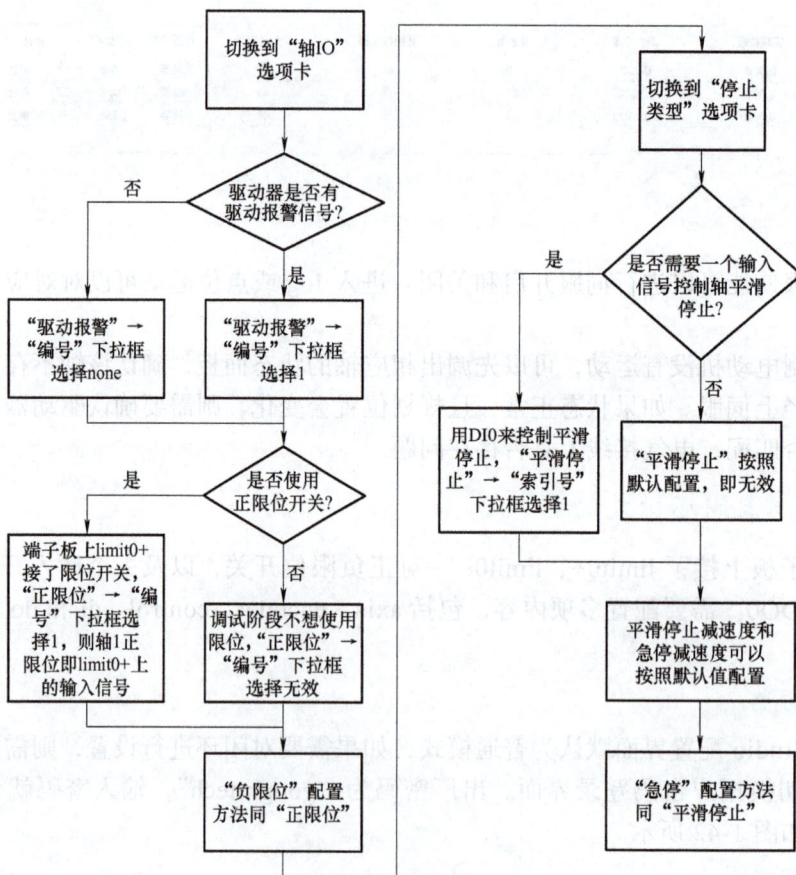

a) 轴配置界面

b) 轴配置流程

图 1-43　轴配置界面及流程

3. 输出配置

切换到脉冲输出选项卡，脉冲输出状态选择禁用。切换至闭环输出选项卡，按配置流程进行设置，如图 1-44 所示。

轴IO	停止类型	当量变换	编码器	脉冲输出	闭环控制	闭环输出	数字输入	数字输出
脉冲输出索引号		脉冲输出状态			脉冲挂接轴号		脉冲输出反转	脉冲输出模式
脉冲输出:1	禁用			▼ 1			▼ 正常	▼ 脉冲+方向 ▼

a) 关闭脉冲输出

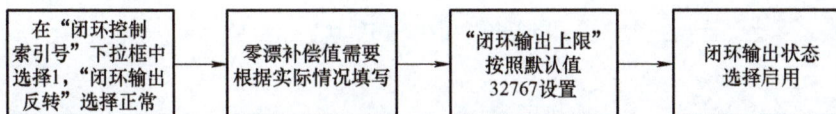

b) 闭环输出配置流程

轴IO	停止类型	当量变换	编码器	脉冲输出	闭环控制	闭环输出	数字输入	数字输出
闭环输出索引号		闭环输出状态		闭环控制索引号		闭环输出反转	闭环输出零漂补偿	闭环输出上限
闭环输出:1	启用		▼ none		▼ 正常		▼ 0	32767

c) 闭环输出配置界面

图 1-44　闭环输出配置

4. encoder 配置

切换至编码器选项卡，按配置流程进行设置，如图 1-45 所示。

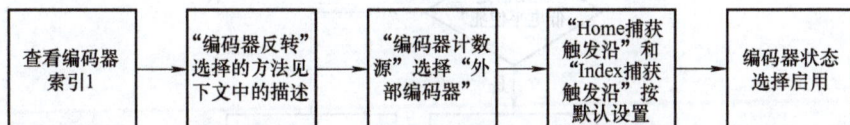

a) 编码器配置流程

轴IO	停止类型	当量变换	编码器	脉冲输出	闭环控制	闭环输出	数字输入	数字输出
编码器索引号		编码器状态		编码器反转		编码器计数源	Home捕获触发沿	Index捕获触发沿
编码器:1	启用		▼ 反转		▼ 外部编码器		▼ 下降沿	▼ 下降沿

b) 编码器配置界面

图 1-45　编码器配置

注意："编码器反转"的确认方法如下。打开 MotionStudio，将控制器配置在开环模式（脉冲方式）下，单击菜单"查看"，选择"本地输出"，切换到"模拟量输出"，填入一个较小的电压值（一般电压与速度间对应关系：1V 对应 300r/min，根据实际情况确定此值），并输出。观察实际位置（即编码器位置）的变化，如果电压设为正值时，实际位置也在正向增加，则"编码器反转"选"正常"；反之，若实际位置反向增加，则选"反转"。

5. control 配置

切换至闭环控制选项卡，配置如图 1-46 所示。

6. di/do 配置

切换至数字输入选项卡。0 表示输入低电平，1 表示输入高电平，一般情况下按默认值配置。切换至数字输出选项卡，对轴使能、报警等进行相关配置，具体如图 1-47 所示。

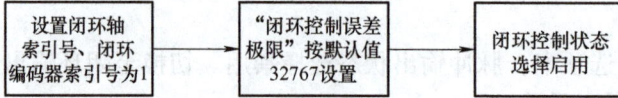

a) 闭环控制配置流程

轴IO	停止类型	当量变换	编码器	脉冲输出	闭环控制	闭环输出	数字输入	数字输出

闭环控制索引号	闭环控制状态	闭环轴索引号	闭环编码器索引号	闭环控制误差极限
闭环控制：1	启用	1	1	32767

b) 闭环控制配置界面

图 1-46　闭环控制配置

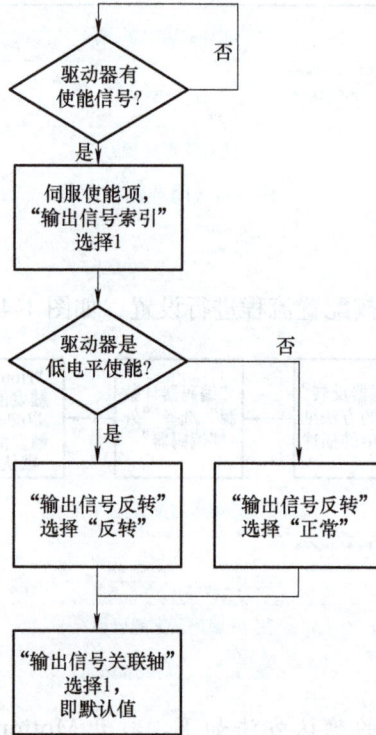

a) do配置流程

轴IO	停止类型	当量变换	编码器	脉冲输出	闭环控制	闭环输出	数字输入	数字输出

输入信号类型	输入信号索引	输入信号反转	输入信号滤波
正限位	1	正常	3
负限位	1	正常	3
轴报警	1	正常	3
原点信号	1	正常	3
到位信号	1	正常	3
通用输入	1	正常	3

b) di配置界面

轴IO	停止类型	当量变换	编码器	脉冲输出	闭环控制	闭环输出	数字输入	数字输出

输出信号类型	输出信号索引	输出信号反转	输出信号关联轴
轴使能	1	反转	1
报警清除	1	正常	1
通用输出	1	正常	1

c) do配置界面

图 1-47　di/do 配置

完成上述配置后，单击"控制器配置"→"文件"→"写入到文件"。保存并命名为"CloseLoop.cfg"。可以在应用程序中调用指令（"CloseLoop.cfg"），将配置文件加载到控制器中。

注意： 闭环模式下还需要设置 pid 参数，才能伺服使能。

7. 举例

要配置第 1 轴闭环控制伺服电动机，电动机的控制模式是速度，脉冲不经过任何当量转换，报警信号触发电平是高电平，电动机使能信号的电平是低电平，限位的触发电平是低电平，无急停和平滑停止信号。配置过程如下。

1）启动运动控制器管理软件 MotionStudio。选择"工具"菜单，单击"控制器配置"，打开运动控制器配置面板就可以对系统进行配置了。

2）进入轴 IO（选项主要用来配置轴控制的相关信息）选项卡，配置如图 1-48 所示。

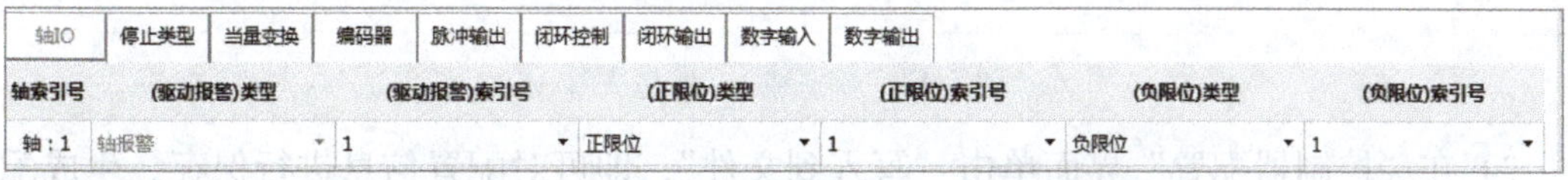

| 轴IO | 停止类型 | 当量变换 | 编码器 | 脉冲输出 | 闭环控制 | 闭环输出 | 数字输入 | 数字输出 |

轴索引号	（驱动报警）类型	（驱动报警）索引号	（正限位）类型	（正限位）索引号	（负限位）类型	（负限位）索引号
轴：1	轴报警	1	正限位	1	负限位	1

图 1-48　轴选择与设置

3）选择闭环输出（选项用来激活模拟电压输出）选项卡，配置如图 1-49 所示，即默认配置。如果电动机正反馈，可以通过修改"闭环输出反转"使电动机控制正常。

| 轴IO | 停止类型 | 当量变换 | 编码器 | 脉冲输出 | 闭环控制 | 闭环输出 | 数字输入 | 数字输出 |

闭环输出索引号	闭环输出状态	闭环控制索引号	闭环输出反转	闭环输出零点补偿	闭环输出上限
闭环输出：1	启用	1	反转	0	32767

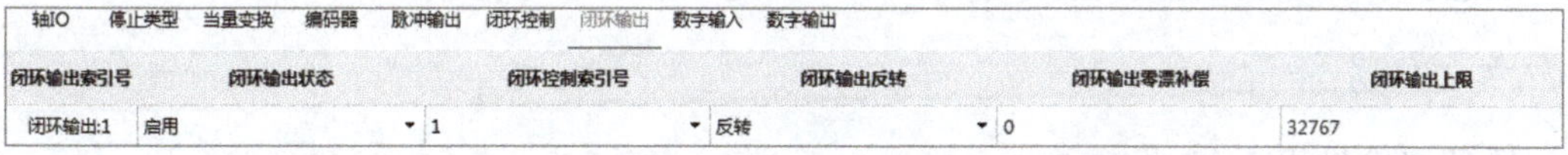

图 1-49　闭环输出配置

4）选择编码器（选项用来配置编码器计数源、Home 捕获及 Index 捕获触发沿）选项卡，配置如图 1-50 所示，即默认配置。如果电动机正反馈，可以修改"编码器反转"为"正常"（默认为"反转"），使电动机控制正常。

| 轴IO | 停止类型 | 当量变换 | 编码器 | 脉冲输出 | 闭环控制 | 闭环输出 | 数字输入 | 数字输出 |

编码器索引号	编码器状态	编码器反转	编码器计数源	Home捕获触发沿	Index捕获触发沿
编码器：1	启用	正常	外部编码器	下降沿	下降沿

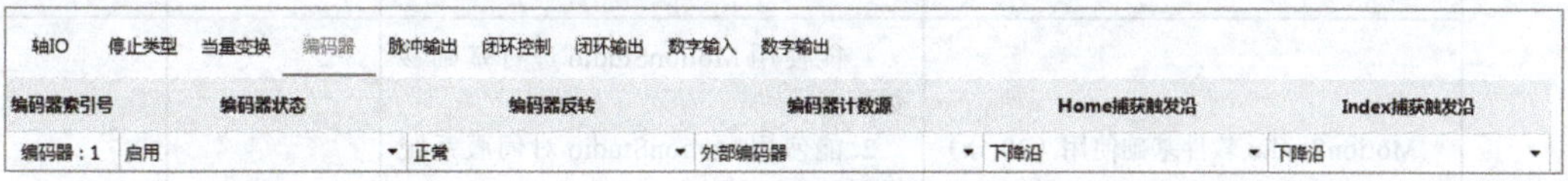

图 1-50　编码器配置

5）选择闭环控制 [选项用来关联 PID（比例积分微分）闭环控制] 选项卡，配置如图 1-51 所示。

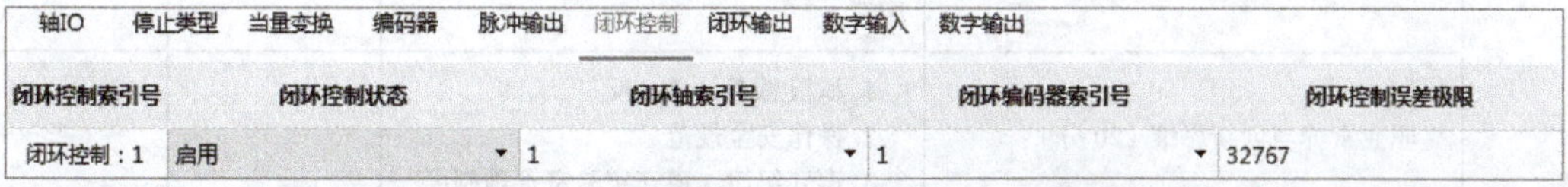

| 轴IO | 停止类型 | 当量变换 | 编码器 | 脉冲输出 | 闭环控制 | 闭环输出 | 数字输入 | 数字输出 |

闭环控制索引号	闭环控制状态	闭环轴索引号	闭环编码器索引号	闭环控制误差极限
闭环控制：1	启用	1	1	32767

图 1-51　闭环控制配置

6）di/do 配置，配置电动机正负限位触发电平为低电平，配置电动机伺服使能时输出为低电平。此示例中 do 保持默认配置即可。数字输入 / 输出配置如图 1-52 所示。

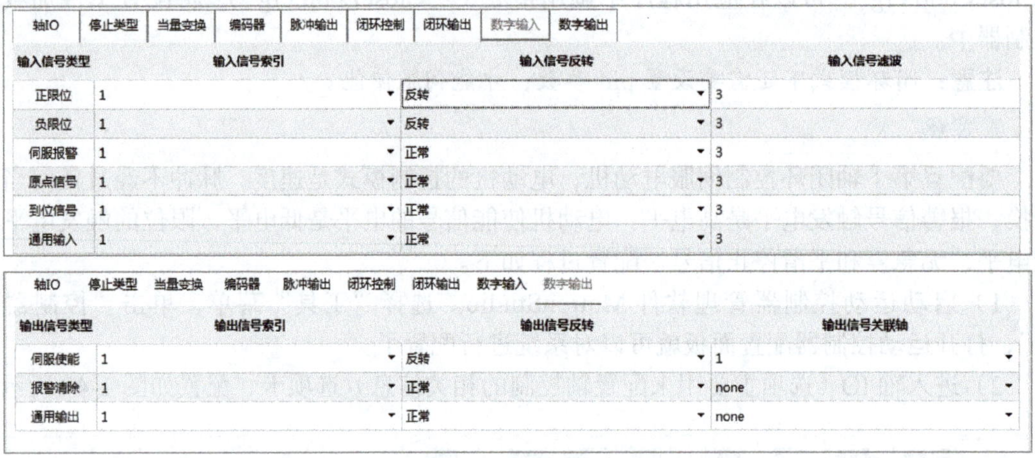

图 1-52　数字输入 / 输出配置

7）在"控制器配置"界面单击"写入到文件"，即可对配置信息进行保存，生成配置文件（*.cfg）。

如果控制电动机没有运动，可先调出相应轴的状态面板，确认该轴不存在报警、限位，并且已经上伺服。如果状态正常，且规划位置会变化，说明轴控制正常。

注意： 在初次调试模拟量控制过程时，不建议连接任何负载。

六、任务评价

任务评价见表 1-11。

表 1-11　软件调试任务评价表

任务	训练内容与分值	训练要求	学生自评	教师评分
软件调试	EtherCAT 总线工具使用（20 分）	1. 能够使用配置工具进行文件导入 2. 熟悉 EtherCAT 总线系统站点配置		
	MotionStudio 软件基础使用（30 分）	1. 能使用 MotionStudio 进行基础参数配置 2. 能使用 MotionStudio 对伺服系统进行基本运行控制 3. 能将控制器配置后导出文件		
	控制器开环、闭环控制配置（30 分）	1. 能根据开环控制对象进行开环配置 2. 能根据闭环控制对象进行闭环配置		
	职业素养与创新思维（20 分）	1. 积极思考、举一反三 2. 操作安全规范 3. 遵守纪律，遵守实验室管理制度		
	学生：　　　　　　　教师：　　　　　　　日期：			

拓展：GTS 控制器的调试

一、调试工具

MCT2008 是固高运动控制器的功能演示和调试软件，通过该软件可以查看和监控控制器状态、配置板卡、测试控制器不同功能模块和调试电动机系统等。本任务介绍 MCT2008 最为主要和常用的功能。如需参考更详细的使用说明，可打开 MCT2008 软件，单击"帮助"菜单中的"MCT2008 使用帮助"。MCT2008 主界面如图 1-53 所示，调试工具架构图如图 1-54 所示。

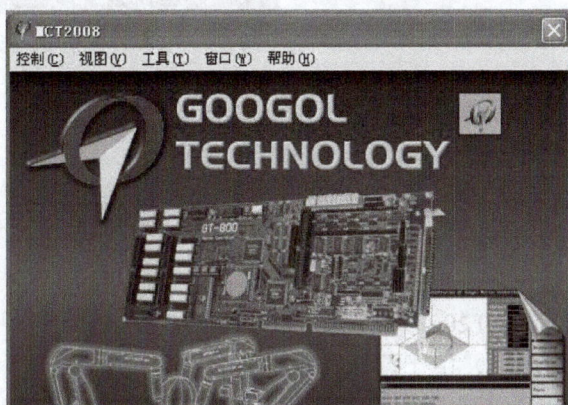

图 1-53　MCT2008 主界面

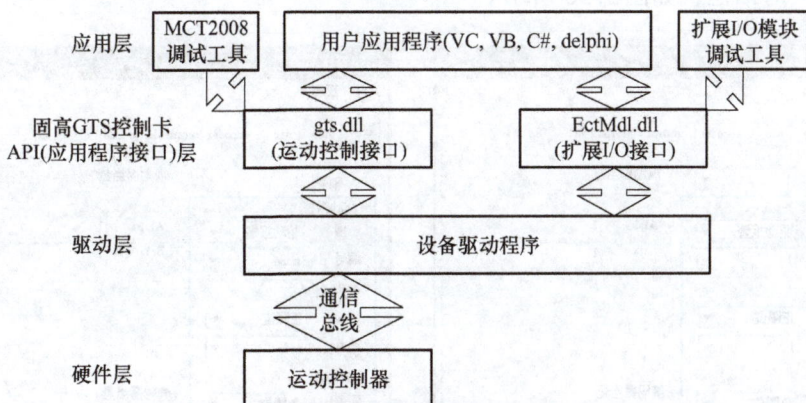

图 1-54　调试工具架构图

二、快速调试

在成功安装控制卡驱动程序后，打开 MCT2008。如果 MCT2008 在用户的计算机系统中找不到控制器，会弹出提示对话框，MCT2008 打开失败对话框如图 1-55a 所示，如成功打开 MCT2008，控制卡通信成功。这时就可以通过 MCT2008 程序或用户编写的应用程序对控制器进行操作和开发了。

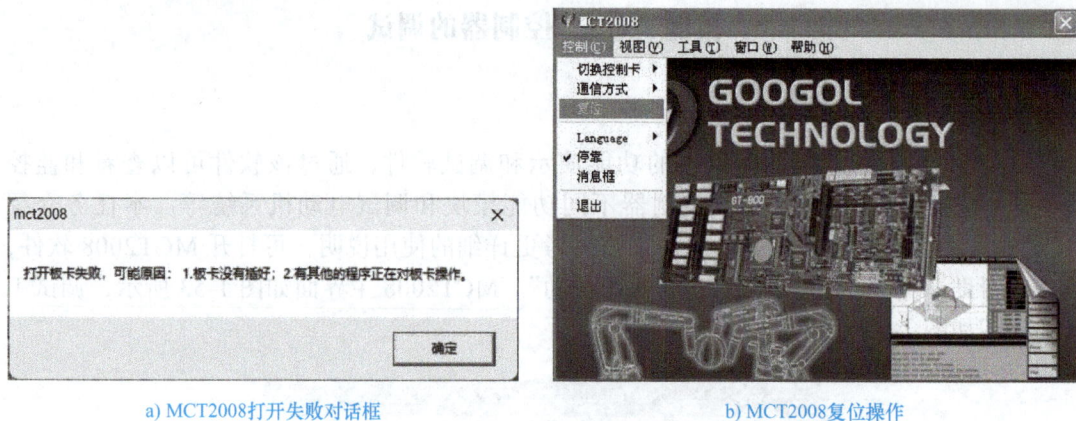

a) MCT2008打开失败对话框　　　　　　b) MCT2008复位操作

图 1-55　MCT2008

1. 将控制器配置成脉冲模式

1）当使用步进电动机或使用伺服电动机的脉冲指令控制时，应将控制器配置成脉冲模式。

2）控制器默认情况下是脉冲模式（脉冲＋方向），可以通过"复位"或断电重启使控制器恢复到默认的状态，MCT2008 复位操作如图 1-55b 所示。

3）复位后，一般情况下，由于调试时没有连接限位等传感器，而控制器在报警状态下是不能运行的，因此，为了能顺利让电动机运行，应使限位等报警无效。

① 以第 1 轴为例，单击 MCT2008 主界面菜单"工具"→"控制器配置"，将弹出控制器配置模块对话框，如图 1-56 所示。

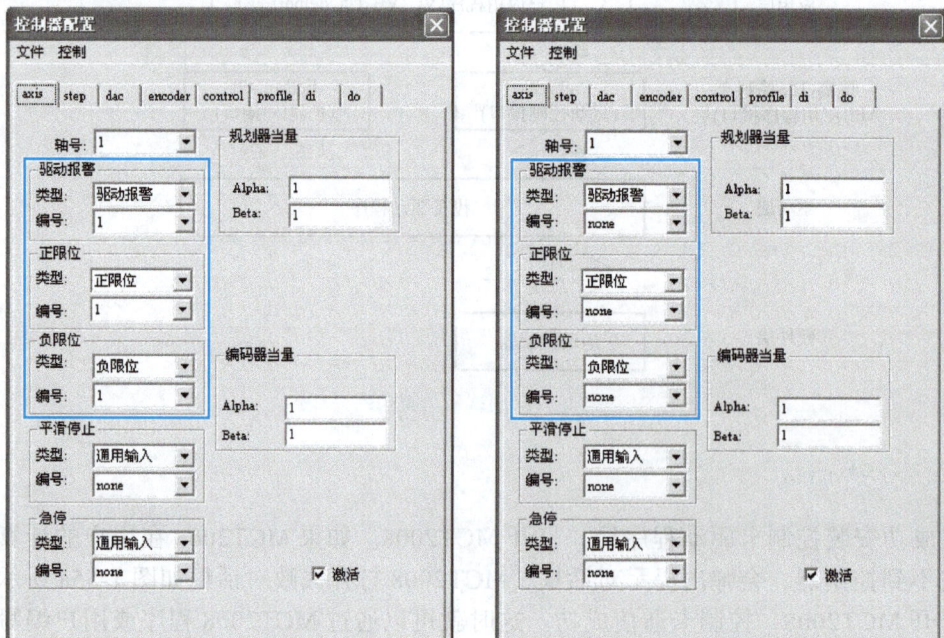

a) 报警有效　　　　　　　　b) 报警无效

图 1-56　脉冲模式控制器配置 1

②图 1-56a 中显示"axis"配置状态为轴 1 的驱动报警绑定在 1 号驱动报警信号上,正限位绑定在 1 号正限位信号上,负限位绑定在 1 号负限位信号上。此时,由于未接传感器,而控制器默认状态下以上信号都是触发的。因此,应使以上信号无效,即各编号设置为"none"。

4)若驱动接收的是"正负脉冲",则需要在"step 索引"下拉框切换脉冲输入模式为"CCW/CW",如图 1-57a 所示。

5)然后将设置的参数写入控制器,如图 1-57b 所示。

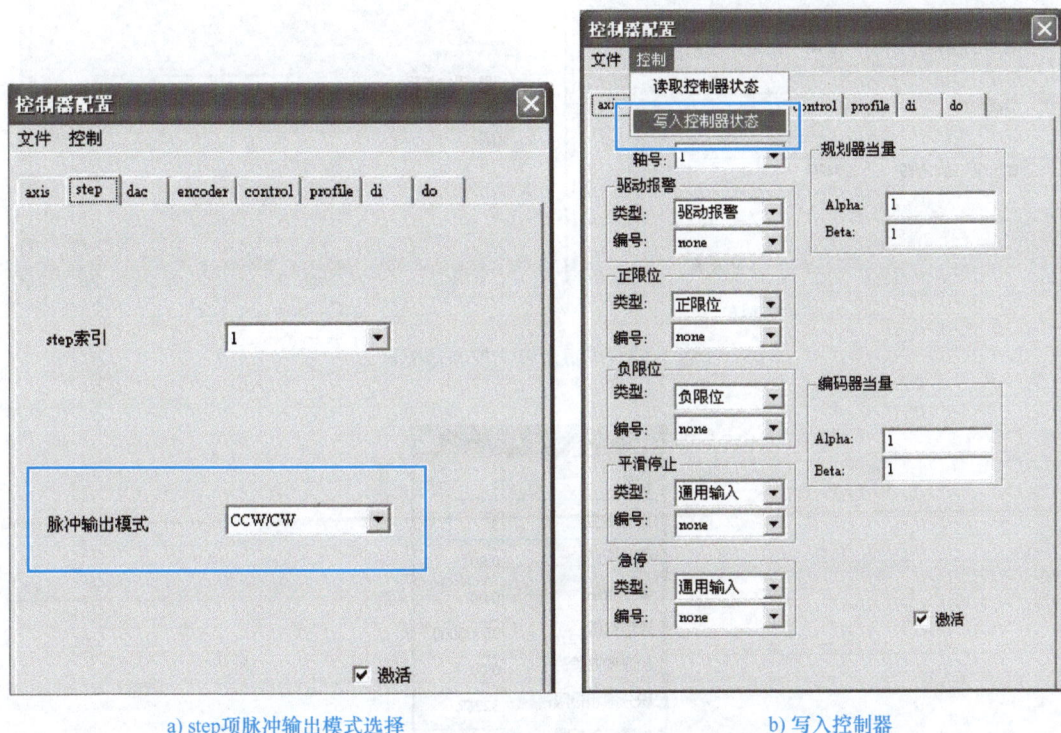

a) step 项脉冲输出模式选择　　　　　　　　　　b) 写入控制器

图 1-57　脉冲模式控制器配置 2

2. 将控制器配置成模拟量模式

1)～3)步同脉冲模式。

4)同样以第 1 轴设置为模拟量模式为例进行设置说明。

①将选项卡切换到"dac"选项卡,选择 dac 编号 1,将 dac 绑定到轴 1 上输出,其他的设置采取默认设置,如图 1-58a 所示。

②如图 1-58b 所示,切换到"control"选项卡,选择 control 索引为 1,选择"关联 axis",其他参数采取默认设置。

5)单击"视图"→"PID",调出 PID 面板,轴号选择"1",比例增益设置为适当的值(比如 3),其他保持默认值(也可以将积分增益及微分增益都设置为 0,其他保持默认值),最后单击"更新"按钮,第 1 轴就是模拟量控制模式了,如图 1-59 所示。

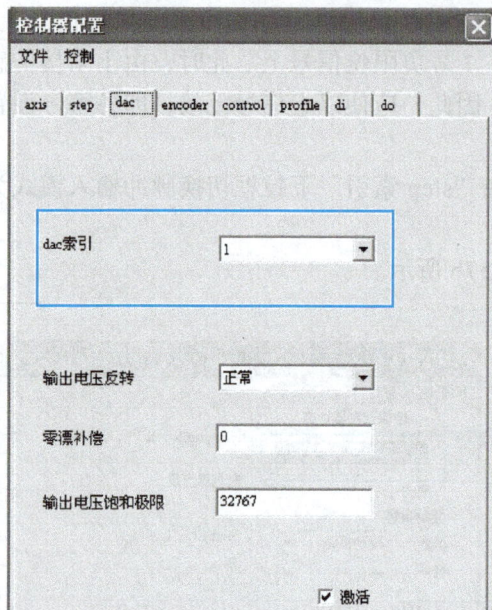

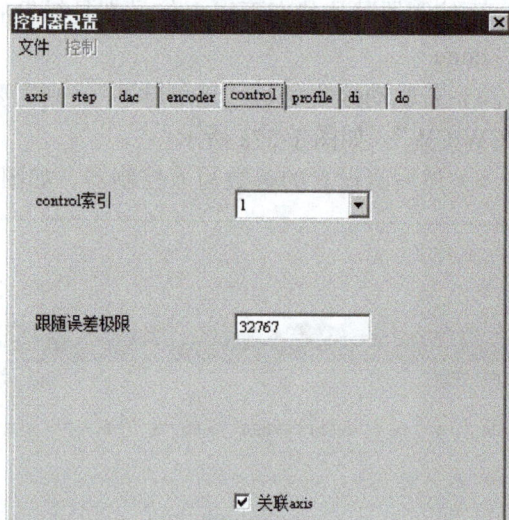

a) dac项参数选择   b) control项参数选择

图 1-58　模拟量模式控制器配置

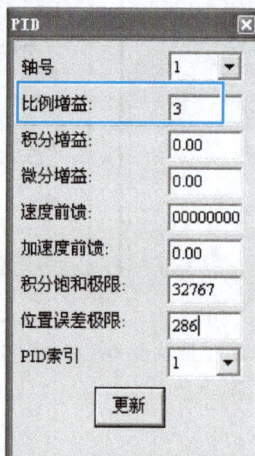

图 1-59　PID 设置选项

6）将设置的参数写入控制器。

3. 查看轴的运动参数和状态

1）写入控制器状态后，单击主界面菜单"视图"→"轴状态"，将弹出轴状态对话框。

2）轴状态对话框中显示的是当前轴的一些运动参数，从上至下分别为"实际位置""规划位置""实际速度""规划速度""规划加速度"。

3）对话框中状态标志以对应图标的颜色表示不同的状态，绿色代表该标志位没有触发，红色代表该标志位已经触发。

4）对话框右边的一排按钮可以对轴进行一些操作，包括"位置清零""清除状态""伺服使能""平滑停止"和"紧急停止"，如图1-60所示。

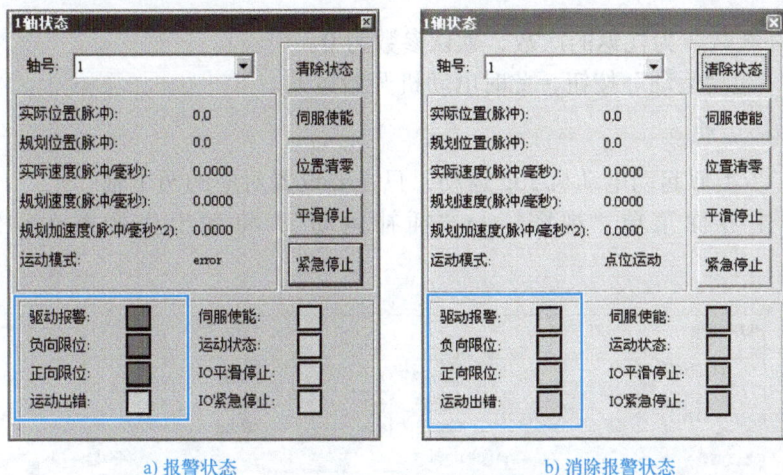

a) 报警状态　　　　　　　　　　　　　　b) 消除报警状态

图 1-60　轴状态对话框

4. Jog 运动

1）首先确认控制器与端子板、端子板与驱动器之间已正确可靠连接。

2）启动 MCT2008。

3）设置相应工作模式，然后查看轴状态，确认轴不存在异常状态（如报警、限位等）。

4）单击轴状态面板上的"伺服使能"，使能该轴。

5）单击"视图"→"Jog"调出 Jog 对话框，在"轴号"下拉框中选择控制轴。Jog对话框如图1-61所示。

6）设置合适的运动参数。加速度、减速度大于零，速度可正可负。

7）如果控制电动机没有运动，先调出相应轴的状态面板，确认该轴不存在报警、限位，并且已经上伺服。如果状态正常，则需要确认伺服驱动器和控制器的控制模式是否匹配。

5. 点位运动

1）～4）步类似起动电动机 Jog 运动。

5）单击主界面菜单"视图"→"点位运动"，将弹出点位运动对话框，如图1-62所示。

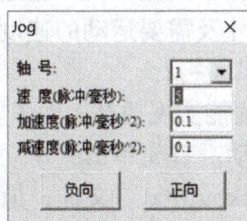

图 1-61　Jog 对话框

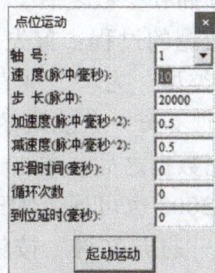

图 1-62　点位运动对话框

6）选择控制轴号。输入运动参数，包括速度、步长、加速度、减速度及平滑时间。速度大于零，步长可正可负（正负决定运动方向），加速度、减速度必须大于零，平滑时间为 [0，50]。

7）"循环次数"为往返的次数，默认参数为 0。

8）单击"起动运动"按钮，此时电动机开始运动。

6. 两轴插补运动

1）～ 4）步类似起动电动机 Jog 运动，只是要设置对应的两个轴。

5）单击主界面菜单"视图"→"插补运动"，将弹出坐标系运动对话框，如图 1-63 所示。

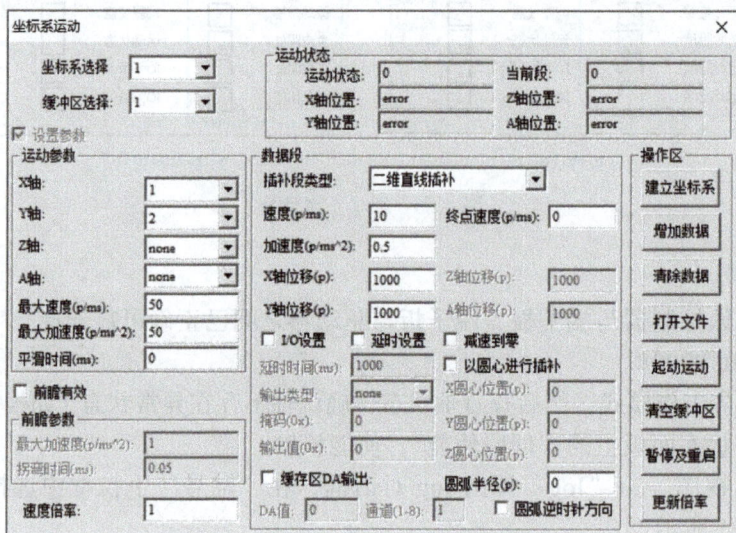

图 1-63　插补参数配置

6）插补参数配置。

① 在"坐标系选择""缓冲区选择"下拉框中选 1。

② GTS 控制器最多允许 4 个轴参与插补，"运动参数"选项组内"X 轴"下拉框中选 1，"Y 轴"下拉框中选 2，"Z 轴"和"A 轴"下拉框中都选择"none"。

③ 如果使用前瞻功能，在单击"建立坐标系"按钮之前勾选"前瞻有效"复选按钮，则对应的前瞻选项组将变为可编辑状态，可设置对应的前瞻参数。

7）设置好插补参数之后，单击"建立坐标系"按钮，此后就可以增加数据了。

8）增加数据的过程：首先分析要做插补运动的轨迹及中间相关的工艺过程。接下来选择"插补段类型"为"二维直线插补"，根据图形的尺寸及需要运动的速度设置相关参数。**注意**：每设置好一条直线参数，单击一次"增加数据"按钮。

9）增加完数据之后，单击"起动运动"按钮，这时便能实现插补运动了。

10）MCT2008 也可通过加载文件的方式进行插补运动。首先单击"建立坐标系"按钮，然后单击"打开文件"按钮，选择"ExampleforTrackbuff.txt"文件，最后单击"起动运动"按钮便能运动了。

7. 其他测试

（1）编码器反馈测试　编码器反馈界面如图 1-64 所示。

1）单击菜单"视图"→"编码器"，将弹出编码器模块对话框。

2）手动旋转电动机或上伺服后让电动机运动，可以在该界面读取编码器计数值。

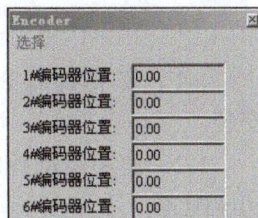

图 1-64　编码器反馈界面

3）如果编码器输入异常，检查线缆连接及编码器信号输入。

（2）模拟电压输出、输入测试　在 MCT2008 软件主界面单击菜单"视图"→"电压输出"/"电压输入"，将弹出电压输出/输入模块对话框，电压输出对话框如图 1-65 所示。

图 1-65　电压输出对话框

（3）数字输出、输入信号测试　在 MCT2008 软件主界面单击菜单"视图"→"数字量输出"/"数字量输入"，将弹出数字量输出/输入模块对话框，如图 1-66 所示。对话框内的对应端口指示灯将发生变化，依此判断该输入端口是否正常。绿色代表输入为高电平，灰色代表输入为低电平。

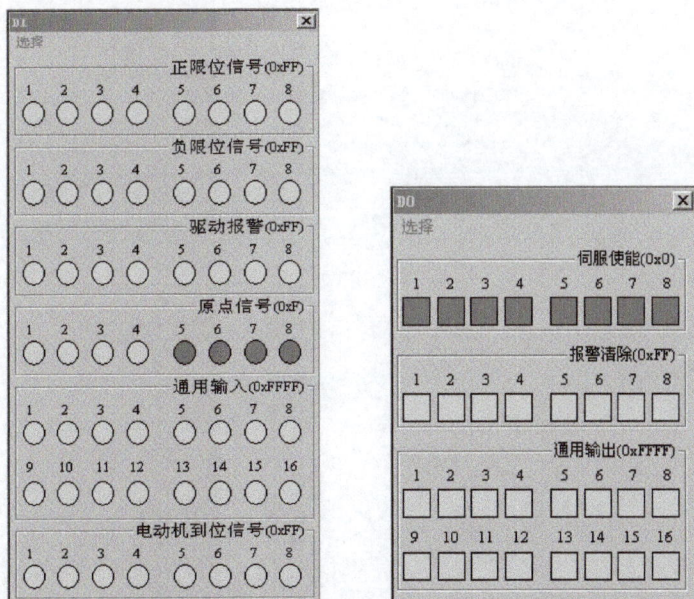

a) 输入测试界面　　　　b) 输出测试界面

图 1-66　数字量输出/输入模块对话框

实战练习

1-1　安装具有 PCI 接口的运动控制卡（如 GEN-008-00 运动控制器）完成驱动安装。

1-2　使用运动控制卡提供的调试软件（如 MotionStudio 系统调试软件）完成通信及功能配置。

1-3　结合运动控制系统及运动控制卡，使用调试工具完成调试。

1-4　结合运动控制教学或工作设备绘制系统组成框图。

拓展练习

1-1　使用 MCT2008 调试工具完成点位运动操作。

1-2　使用 MCT2008 调试工具进行数字量输出 / 输入测试，了解平台相关输入 / 输出信号。

项目 2

C++ 项目设计

项目目标

知识目标：

1. 认识 MFC 框架结构。
2. 掌握任务分析方法。
3. 掌握编程方法。

能力目标：

1. 能使用 VS（Visual Studio）进行工程项目创建。
2. 能根据任务要求使用 MFC 进行简单计算器设计。
3. 能使用控制台完成计算器任务设计。

素质目标：

1. 能够积极思考，举一反三，探索解决问题的多种方式。
2. 培养工作任务流程分析思维。
3. 增强学生客观评价能力，增强使用国产工业软件的意愿。

项目引入

有两个数值，能够采用四则运算的任意一种，最终显示相应计算结果。

任务 2-1　MFC 应用设计

一、常用控件

MFC 界面的常用控件包括按钮、静态文本框、编辑框和下拉框等。在"Visual Studio"中可通过"视图"→"工具箱"调出控件界面，如图 2-1 所示。

1. 按钮控件

按钮控件主要包括命令按钮（Button）、单选按钮（Radio Button）和复选框（Check Box），如图 2-2 所示。命令按钮是用来响应用户的鼠标单击操作，进行相应的处理。使用单选按钮时，一般是多个组成一组，组中每个单选按钮的选中状态具有互斥关系，即同组的单选按钮只能有一个被选中。

图 2-1　工具箱

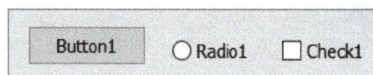

图 2-2　按钮控件

命令按钮是一种十分常用的按钮控件。按钮控件会向父窗口发送通知消息。用户在按钮上单击时会向父窗口发送 BN_CLICKED 消息，双击时发送 BN_DOUBLECLICKED 消息。

2. 静态文本框

静态文本框控件（Static Text），用以显示文本框的文字。在右键菜单中选择"属性"命令，属性面板就会显示出来。在面板上修改 Caption 属性为"数字 1"，ID 修改为"IDC_shuzhi1"，此时文本框及属性如图 2-3 所示。

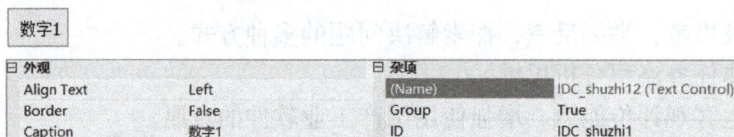

图 2-3　文本框及属性

3. 编辑框

编辑框控件（Edit Control）添加编辑框的过程与静态文本框类似。在编辑框上右击，在右键菜单中选择"Properties"命令，将显示属性（Properties）面板，可修改其 ID。编辑框及属性如图 2-4 所示。

图 2-4　编辑框及属性

4. 列表框

列表框控件（List Box）会给出一个选项清单，允许用户从中进行单项或多项选择，被选中的项会高亮显示，如图 2-5 所示。

列表框可分为单选列表框和多选列表框，单选列表框中一次只能选择一个列表项，而多选列表框可以同时选择多个列表项。

5. 组合框

组合框控件（Combo Box）是把一个编辑框和一个列表框组合到一起，可分成三种：简易（Simple）组合框、下拉式（Dropdown）组合框和下拉列表式（Drop List）组合框。其中，下拉列表式组合框如图 2-6 所示。

图 2-5　列表框

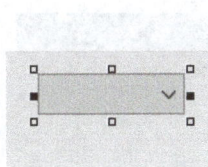

图 2-6　下拉列表式组合框

三者的区别：简易组合框中的列表框是一直显示的；下拉式组合框默认不显示列表框，只有单击了编辑框右侧的下拉箭头才会弹出列表框；下拉列表式组合框的编辑框是不能编辑的，只能由用户在下拉列表框中选择了某项后，在编辑框中显示其文本。

常用的为下拉式组合框和下拉列表式组合框，它们在很多时候能使程序看起来更专业且简洁，让用户在进行选择操作时更方便。

二、常用控件的使用

将下拉框"Combo Box"选择内容显示到编辑框中。

1）创建一个基于对话框的 MFC 项目"exe0810"。

2）在自动生成的对话框模板中删除"TODO：在此放置对话框控件"静态文本框控件、"确定"按钮和"取消"按钮。添加一个 Combo Box 控件，选中控件，在右键菜单中选择"属性"命令，将 ID 设置为"IDC_COMBO1"，Type 属性设为"下拉列表"，编辑框不允许用户输入，Sort 属性设为"False"，以取消排序显示，下拉框设置如图 2-7 所示。添加一个静态文本框控件，其 Caption 属性设为"选择内容："；再添加一个编辑框，编辑框的 ID 设为"IDC_EDIT1"，Read Only 属性设为"True"。

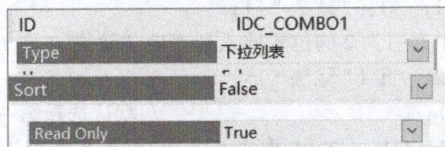

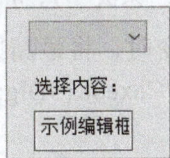

图 2-7　下拉框设置

3）选中组合框 IDC_COMBO1，在右键菜单中选"类向导"命令，在成员变量一栏为其添加 CComboBox 类型的控件变量 m_combo_C，如图 2-8 所示。

45

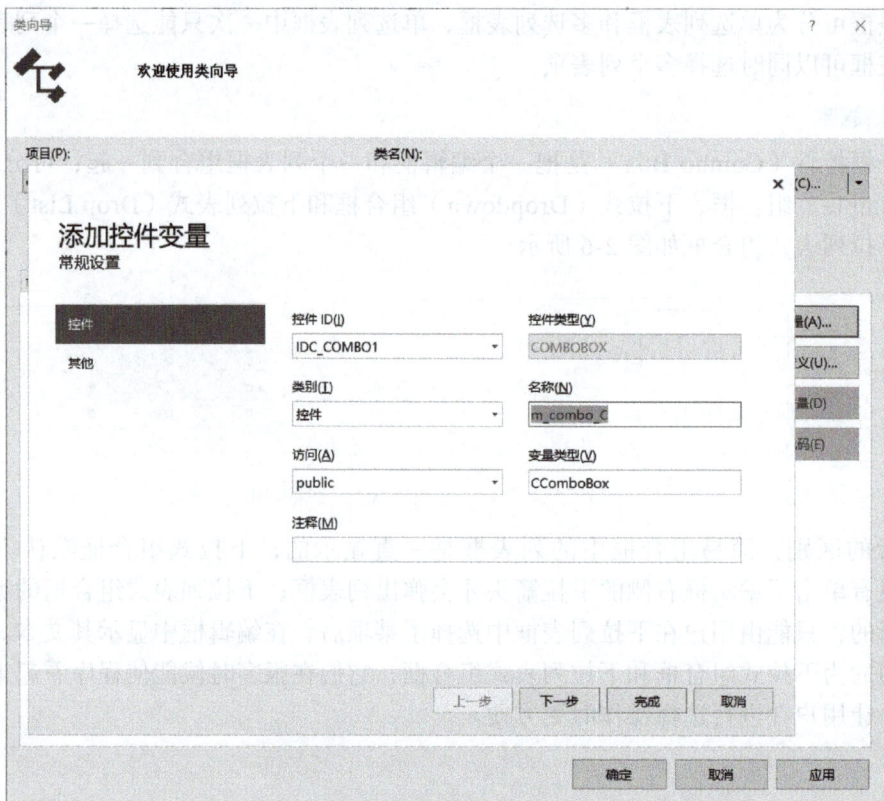

图 2-8 组合框设置控件变量

4）在对话框初始化时，将内容加入到组合框中，并默认选择其中的第一项，需要修改 BOOL Cexe0810Dlg::OnInitDialog（）函数，在"在此添加额外的初始化代码"下添加内容名称：

```
// TODO：在此添加额外的初始化代码
m_combo_C.AddString（_T（"乘法"））;            // 为组合框控件的列表框添加列表项"乘法"
m_combo_C.AddString（_T（"加法"））;            // 为组合框控件的列表框添加列表项"加法"
// 在组合框控件的列表框中索引为 1 的位置插入列表项"减法"
m_combo_C.InsertString（1，_T（"减法"））;
// 在组合框控件的列表框中索引为 2 的位置插入列表项"除法"
m_combo_C.InsertString（2，_T（"除法"））;
m_combo_C.SetCurSel（0）;                        // 默认选择第一项
SetDlgItemText（IDC_COMBO1，_T（"乘法"））; // 编辑框中默认显示第一项的文字"乘法"
```

5）在组合框中选中的列表项改变时，将最新的选择项实时显示到编辑框中。双击组合框，为组合框添加消息处理函数 Cexe0810Dlg::OnCbnSelchangeCombo1（），并修改如下：

```
void Cexe0810Dlg::OnCbnSelchangeCombo1（）
{
    // TODO：在此添加控件通知处理程序代码
    CString strCourse;
```

```
    int num;
    // 获取组合框控件的列表框中选中项的索引
    num = m_combo_C.GetCurSel ();
    // 根据选中项索引获取该项字符串
    m_combo_C.GetLBText (num, strCourse);
    // 将组合框中选中的字符串显示到 IDC_EDIT1 编辑框中
    SetDlgItemText (IDC_EDIT1, strCourse);
}
```

6）运行程序，弹出结果对话框，在对话框的组合框中改变选择项时，编辑框中的显示会相应改变，运行结果如图 2-9 所示。

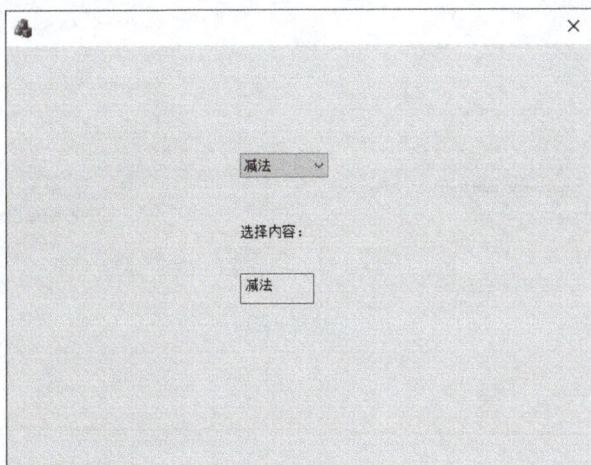

图 2-9 运行结果

三、任务实施

1. 项目创建

打开 VS，单击"新建项目"，选择 Visual C++，然后选择创建 MFC 应用，修改项目名称，本例改为"exe_math"，单击"Next"，然后选择"基于对话框"，最后单击"完成"按钮。新建 MFC 对话框项目如图 2-10 所示。

2. 界面设计

1）从工具箱添加静态文本框，修改属性 Caption，ID 分别设为 IDC_STATIC1、…、IDC_STATIC5，其中，标题随机设为 IDC_STATIC4。

2）从工具箱添加按钮控件，修改属性 Caption，ID 默认。

3）从工具箱添加编辑框，两个数值编辑框和一个结果编辑框，其中结果编辑框修改属性 Read Only 为 True，ID 默认。

4）从工具箱添加组合框，修改 Type 属性为"下拉列表"，Sort 属性设为 False，ID默认。

四则计算界面设计如图 2-11 所示。

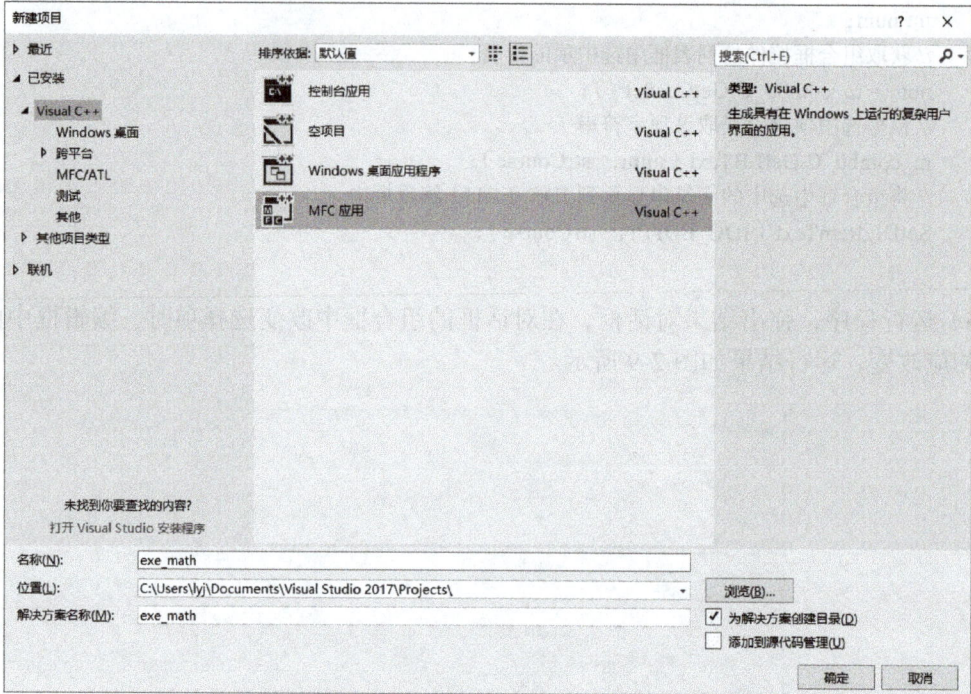

a) 新建项目界面

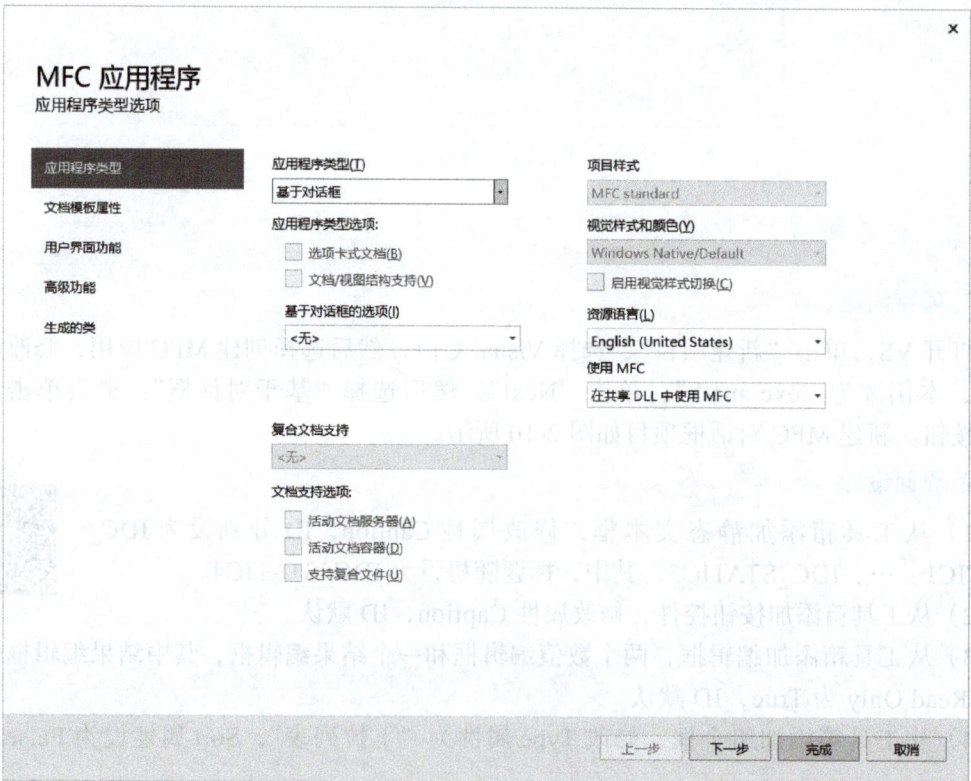

b) MFC应用程序类型选择

图 2-10 新建 MFC 对话框项目

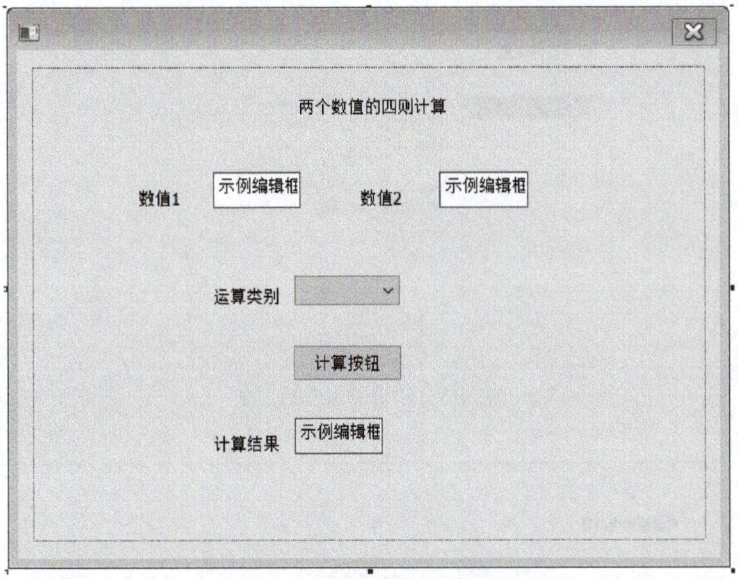

图 2-11　四则计算界面设计

3. 添加变量

1）打开工具栏的"项目"→"类向导"，如图 2-12 所示。

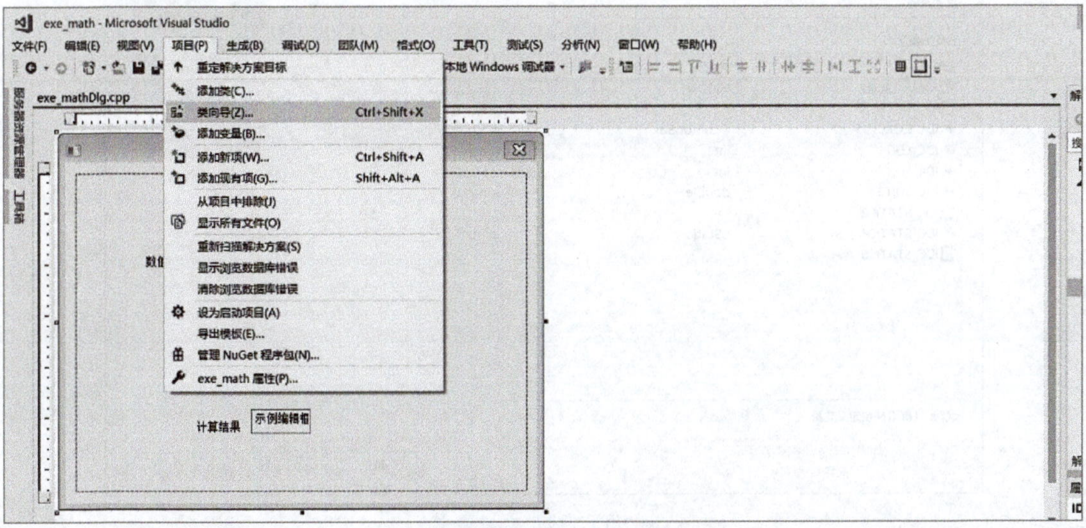

图 2-12　打开类向导

2）添加编辑框的变量，分别为 e_num2、e_num1、e_num0，变量类型选 int 或 double，如图 2-13 所示。

3）添加静态文本框 IDC_STATIC4 控件关联变量为 CStatic 类型的控件变量 m_static。

4）添加组合框 IDC_COMBO1 成员变量为 CComboBox 类型的控件变量 m_combo_C。成员变量设定如图 2-14 所示。

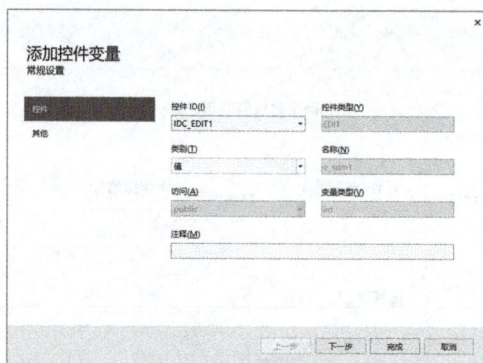

图 2-13　添加编辑框的变量

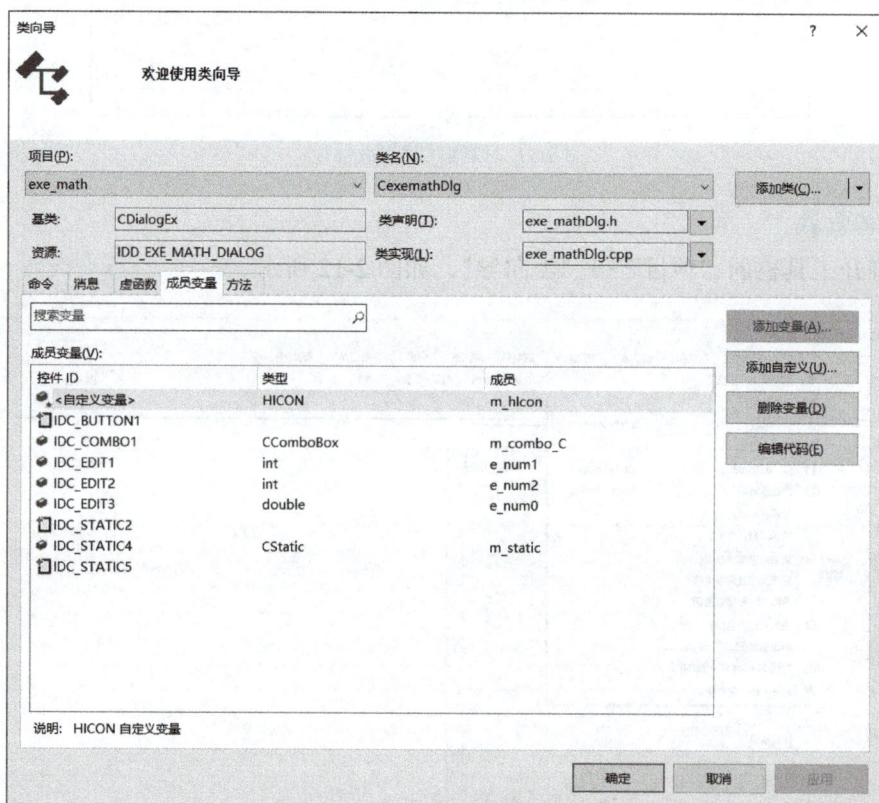

图 2-14　成员变量设定

4. 编辑程序

（1）声明全局类对象　在 MFC 对话框中，要想设置静态文本框的字体大小，无法直接在属性里面进行设置，需要先在代码处进行定义。

CFont cfont;   // 字体类定义

对列表框中选中项的索引也在代码处进行定义。

int num;   // 索引号定义

（2）修改对话框初始化函数　修改 BOOL CexemathDlg::OnInitDialog（）函数，在 "// TODO：在此添加额外的初始化代码"下添加内容。

1）设置字体代码如下：

```
cfont.CreatePointFont（150，_T（"黑体"），NULL）;    // 字体参数设置
GetDlgItem（IDC_STATIC4）→ SetFont（&cfont）;        // 对应标题静态文本框 DC_STATIC4
```

2）将组合框四则运算类型加入其中，并默认选择其中的第一项，代码如下：

```
m_combo_C.AddString（_T（"加法"））;                 // 为组合框控件的列表框添加列表项
                                                     // "加法"
m_combo_C.AddString（_T（"乘法"））;                 // 添加列表项"乘法"
// 在组合框控件的列表框中索引为 1 的位置插入列表项"减法"
m_combo_C.InsertString（1，_T（"减法"））;
m_combo_C.InsertString（3，_T（"除法"））;           // 在索引为 3 的位置插入列表项"除法"
m_combo_C.SetCurSel（0）;                           // 默认选择第一项
SetDlgItemText（IDC_COMBO1，_T（"加法"））;         // 编辑框中默认显示第一项的文字"加法"
```

在此组合框控件的列表框第一个索引号默认为 0。

（3）组合框消息处理函数　在组合框中选中的列表项改变时，获取最新的选择项索引值。双击组合框，为组合框添加消息处理函数 CexemathDlg::OnCbnSelchangeCombo1（），添加代码如下：

```
num = m_combo_C.GetCurSel（）;    // 获取组合框控件的列表框中选中项的索引
```

（4）按钮控件事件处理函数　计算按钮作为四则运算按钮控件，根据组合框索引进行相应运算。双击按钮控件，进入按钮控件事件处理函数 CexemathDlg::OnBnClickedButton1（），添加代码，函数内容如下：

```
void CexemathDlg::OnBnClickedButton1（）
{
    // TODO：在此添加控件通知处理程序代码
    UpdateData（1）;              // 将控件中的数据值更新到相应的变量
    if（num == 0）                // 索引 0"加法"
        e_num0 = e_num1 + e_num2;
    else if（num == 1）          // 索引 1"减法"
        e_num0 = e_num1 – e_num2;
    else if（num == 2）          // 索引 2"乘法"
        e_num0 = e_num1 * e_num2;
    else if（num == 3）          // 索引 3"除法"
        e_num0 = e_num1 / e_num2;
    UpdateData（0）;              // 将控件对应变量的值更新到控件的显示窗口
}
```

5. 程序运行

生成解决方案，运行程序，弹出结果对话框，在对话框的数值 1 和数值 2 编辑框内填入相应数值，并在组合框中选择相应运算，触发计算按钮，计算结

果编辑框中就会显示运算结果，四则运算运行结果如图 2-15 所示。

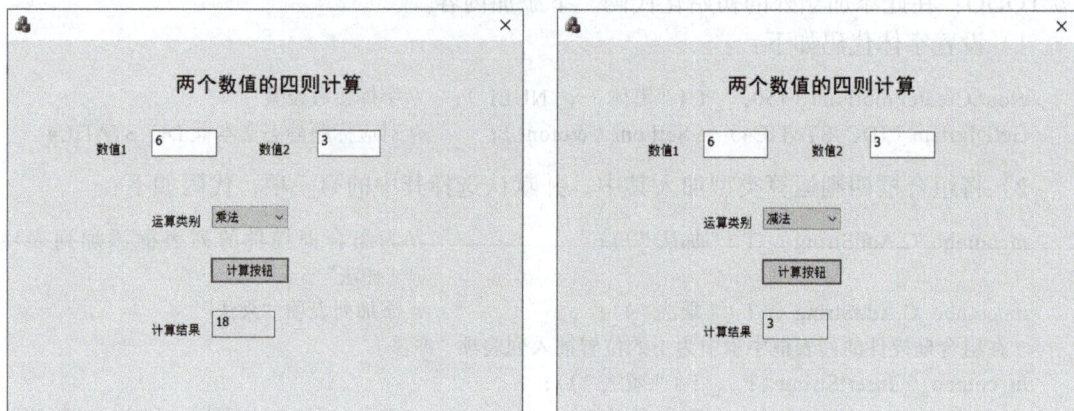

a) 乘法运算及结果　　　　　　　　　　b) 减法运算及结果

图 2-15　四则运算运行结果

四、任务评价

任务评价见表 2-1。

表 2-1　MFC 应用设计任务评价表

任务	训练内容与分值	训练要求	学生自评	教师评分
MFC 应用设计	界面设计（25分）	1. 根据任务要求正确选择控件 2. 界面美观		
	程序设计（40分）	1. 变量定义合理 2. 程序流程清晰，可读性强 3. 任务功能完善		
	任务调试（25分）	1. 完成任务具体要求 2. 调试操作熟练		
	职业素养与创新思维（10分）	1. 积极思考、举一反三 2. 操作安全规范 3. 遵守纪律，遵守实验室管理制度		
	学生：　　　　教师：　　　　日期：			

任务 2-2　控制台应用设计

一、常见头文件及函数

1. 主要头文件

（1）输入 / 输出类头文件　系统自带各类输入 / 输出头文件，实现数据流输入 / 输出、格式化输出等。

```
#include <fstream>          // 文件输入 / 输出
#include <iostream>         // 数据流输入 / 输出，cin 和 cout 等函数所属的头文件
#include <sstream>          // 基于字符串的流
#include <stdio.h>          // 定义输入 / 输出函数
#include <iomanip>          // 参数化输入 / 输出，流操作符头文件
#include <cstdio>           // 输入 / 输出格式控制，要调用函数须加 std:: 或者声明 using
                            // namespace std;
```

（2）数学运算头文件　数学类头文件包含常规数学函数，可以直接调用。

```
#include <cmath>            // 数学头文件，含幂函数、指数函数、二次方根及三角函数等函数
#include <algorithm>        // max 和 min 等函数所属的头文件，还包含交换、查找、遍历、排序
                            // 和修改等
#include <functional>       // 定义了一些模板类，用以声明函数对象
#include <numeric>          // 在序列上面进行简单数学运算的模板函数
#include <algorithm>        // STL（标准模板库）通用算法
```

（3）其他常用头文件　其他还涉及字符串、动态分配和存储相关头文件。

```
#include <cstdlib>          // 动态内存分配所需函数，rand 随机数函数所属头文件
#include <cstring>          // 字符串函数头文件
#include <vector>           // 连续存储的元素
#include <list>             // 列表，由节点组成的双向链表，每个节点含一个元素
#include <stack>            // 栈，后进先出
#include <queue>            // 队列，先进先出
```

2. 常见函数

（1）输入 / 输出类　输入 / 输出是编程中最常见的信息处理类型，常见函数如下：

```
int getc ()                 // 从控制台（键盘）读一个字符，不显示在屏幕上
int putc ()                 // 向控制台（键盘）写一个字符
int getchar ()              // 从控制台（键盘）读一个字符，显示在屏幕上
int putchar ()              // 向控制台（键盘）写一个字符
int  printf ()              // 发送格式化字符串输出给控制台
int  scanf ()               // 从控制台读入一个字符串，分别对各个参数进行赋值
int  fopen ()               // 为读或写打开一个文件
int _wcreat ()              // 建立一个新文件 filename，并设定文件属性
std::cin>>                  // 从缓冲区读数据
std::cout<<                 // 输出内容
```

（2）常见数学函数　常见数学函数包括三角函数、反三角函数、指数函数、对数函数和求绝对值函数等。

```
double sin （double）        // 正弦函数
double cos （double）        // 余弦函数
double tan （double）        // 正切函数
double asin （double）       // 反正弦函数
double acos （double）       // 反余弦函数
double atan （double）       // 反正切函数
```

```
double exp （double）              // exp （x）= eˣ
double pow （double， double）     // pow （x， y）=xʸ
double sqrt （double）             // sqrt （x）= √x
double abs （int）                 // abs （x）=|x|，整数
double fabs （double）             // fabs （x）=|x|，浮点数
int rand（void）                   // 产生伪随机数
```

（3）其他常用函数　其他还包括数据转换等常用函数。

```
fmax（a， b）                      // 求最大值，可以为整数或浮点数等
fmin（a， b）                      // 求最小值，可以为整数或浮点数等
void exit（int）                   // 终止程序执行
int atoi（const char *s）          // 将 s 所指向的字符串转换成整数
double atof（const char *s）       // 将 s 所指向的字符串转换成实数
int tolower（int c）               // 将字符转换为小写字母
int toupper（int c）               // 将字符转换为大写字母
```

二、任务实施

1. 项目创建

打开 VS，单击新建项目，选择 Visual C++，然后选择创建控制台应用，修改项目名称，本例改为"exe_mathc"，单击"确定"按钮，如图 2-16 所示。

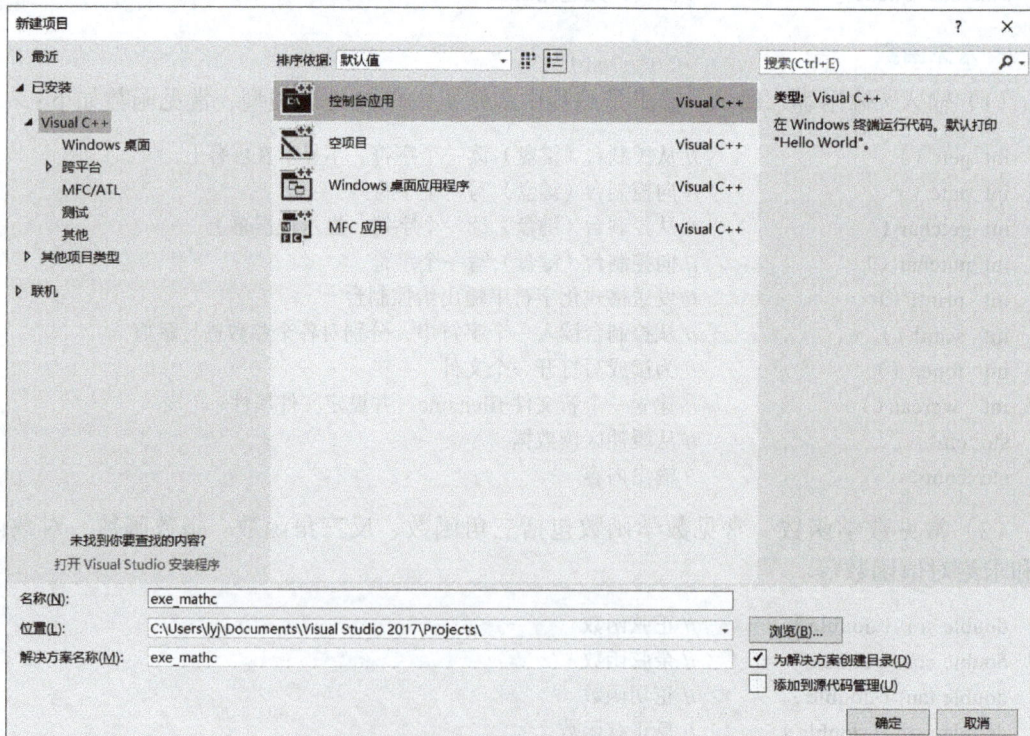

图 2-16　创建控制台应用项目

2. 程序设计

依据任务要求编辑主函数 main ()。

（1）声明变量　定义数值 1 和数值 2，定义计算结果变量，定义运算符号变量。

```
int num1，num2；
double num0；
char fu；
```

（2）头文件　项目自带头文件"iostream"，该头文件的作用是包含了操作输入 / 输出流的方法，包括 cin 和 cout。

```
#include <iostream>              // 输入 / 输出头文件
std::cout << " 输入数值 1：";      // 输出文字
std::cin >>num1；                // 输入数字
```

（3）程序　主函数代码如下：

```
int main ()
{
    int num1，num2；
    double num0；
    char fu；
    std::cout << " 输入数值 1：";
    std::cin >>num1；
    std::cout << "\n 输入数值 2：";
    std::cin >> num2；
    std::cout << "\n 运算类型：";
    std::cin >> fu；
    if（fu=='+'）              // "加法"
        num0 = num1 + num2；
    else if （fu == '-'）      // "减法"
        num0 = num1 – num2；
    else if （fu == '*'）      // "乘法"
        num0 = num1 * num2；
    else if （fu == '/'）      // "除法"
        num0 = num1 / num2；
    std::cout << "\n 输出结果："<<num0<<"\n"；
}
```

3. 程序运行

生成解决方案，运行本地 Windows 调试器，弹出可执行对话框，分别输入数值 1 和数值 2 的相应数值，再输入运算符号，计算结果就会显示输出，控制台运行结果如图 2-17 所示。

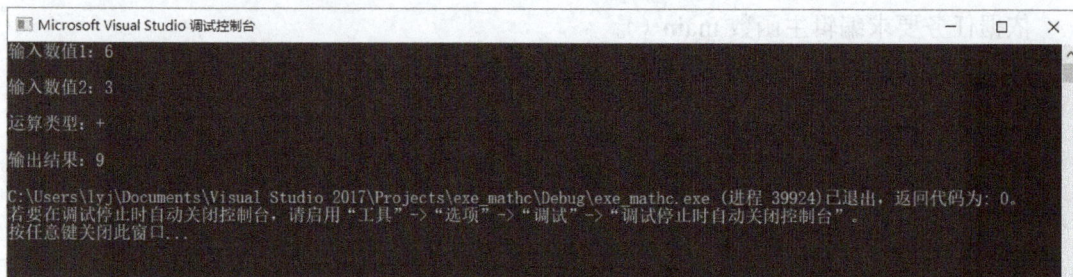

a) 加法运算结果

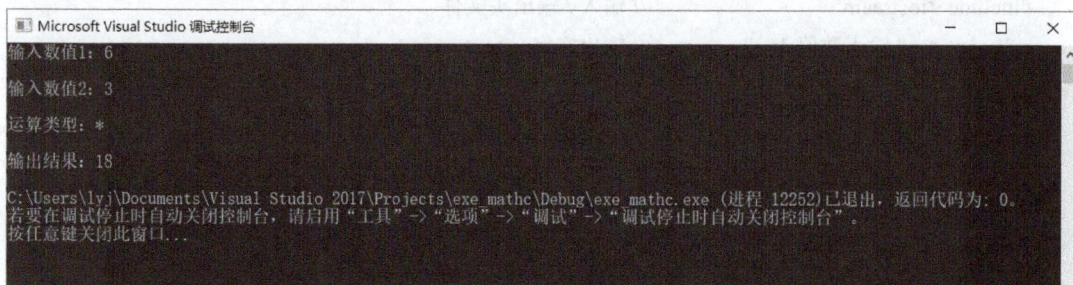

b) 乘法运算结果

图 2-17 控制台运行结果

三、任务评价

任务评价见表 2-2。

表 2-2 控制台应用设计任务评价表

任务	训练内容与分值	训练要求	学生自评	教师评分
控制台应用设计	工程项目创建（10 分）	1. 根据任务要求创建工程项目 2. 命名合理		
	程序设计（45 分）	1. 变量定义合理 2. 程序流程清晰，可读性强 3. 程序代码简洁		
	任务调试（30 分）	1. 完成任务具体要求 2. 调试操作熟练		
	职业素养与创新思维（15 分）	1. 积极思考、举一反三 2. 操作安全规范 3. 遵守纪律，遵守实验室管理制度		
	学生： 教师： 日期：			

实战练习

2-1　自行下载 Microsoft Visual Studio（简称 VS），并安装到计算机。

2-2　使用 VS 创建 MFC 设计任务，输入 3 个数值，能够自动进行排序，最终显示从大到小的排序结果。

2-3　使用 VS 创建控制台应用任务，输入 3 个数值，能够求出最大值和最小值，并最终显示最大值和最小值结果。

2-4　使用 VS 创建一个账号登录界面的设计。

2-5　尝试使用 VS 设计一个简易计算器。

项目 ③

常见运动模式实现

项目目标

知识目标：

1. 认识常用运动模式。
2. 掌握点位、Jog、电子齿轮和插补运动等概念及工作原理。
3. 掌握不同运动模式任务分析方法。

能力目标：

1. 能使用常见库函数实现常见功能。
2. 能根据运动模式选择相应库函数。
3. 能根据任务要求使用 MFC 完成对应运动模式设计。
4. 能结合故障进行软硬件的调试。

素质目标：

1. 能够积极思考，举一反三，探索解决问题的多种方式。
2. 能够重视团队分工，培养尊重别人和自己的劳动成果等职业素养。
3. 培养工作流程分析思维。

项目引入

某伺服系统进行轴运动，可以实现点位运动、Jog 运动、电子齿轮运动和插补运动，用以完成基本传送、定位等运动，可以控制电动机的转速、转动位置等，从而实现准确的加工精度。

运动模式是指规划一个或多个轴运动的方式。运动控制器支持的运动模式有点位运动模式、Jog 运动模式、电子齿轮（即 Gear）运动模式和插补运动模式等。本项目以 GEN 控制器为例进行说明。拓展部分使用 PLC 进行举例说明。

任务 3-1　点位运动设计与调试

一、任务引入

将第 1 轴设定为点位运动模式，并且以速度 500pulse/ms、加速度 0.5pulse/ms²、减速度 0.5pulse/ms² 和平滑时间为 10ms 的运动参数正向运动 50000 个脉冲。

二、任务准备

1. 点位运动

每一个轴在规划静止时都可以设置为点位运动。在点位运动模式下，各轴可以独立设置目标位置、目标速度、加速度、减速度、起跳速度和平滑时间等运动参数，能够独立运动或停止。起动点位运动以后，控制器根据设定的运动参数自动生成相应的梯形速度曲线规划，并且在运动过程中可以随时修改目标位置和目标速度。

在加减速动作中，为了让速度更加平滑，可以引入梯形速度曲线规划（T-Curve Velocity Profile）这里简称 T 曲线规划。T 曲线是工业界广泛采用的形式，是一种时间最优的曲线。T 曲线规划是常见的速度规划方法，加减速度值是常数，规划过程中只需要控制速度和位移与时间的关系。如图 3-1 所示，整个过程分为加速段（①）、匀速段（②）和减速段（③）。

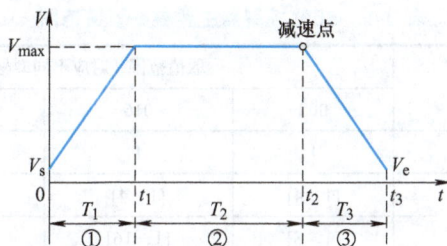

图 3-1　点位梯形速度曲线规划

根据 V 是否到达 V_{max}，通常要分为两种情况。

第一种：速度到达 V_{max}，最终速度曲线为梯形。

第二种：速度没有到达 V_{max}，最终速度曲线为三角形。

下面仅讨论第一种情况，根据图 3-1 可知：

加速时间为 $T_1 = t_1 - 0$。

减速时间为 $T_3 = t_3 - t_2$。

匀速时间为 $T_2 = t_2 - t_1$，此时即为最大速度 V_{max} 持续时间长度。

设定起点为 0，终点位置为 P_f，起点速度为 V_s，终点速度为 V_e，则可求得相应关系式：

$$
\begin{cases}
a_{加} = \dfrac{V_{max} - V_s}{T_1} \\[2mm]
a_{减} = \dfrac{V_{max} - V_e}{T_3} \\[2mm]
P_f = V_{max} T_2 + \left(V_s + \dfrac{1}{2} a_{加} T_1 \right) T_1 + \left(V_e + \dfrac{1}{2} a_{减} T_3 \right) T_3
\end{cases}
\tag{3-1}
$$

设定平滑时间能够得到平滑的速度曲线，从而使加减速过程更加平稳，如图 3-2 所示。平滑时间是指加速度的变化时间，单位用 ms，本任务取值范围为 [0，50]。

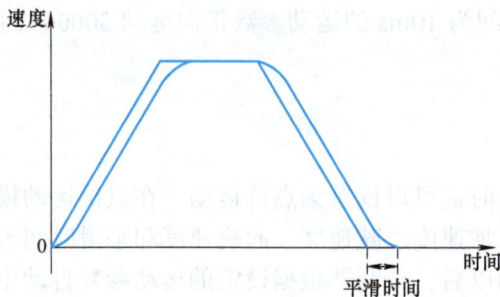

图 3-2　平滑速度曲线

2. 主要指令

GEN 控制器指令有部分通用参数，包括内核 core、轴号 axis、规划轴号 profile、编码器起始轴号 encoder 和坐标系号 crd，指令参数 core、crd、axis、profile 和 encoder 的取值范围见表 3-1。

表 3-1　GEN 控制器主要参数取值范围

参数	参数含义	取值范围（对应不同型号 GEN 控制器）			
		008	016	032	064
core	内核	1	1	1	[1, 2]
crd	坐标系号	[1, 4]	[1, 4]	[1, 4]	[1, 4]
axis	轴号	[1, 8]	[1, 16]	[1, 32]	[1, 32]
profile	规划轴号	[1, 8]	[1, 16]	[1, 32]	[1, 32]
encoder	编码器起始轴号	[1, 8]	[1, 16]	[1, 32]	[1, 32]

（1）控制器控制指令　常见控制器控制指令包括打开运动控制器 GTN_Open、复位运动控制器 GTN_Reset 和关闭运动控制器 GTN_Close 等，见表 3-2。

表 3-2　控制器控制指令

指令原型	GTN_Open（short channel, short param）	GTN_Reset（short core）	GTN_Close（）
指令说明	打开运动控制器	复位运动控制器	关闭运动控制器
指令参数	Channel 打开方式 #define CHANNEL_HOST（0） #define CHANNEL_UART（1） #define CHANNEL_SIM（2） #define CHANNEL_ETHER（3） #define CHANNEL_RS232（4） #define CHANNEL_PCIE（5）	core 内核，正整数 GEN 控制器采用双核专用处理器（core1 和 core2），目前只使用 core1 用于 EtherCAT 总线通信，因此本书 core 参数设为 1	
	param 默认 1		
使用举例	GTN_Open（）	GTN_Reset（）	GTN_Close（）

除控制器开关指令外，还需要调用 GTN_LoadConfig 指令将配置文件里的配置信息下载到运动控制器中。需要注意的是，如果配置文件与可执行文件不在同一目录下，在调用

GTN_LoadConfig 指令时，参数需要包含配置文件的绝对路径，正常使用将配置文件与可执行文件放在同一目录。

GTN_LoadConfig（short core，char *pFile），其中 pFile 为配置文件的文件名。文件名格式：*.cfg 或 *.CFG。可根据自己的需求使用管理软件 MotionStudio 生成此配置文件，详细文件配置见任务 1-3。

使用时，需要先使用 GTN_Open 指令打开控制器，通过 GTN_LoadConfig 指令加载配置文件，再通过相关指令对控制器进行相关运动控制，任务结束需要使用 GTN_Close 指令关闭控制器。

（2）EtherCAT 库指令　为了使用 EtherCAT 通信，GEN 控制器配套 EtherCAT 库指令，包括通信初始化 GTN_InitEcatComm、启动通信 GTN_StartEcatComm、结束通信 GTN_TerminateEcatComm 和查询 GUC 通信状态 GTN_IsEcatReady 等，具体详见 GEN 控制器使用说明。EtherCAT 库部分指令见表 3-3。

表 3-3　EtherCAT 库部分指令

指令原型	GTN_InitEcatComm（short core）	GTN_StartEcatComm（short core）	GTN_TerminateEcatComm（short core）
指令说明	EtherCAT 通信初始化	启动 EtherCAT 通信	结束 EtherCAT 通信
指令参数	core：内核，正整数，常规参数设为 1		
使用举例	GTN_InitEcatComm（1）	GTN_StartEcatComm（1）	GTN_TerminateEcatComm（1）

使用前，老版控制器配置文件需要先使用 EtherCATConfig 工具配置正确的 eni 文件，并将此 eni 文件存放在与可执行文件相同的目录中，具体配置方法详见任务 1-3；新版控制器配置文件不使用 eni 文件，直接将配置软件配置后的 XML 文件存放在可执行文件根目录下。

在打开控制器之后，调用 GTN_InitEcatComm 指令进行 EtherCAT 总线初始化，并使用 GTN_StartEcatComm 指令启动总线通信。这时就可以通过相关指令对 EtherCAT 伺服和 EtherCAT I/O 进行控制。任务结束需要使用 GTN_TerminateEcatComm 指令关闭 EtherCAT 通信，然后再关闭控制器。

（3）点位运动指令　点位运动指令主要包括设定轴为点位运动模式 GTN_PrfTrap、设置点位运动参数 GTN_SetTrapPrm、读取点位运动参数 GTN_GetTrapPrm、读取目标位置 GTN_GetPos、读取目标速度 GTN_GetVel、设置目标位置 GTN_SetPos、设置目标速度 GTN_SetVel 和起动点位运动 GTN_Update，具体如下。

1）运动模式设定与起动。点位运动设定与起动指令见表 3-4。

表 3-4　点位运动设定与起动指令

指令原型	GTN_PrfTrap（short core，short profile）	GTN_Update（short core，long mask）
指令说明	设置指定轴为点位运动模式	起动点位运动或 Jog 运动
指令参数	core：内核，正整数，常规参数设为 1	
	profile：规划轴号，正整数	mask 表示按位指示起动运动的轴号或坐标系号
使用举例	GTN_PrfTrap（1，1）	GTN_Update（1，1 <<（axis−1））

对于 8 轴控制器，表 3-4 中 mask 对应轴号和坐标系号见表 3-5。

表 3-5　mask 对应轴号和坐标系号

Bit	9	8	7	6	5	4	3	2	1	0
对应轴号和坐标系号	坐标系 2	坐标系 1	8 轴	7 轴	6 轴	5 轴	4 轴	3 轴	2 轴	1 轴

2）运动参数设置与读取。点位运动参数设置与读取指令见表 3-6。

表 3-6　点位运动参数设置与读取指令

指令原型	GTN_SetTrapPrm（short core, short profile, TTrapPrm *pPrm）	GTN_GetTrapPrm（short core, short profile, TTrapPrm *pPrm）
指令说明	设置点位运动模式下的运动参数	读取点位运动模式下的运动参数
指令参数	core：内核，正整数，常规参数设为 1	
	profile：规划轴号，正整数	
	pPrm：设置点位运动模式运动参数，该参数为一个结构体	
使用举例	GTN_ SetTrapPrm（1，1，pPrm）	GTN_ GetTrapPrm（1，1，pPrm）

表 3-6 中所述结构体包含四个参数，详细的参数定义及说明如下：

```
typedef struct TrapPrm
{
    double acc;              // 点位运动的加速度，正数，单位：pulse/ms²
    double dec;              // 点位运动的减速度，未设置时，默认和加速度相同
    double velStart;         // 起跳速度，正数，单位：pulse/ms，默认值为 0
    short smoothTime;        // 平滑时间，正整数，取值范围：[0，50]，单位：ms
}TTrapPrm;
```

3）位置设定与读取。位置设定与读取指令见表 3-7。

表 3-7　位置设定与读取指令

指令原型	GTN_SetPos（short core, short profile, long pos）	GTN_GetPos（short core, short profile, long *pPos）
指令说明	设置目标位置	读取目标位置
指令参数	core：内核，正整数，常规参数设为 1	
	profile：规划轴号，正整数	
	pos：设置目标位置，单位：pulse	
使用举例	GTN_SetPos（1，1，pPos）	GTN_ GetPos（1，1，pPos）

4）速度设定与读取。速度设定与读取指令见表 3-8。

表 3-8 速度设定与读取指令

指令原型	GTN_SetVel（short core，short profile，double vel）	GTN_GetVel（short core，short profile，long *pVel）
指令说明	设置目标速度	读取目标速度
指令参数	core：内核，正整数，常规参数设为 1	
	profile：规划轴号，正整数	
	vel：设置目标速度，单位：pulse/ms	pVel：读取目标速度，单位：pulse/ms
使用举例	GTN_SetVel（1，1，pVel）	GTN_ GetVel（1，1，pVel）

（4）伺服驱动器指令 伺服驱动器指令包括开关伺服驱动器、读取和设置轴操作及参数等，本任务主要涉及驱动器使能开关，具体见表 3-9。

表 3-9 驱动器开关指令

指令原型	GTN_AxisOn（short core，short axis）	GTN_AxisOff（short core，short axis）
指令说明	打开驱动器使能	关闭驱动器使能
指令参数	core：内核，正整数，常规参数设为 1	
	axis：轴号，正整数	
使用举例	GTN_AxisOn（1，1）	GTN_ AxisOff（1，1）

（5）其他指令 在运动过程中需要显示运动位置、速度，指令包括读规划位置、速度，读实际位置、速度等。

1）规划位置、速度。规划位置与速度读取指令见表 3-10。

表 3-10 规划位置与速度读取指令

指令原型	GTN_GetPrfPos（short core，short profile，double *pValue，short count=1，unsigned long *pClock=NULL）	GTN_GetPrfVel（short core，short profile，double *pValue，short count=1，unsigned long *pClock=NULL）
指令说明	读取规划位置	读取规划速度
指令参数	core：内核，正整数，常规参数设为 1	
	profile：规划轴号，正整数	
	*pValue：规划位置	规划速度
	count：读取的轴数，默认为 1，一次最多可以读取 8 个编码器轴	
	*pClock：读取控制器时钟，默认值为 NULL，即不用读取控制器时钟	
使用举例	GTN_GetPrfPos（1，1，pValue，1，NULL）	GTN_GetPrfVel（1，1，pValue，1，NULL）

2）实际位置、速度。实际位置与速度读取指令见表 3-11。

表 3-11　实际位置与速度读取指令

指令原型	GTN_GetEncPos（short core, short encoder, double *pValue, short count=1, unsigned long *pClock=NULL）	GTN_GetEncVel（short core, short encoder, double *pValue, short count=1, unsigned long *pClock=NULL）
指令说明	读取编码器位置	读取编码器速度
指令参数	core：内核，正整数，常规参数设为 1	
	encoder：编码器起始轴号，正整数	
	*pValue：规划位置	规划速度
	count：读取的轴数，默认为 1，一次最多可以读取 8 个编码器轴	
	*pClock：读取控制器时钟，默认值为：NULL，即不用读取控制器时钟	
使用举例	GTN_GetEncPos（1, 1, pValue, 1, NULL）	GTN_GetEncVel（1, 1, pValue, 1, NULL）

三、任务实施

1. 任务实施流程

在硬件正常连接的情况下，任务实施目前有两个版本。

2021 年之前的版本，主要有以下几个步骤。

1）使用 EtherCATConfig 总线配置软件对系统网络结构进行 EtherCAT 总线配置，保存配置文件"Gecat.eni"，待用。

2）将 Gecat.eni 文件复制至 MotionStudio 运动控制器管理软件根目录下，然后打开 MotionStudio 软件对系统进行配置，并生成配置文件"gtn_core.cfg"，保存待用。

3）打开 VS，创建 MFC 应用，设计 MFC 任务界面。

4）进行程序设计，工作流程如图 3-3 所示。

2022 年对 MotionStudio 改版，增加 EtherCAT 总线配置功能的集成，省略了原有流程中步骤 1），原步骤 2）改用 MotionStudio 配置后生成的 Gecat.XML 文件。主要实施步骤如下。

1）在设备通电情况下，打开 MotionStudio 运动控制器管理软件，轴扫描成功，对部分第三方伺服驱动器进行轴 PDO 参数设定，如三菱 G_N1 伺服驱动器需要在输入信号中添加 0X60fd，增加限位和原点传感器信号，配置成功后重启，此时在 MotionStudio 软件根目录下找到"Gecat.XML"文件，保存待用。

2）打开 VS，创建 MFC 应用，设计 MFC 任务界面。

3）将 Gecat.XML 和其他伺服及控制器相关配置及库文件保存至项目二级对应根目录下。

4）进行程序设计，将程序设计流程做一定修改，如图 3-4 所示。

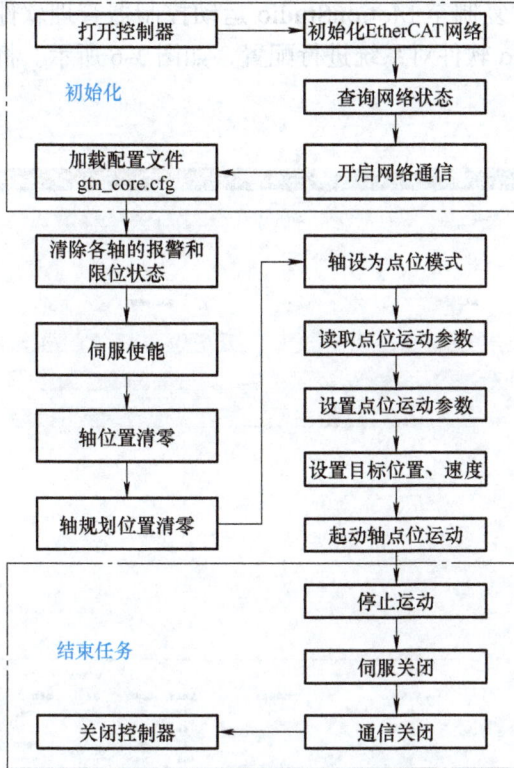

图 3-3　任务实施程序流程（旧版）　　　　　图 3-4　任务实施程序流程（新版）

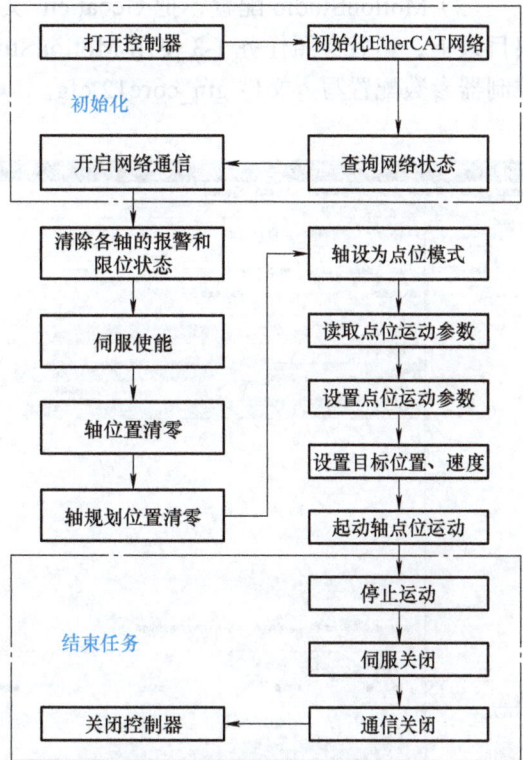

本任务还是按照旧版进行项目设计，在下个任务中再举例新版的使用。

2. 配置文件

（1）EtherCATConfig 配置　参照任务 1-3 配置单轴系统 EtherCAT 总线文件"Gecat.eni"，并保存，如图 3-5 所示。

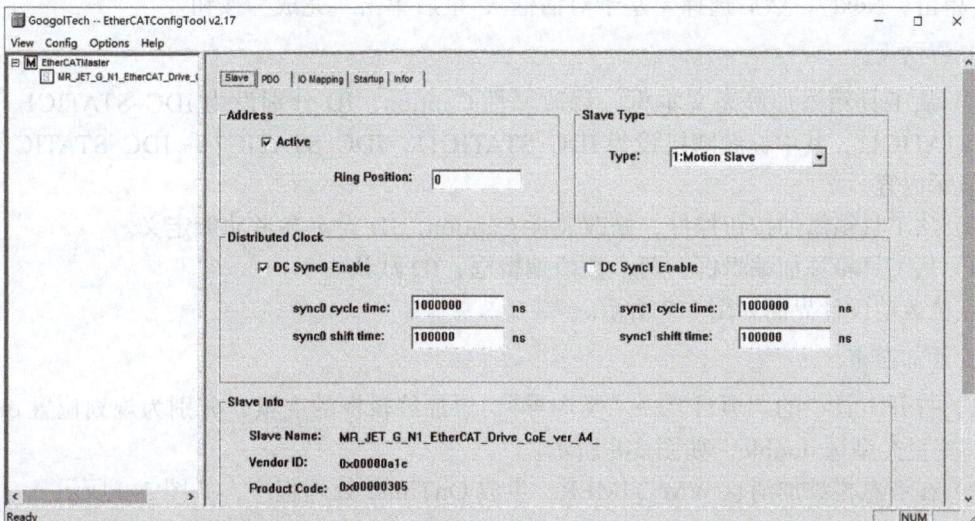

图 3-5　EtherCAT 总线配置

（2）MotionStudio 配置　把 Gecat.eni 文件复制至 MotionStudio 运动控制器管理软件根目录下，然后参照任务 1-3 使用 MotionStudio 软件对系统进行配置，如图 3-6 所示。将控制器参数配置写入文件 gtn_core12.cfg。

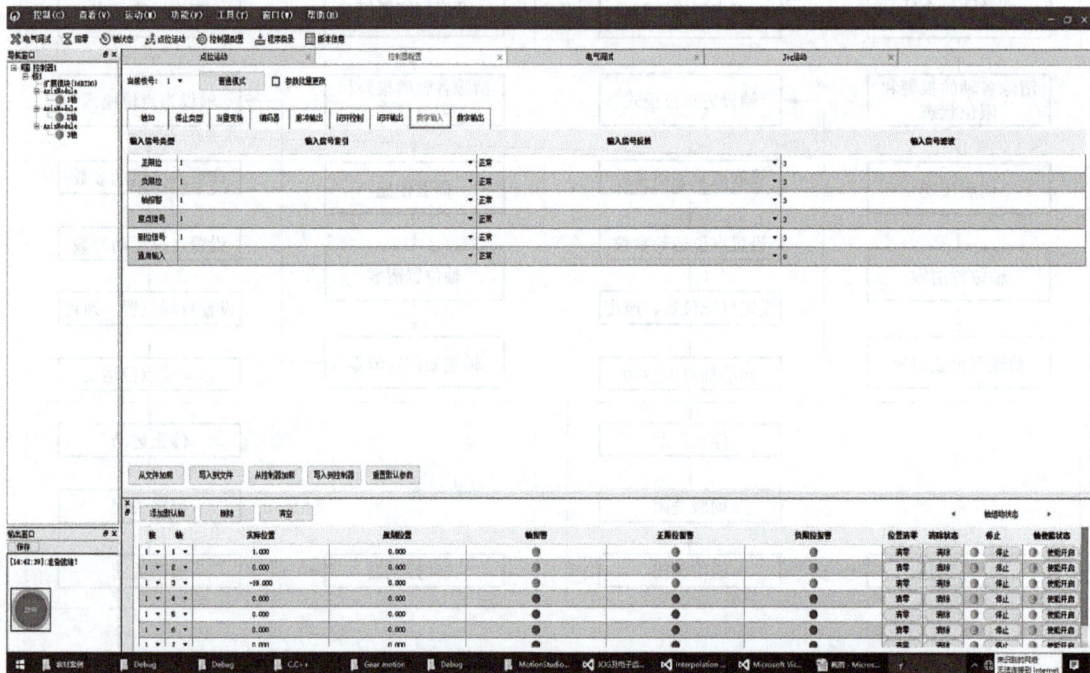

图 3-6　控制器 MotionStudio 配置

3. 项目创建

打开 VS，单击新建项目，选择创建 MFC 应用，修改项目名称，本例改为"点位运动"，单击"Next"，然后选择"基于对话框"，最后单击"完成"按钮。

4. 界面设计

1）从工具箱添加静态文本框，修改属性 Caption，ID 分别设为 IDC_STATIC1、…、IDC_STATIC11，其中标题随机设为 IDC_STATIC11，IDC_STATIC7 ~ IDC_STATIC10 为数值显示内容。

2）从工具箱添加按钮控件，修改属性 Caption，ID 设定参考功能定义。

3）从工具箱添加编辑框，两个数值编辑框，ID 默认。

点位运动设计界面如图 3-7 所示。

5. 添加变量

1）打开工具栏的"项目"→"类向导"，添加编辑框的变量，分别为规划位置 ePos、eVel，变量类型选 double，如图 3-8 所示。

2）在消息栏添加消息 WM_TIMER，生成 OnTimer 处理程序，如图 3-9 所示。

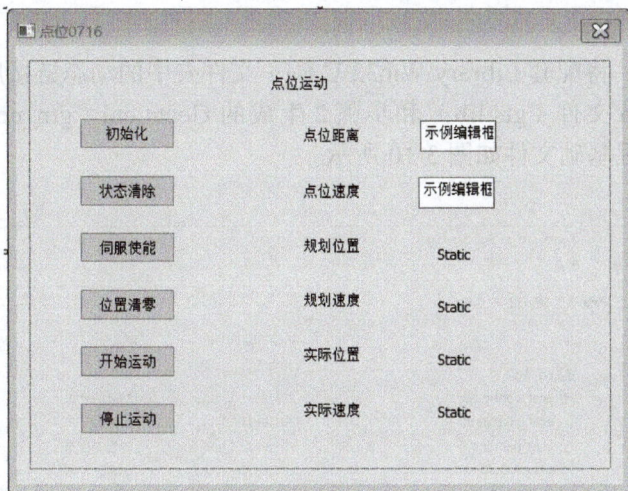

图 3-7 点位运动设计界面

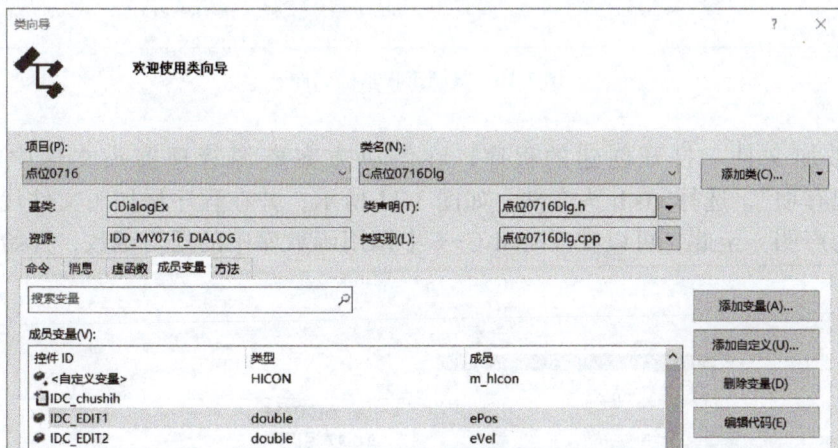

图 3-8 添加变量

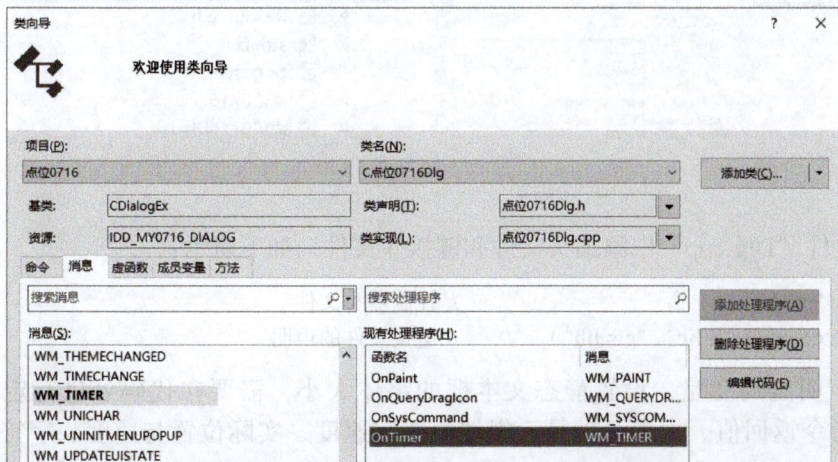

图 3-9 添加消息 WM_TIMER

6. 编辑程序

（1）复制文件　将配套 Library\Win32\C.C++ 文件夹中的动态链接库（如 gts.dll）、头文件（如 gts.h）、lib 文件（gts.lib）和步骤 2 生成的 Gecat.eni、gtn_core12.cfg 复制到工程文件夹中复制工程基础文件如图 3-10 所示。

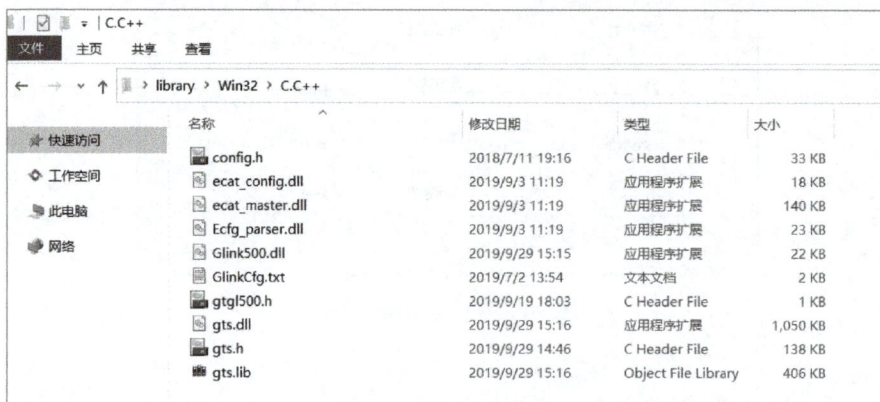

图 3-10　复制工程基础文件

（2）添加文件　打开创建的程序，在解决方案资源管理器头文件中右击"添加"→"现有项"，选择 gts.h 头文件，如图 3-11 所示；并在程序添加头文件代码及包含链接文件的声明。至此，可以在 Visual C++ 中调用函数库中的任何函数，开始编写应用程序。

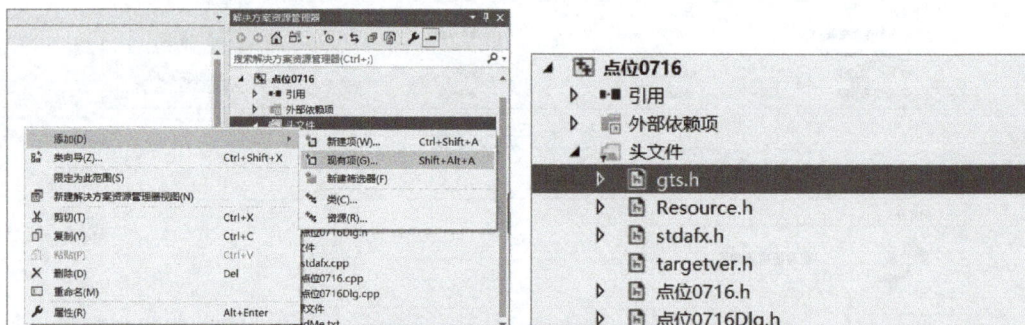

图 3-11　添加头文件

在源文件"Dlg.cpp"中添加头文件和链接库文件，如下所示：

```
#include "gts.h"                    // 控制器头文件
#pragma comment（lib，"gts.lib"）    // 链接文件的声明
```

（3）声明全局变量　设置静态文本框的字体大小，需要在代码处进行定义，其他包括运动指令返回值、内核、轴号、规划位置与速度、实际位置与速度、字符串数据结构等。

```
CFont cfont;                                    // 字体类定义
short sRtn, rtn;                                // 定义返回值
short core = 1;                                 // 内核
short Ax = 1;                                    // 轴号
CString strTemp;                                // 字符串数据结构
double prfPos, prfVel, encPos, encVel;          // 目标与实际位置、速度
```

（4）修改对话框初始化函数　在 OnInitDialog（）函数中添加字体设置代码，如下所示：

```
cfont.CreatePointFont（150, _T（"黑体"）, NULL）;    // 字体参数设置
GetDlgItem（IDC_STATIC11）→SetFont（&cfont）;        // 对应标题静态文本框
                                                    // IDC_STATIC11
```

（5）定时器处理程序　在添加的定时器 OnTimer（UINT_PTR nIDEvent）函数中编辑代码以便获取规划位置、规划速度、实际速度和实际位置等变量的实时变化。

```
GTN_GetPrfPos（core, Ax, &prfPos, 1, NULL）;    // 读 1 轴规划位置
strTemp.Format（_T（"%.3f"）, prfPos）;            // 把一个规划位置转换成 CString 类型
SetDlgItemText（IDC_STATIC7, strTemp）;          // 在静态文本 IDC_STATIC7 显示规划位
                                                // 置内容
GTN_GetPrfVel（core, Ax, &prfVel, 1, NULL）;    // 读 1 轴规划速度
strTemp.Format（_T（"%.3f"）, prfVel）;
SetDlgItemText（IDC_STATIC8, strTemp）;
GTN_GetEncPos（core, Ax, &encPos, 1, NULL）;    // 读 1 轴实际位置
strTemp.Format（_T（"%.3f"）, encPos）;
SetDlgItemText（IDC_STATIC9, strTemp）;
GTN_GetEncVel（core, Ax, &encVel, 1, NULL）;    // 读 1 轴实际速度
strTemp.Format（_T（"%.3f"）, encVel）;
SetDlgItemText（IDC_STATIC10, strTemp）;
```

其中，_T（"%.3f"）表示数据格式为带 3 位小数的浮点数，可以修改为 _T（"%d"），此时，表示数据格式为整型数。其他修改读者可自行查阅资料。

（6）按钮控件事件处理函数

1）初始化按钮。主要完成程序初始化，包括开控制器、EtherCAT 通信和配置文件加载等。双击初始化按钮控件，进入按钮控件事件处理函数，添加代码，函数内容如下：

```
// TODO：在此添加控件通知处理程序代码
short sEcatSts;                                 // 网络状态变量定义
sRtn = GTN_Open（）;                            // 打开运动控制器
sRtn = GTN_InitEcatComm（core）;                // 初始化 EtherCAT 网络
do {
    sRtn = GTN_IsEcatReady（core, &sEcatSts）;  // 查询网络状态
} while（sEcatSts != 1 || sRtn != 0）;
sRtn = GTN_StartEcatComm（core）;               // 开启网络通信
sRtn = GTN_LoadConfig（core, "gtn_core12.cfg"）; // 下载配置信息到运动控制器
SetTimer（1, 10, NULL）;                         // 设置定时器 [ 定时器 ID，间隔时间（毫
                                                // 秒），回调函数地址 ]
```

2）状态清除按钮。状态清除主要为了清除报警、限位等状态。双击状态清除按钮控件，进入按钮控件事件处理函数，添加代码，函数内容如下：

sRtn = GTN_ClrSts（core，1，3）;　　　　// 清除内核 core、起始轴为 1 的 3 个轴状态数据

3）位置清零按钮。位置清零主要为了清除位置数据，使用位置清零后，实际位置变成 0。双击位置清零按钮控件，进入按钮控件事件处理函数，添加代码，函数内容如下：

sRtn = GTN_ZeroPos（core，1，3）;　　　　// 清除内核 core、起始轴为 1 的 3 个轴位置数据

4）伺服使能按钮。伺服使能主要为了打开驱动器使能，为后面运动做准备。双击伺服使能按钮控件，进入按钮控件事件处理函数，添加代码，函数内容如下：

sRtn = GTN_AxisOn（core，Ax）;　　　　// 打开内核为 core、轴号为 Ax 的伺服驱动器使能

5）开始运动按钮。开始运动主要为实现点位运动运行，包括运动模式设置、参数设定和读取、起动点位运动等。双击开始运动按钮控件，进入按钮控件事件处理函数，添加代码，函数内容如下：

```
UpdateData（TRUE）;                      // 将控件中的数据值更新到相应的变量
sRtn = GTN_SetPrfPos（core，Ax，0）;      // 设置内核为 core、轴号为 Ax 的规划位置为 0
sRtn = GTN_PrfTrap（core，Ax）;          // 设置内核为 core、轴号为 Ax 的点位运动模式
TTrapPrm trap;                          // 定义点位运动参数结构体变量
sRtn = GTN_GetTrapPrm（core，Ax，&trap）; // 读取内核为 core、轴号为 Ax 的点位运动参数
trap.acc = 0.5;                         // 加速度
trap.dec = 0.5;                         // 减速度
trap.smoothTime = 10;                   // 平滑时间
sRtn = GTN_SetTrapPrm（core，Ax，&trap）; // 将前面设置的加减速度等参数写入对应轴点位
                                        // 运动参数
sRtn = GTN_SetPos（core，Ax，ePos）;     // 设置内核为 core、轴号为 Ax 的运动目标位置
sRtn = GTN_SetVel（core，Ax，eVel）;     // 设置内核为 core、轴号为 Ax 的运动目标速度
sRtn = GTN_Update（core，1 <<（Ax − 1））; // 起动内核为 core、Ax 对应二进制位的轴运动
```

6）停止运动按钮。停止运动主要为实现运动结束，包括停止运动、关闭伺服使能、结束通信和关闭控制器等。双击停止运动按钮控件，进入按钮控件事件处理函数，添加代码，函数内容如下：

```
GTN_Stop（core，1<<（Ax−1），1）;        // 急停停止内核为 core、轴号为 Ax 的运动
GTN_AxisOff（core，Ax）;                 // 关闭轴号 Ax 使能
sRtn = GTN_TerminateEcatComm（core）;    // 结束通信
sRtn = GTN_Close（）;                    // 关控制器
```

7. 程序运行

生成解决方案，运行程序，弹出结果对话框，在对话框的点位距离和点位速度编辑框内填入相应数值 50000 和 50，从上到下依次单击按钮。在硬件正常的情况下，单击"开始运动"按钮，电动机运行，速度和位置发生变化，运行界面如图 3-12 所示。修改目标距离和速度，实际运行会有相应变化。

a) 初始状态

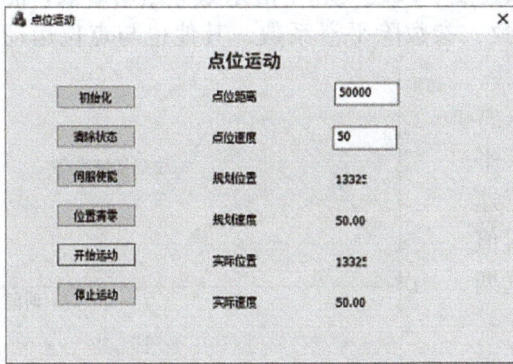

b) 运动过程

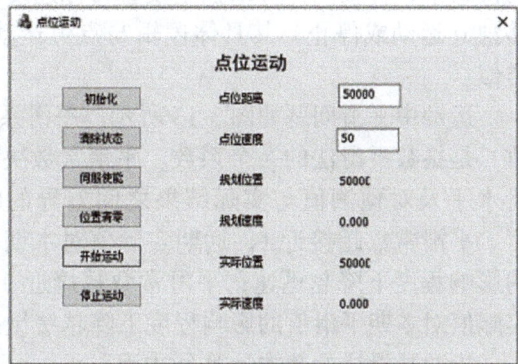

c) 运动结束

图 3-12　运行界面

四、任务评价

任务评价见表 3-12。

表 3-12　点位运动设计与调试任务评价表

任务	训练内容与分值	训练要求	学生自评	教师评分
点位运动设计与调试	界面设计（25分）	1. 根据任务要求正确选择控件 2. 界面美观		
	程序设计（40分）	1. 属性设置和变量定义合理 2. 程序流程清晰，可读性强 3. 任务功能完善		
	任务调试（25分）	1. 任务功能完整 2. 调试操作熟练		
	职业素养与创新思维（10分）	1. 积极思考、举一反三 2. 操作安全规范 3. 遵守纪律，遵守实验室管理制度		
	学生：　　　　　　　教师：　　　　　　　日期：			

任务 3-2　Jog 运动设计与调试

一、任务引入

轴 1 运动在 Jog 模式下，初始目标速度为 20pulse/ms。动态改变目标速度，当规划位置超过 100000pulse 时，修改目标速度为 10pulse/ms。

二、任务准备

1. Jog 运动

Jog 运动类似手动控制，按住按键，电动机运动，松开按键，电动机停止。在 Jog 运动模式下，各轴同样可以独立设置目标速度、加速度、减速度和平滑系数等运动参数，能够独立运动或停止。其具体逻辑与点位运动一致，参数除平滑系数，其他也与点位运动类似。

运动中平滑问题如图 3-13 所示。平滑系数（常数）是指数平滑法的一个系数。平滑常数决定了平滑水平及对预测值与实际结果之间差异的响应速度。平滑常数越接近 1，远期实际值对本期平滑值的影响程度下降越迅速；平滑常数越接近 0，远期实际值对本期平滑值的影响程度下降越缓慢。

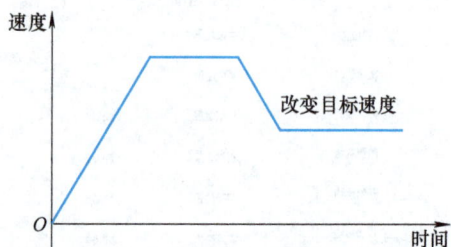

图 3-13　运动中平滑问题

指数平滑法的基本计算公式为

$$S_t = \alpha y_t + (1-\alpha)S_{t-1} \qquad (3-2)$$

式中，S_t 为时间 t 的平滑值；y_t 为时间 t 的实际值；S_{t-1} 为时间 $t-1$ 的平滑值；α 为平滑常数，取值范围为 $[0，1)$。

除基本的一次指数平滑外，还有二次、三次指数平滑，本书不详细描述。

2. 主要指令

点位运动与 Jog 运动常规使用指令基本相同，运动参数指令略有区别。

点位运动指令主要包括设定轴为 Jog 运动模式 GTN_PrfJog、设置 Jog 运动参数 GTN_SetJogPrm 和读取 Jog 运动参数 GTN_GetJogPrm，具体如下。

1）运动模式设定。Jog 运动模式指令见表 3-13。

表 3-13　运动模式指令

指令原型	GTN_PrfJog（short core，short profile）
指令说明	设置指定轴为 Jog 运动模式
指令参数	core：内核，正整数，常规参数设为 1
	profile：规划轴号，正整数
使用举例	GTN_PrfJog（1，1）

2）运动参数设置与读取。Jog 运动参数设置与读取指令见表 3-14。

表 3-14　运动参数设置与读取指令

指令原型	GTN_SetJogPrm（short core, short profile, TJogPrm *pPrm）	GTN_GetJogPrm（short core, short profile, TJogPrm *pPrm）
指令说明	设置 Jog 运动模式下的运动参数	读取 Jog 运动模式下的运动参数
指令参数	core：内核，正整数，常规参数设为 1	
	profile：规划轴号，正整数	
	pPrm：设置 Jog 运动模式运动参数，该参数为一个结构体	
使用举例	GTN_ SetJogPrm（1, 1, pPrm）	GTN_ GetJogPrm（1, 1, pPrm）

表 3-14 所示结构体包含三个参数，详细的参数定义及说明如下：

```
typedef struct JogPrm
{
    double acc;          // Jog 运动的加速度，正数，单位：pulse/ms²
    double dec;          // Jog 运动的减速度，未设置时，默认和加速度相同
    double smooth;       // 平滑系数，取值范围：[0，1）
}TJogPrm;
```

三、任务实施

1. 任务实施流程

任务实施流程与任务 3-1 类似，本任务采用新版实施流程。

2. 配置文件

（1）EtherCATConfig 配置　参照任务 3-1 配置单轴系统 EtherCAT 总线文件"Gecat. eni"，并保存。

（2）MotionStudio 配置

1）启动调试软件。将 Gecat.eni 文件复制至新版 MotionStudio 运动控制器管理软件根目录下，启动调试软件，选择 GEN 及 EtherCAT 模式，控制卡打开模式如图 3-14 所示。

2）运行和映射到运动轴。选择运行和映射到运动轴，调试工具显示相应接入的运动轴，如图 3-15 所示。

3）配置轴过程数据。对于接入限位传感器的装置，需要对轴进行过程数据配

a) 高级选项界面　　　　b) 启动界面

图 3-14　控制卡打开模式

置。本例程选用三菱 MR-JET-G-N1 伺服装置，添加 Inputs 数据中的 #x60fd，选中过程数据下载的"PDO 分配"和"PDO 配置"，右击"PDO 内容"，选择"插入"命令，选择"60fd：00"项，配置 PDO 如图 3-16 所示。

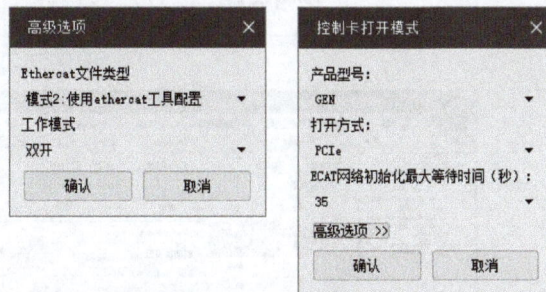

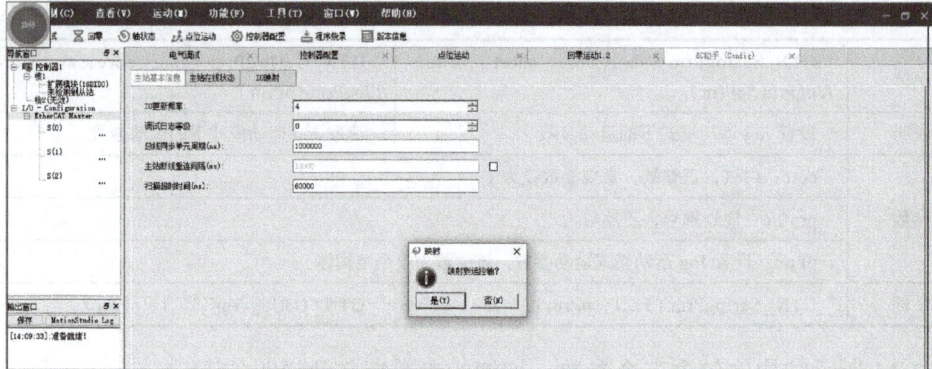

图 3-15 映射到运动轴

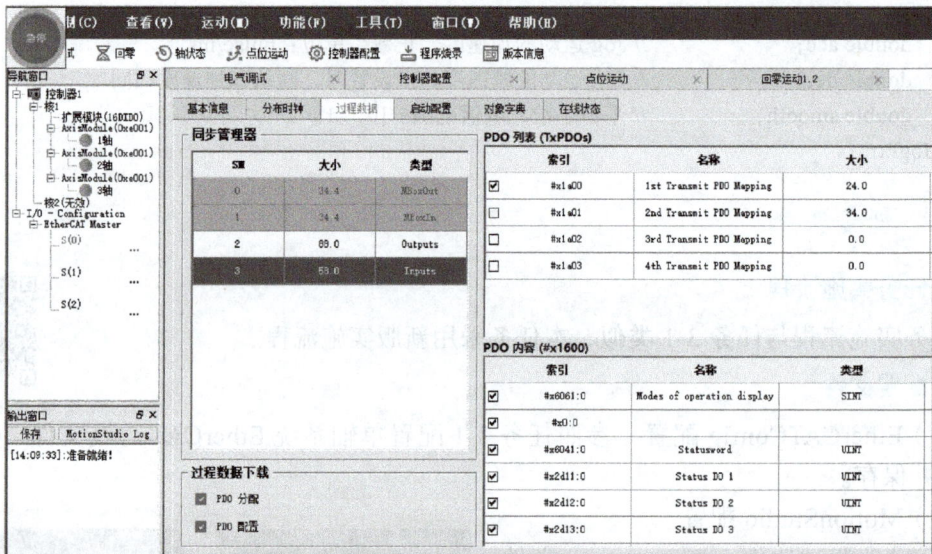

a) 过程数据PDO选择输入(Inputs)

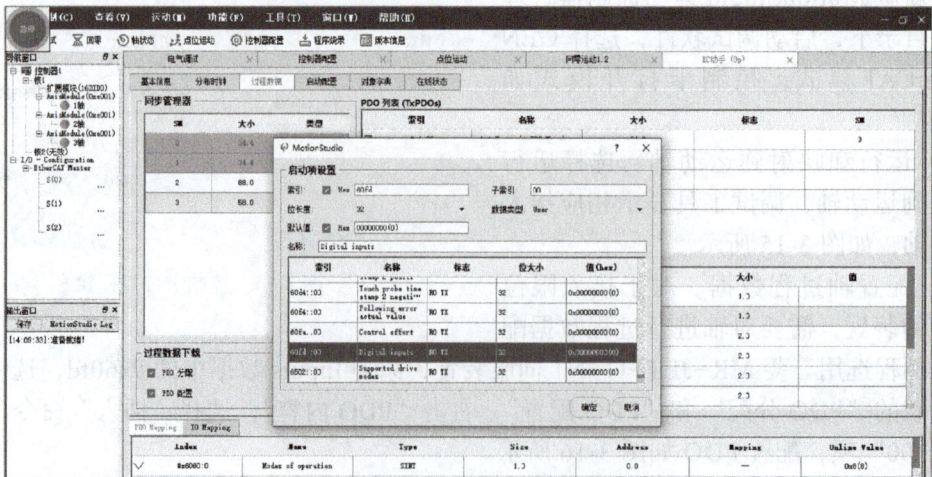

b) 在PDO内容项选择"60fd"

图 3-16 配置 PDO

4）导出配置。为了后期的使用，可以直接导出配置，如图 3-17 所示，后面使用时可以直接导入配置。

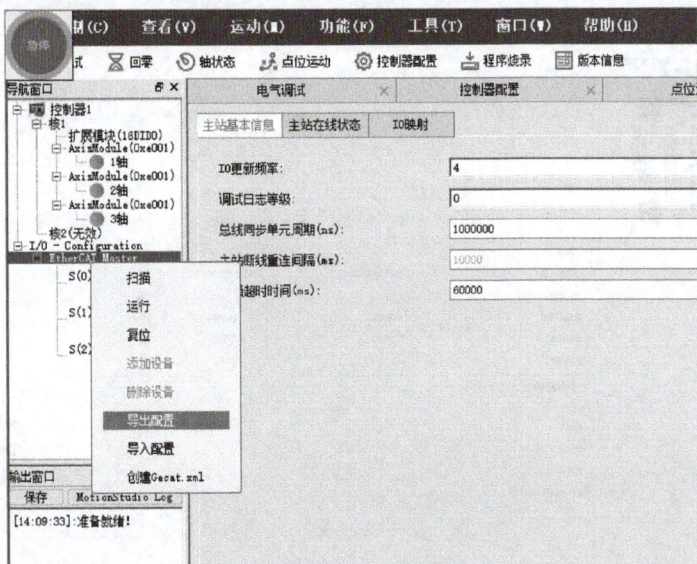

图 3-17　导出配置

5）重启配置软件。配置过 PDO 后，需要对调试软件轴重启，在此不重启软件，直接在导航窗口右击"EtherCAT Master"，选择"运行"命令，轴进行相应重启，控制器 MotionStudio 配置如图 3-18 所示。此时，可以正常使用调试工具。

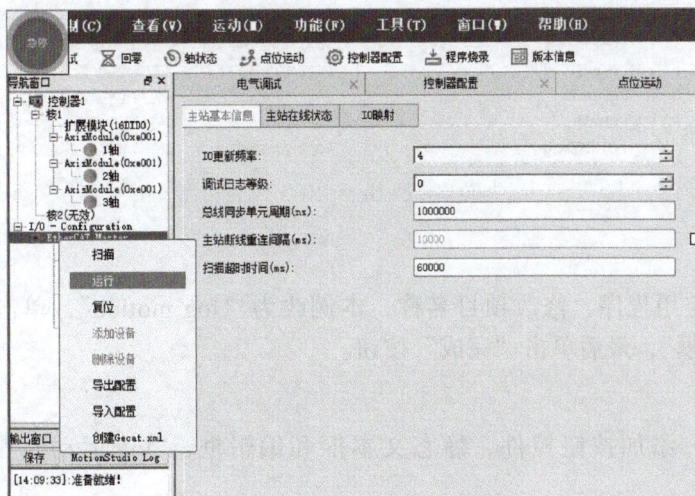

图 3-18　控制器 MotionStudio 配置

6）测试限位信号。进入调试工具"电气调试"选项卡，使用金属接触设备对应轴的限位开关，观察界面中"正限位""负限位"是否变化，如果能够报警（指示灯变红），说明 PDO 配置正确，能正常使用，如图 3-19 所示。

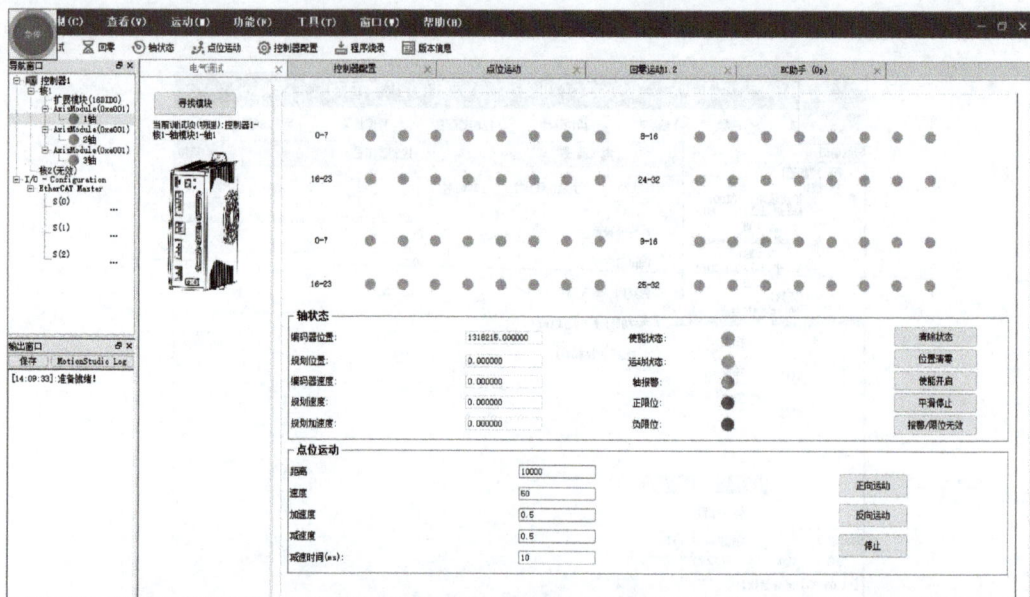

图 3-19　测试限位信号

7）存储配置文件。在调试软件根目录下找到"Gecat.XML"文件，如图 3-20 所示，复制至文件夹待用。

Gecat.eni	2022/10/4 10:17	ENI 文件
Gecat	2023/2/12 14:09	文本文档
Gecat	2023/2/12 14:24	XML 文档
Glink500.dll	2022/10/4 5:57	应用程序扩展
gt_rn.dll	2022/10/4 5:57	应用程序扩展
gts.dll	2022/10/4 5:57	应用程序扩展
GTS800.cfg	2022/10/4 5:57	CFG 文件

图 3-20　复制 Gecat.XML 文件待用

3. 项目创建

创建 MFC 应用程序，修改项目名称，本例改为"Jog motion"，单击"Next"，然后选择"基于对话框"，最后单击"完成"按钮。

4. 界面设计

同任务 3-1，添加按钮控件、静态文本框和编辑框，"Jog 运动"界面设计要求如图 3-21 所示。

1）从工具箱添加按钮控件，修改属性 Caption，ID 设定参考功能定义，本任务默认。

2）从工具箱添加静态文本框，修改属性 Caption，ID 分别设为 IDC_STATIC1、…、IDC_STATIC13，其中，标题随机设为 IDC_STATIC1，IDC_STATIC10 ~ IDC_STATIC12 为数值显示内容。

3）从工具箱添加编辑框，6 个数值编辑框，ID 默认。

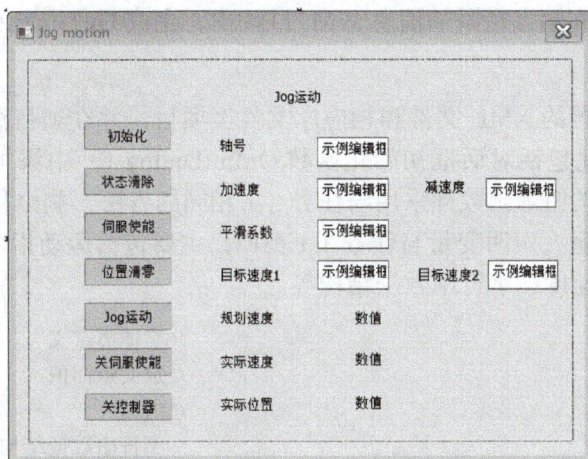

图 3-21   "Jog 运动"界面设计要求

5. 添加变量

1）打开工具栏的"项目"→"类向导"，添加编辑框的变量，分别为轴号 eAxis、加速度 eAcc、减速度 eDec、平滑系数 eSmooth、目标速度 eVel1 和 eVel2，变量类型轴号为 int，其他选 double，如图 3-22 所示。

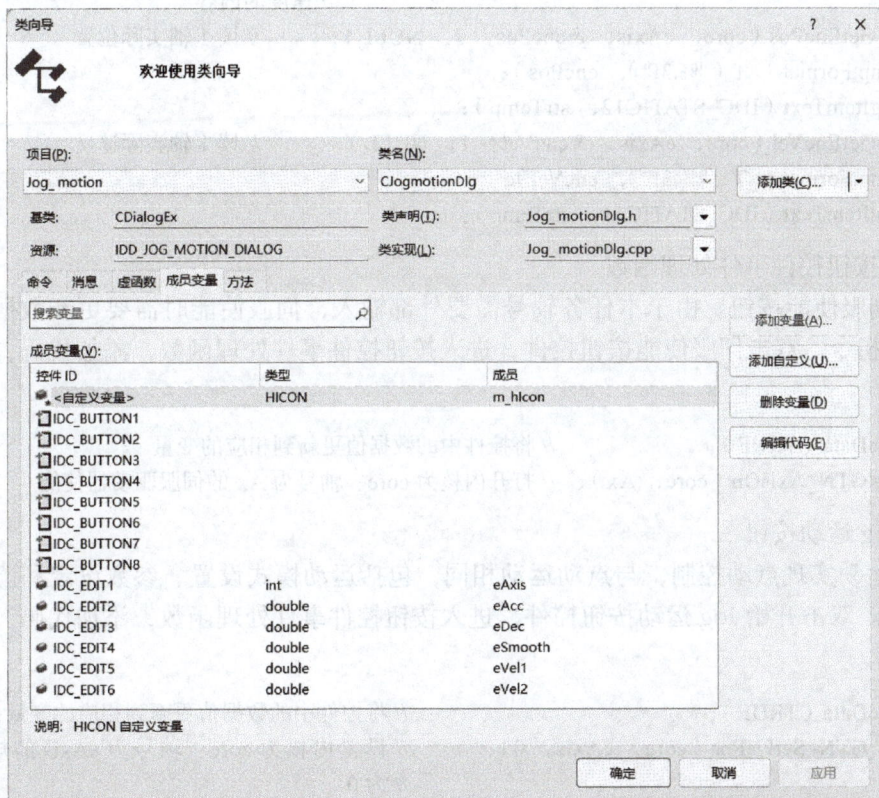

图 3-22   添加变量

2）同任务 3-1，在消息栏添加消息 WM_TIMER，生成 OnTimer 处理程序。

6. 编辑程序

复制调试软件配置的 XML 文件和相应库文件至项目，并在项目添加相应头文件，方法参见任务 3-1。其他包括对话框初始化函数 OnInitDialog（）中添加字体设置代码，初始化按钮、状态清除按钮等函数都采用与任务 3-1 相同的方法，剩余程序代码如下。

（1）声明全局变量　声明变量与任务 3-1 类似，主要包括运动指令返回值、内核、规划速度、实际位置与速度、字符串数据结构等。

```
CFont cfont;                                     //字体类定义
short sRtn;                                       //定义返回值
short core = 1;                                   //内核
CString strTemp;                                  //字符串数据结构
double prfVel，encPos，encVel;                    //规划实际位置、速度
```

（2）定时器处理程序　OnTimer（UINT_PTR nIDEvent）函数中，编辑代码根据变量进行调整，获得规划速度、实际速度和实际位置等变量的实时变化。

```
GTN_GetPrfVel（core，eAxis，&prfVel，1，NULL）；//读 1 轴规划速度
strTemp.Format（_T（"%.3f"），prfVel）；          //把一个规划位置转换成 CString 类型
SetDlgItemText（IDC_STATIC10，strTemp）；         //在静态文本 IDC_STATIC10 中显示规划
                                                  //速度的内容
GTN_GetEncPos（core，eAxis，&encPos，1，NULL）；   //读 1 轴实际位置
strTemp.Format（_T（"%.3f"），encPos）；
SetDlgItemText（IDC_STATIC12，strTemp）；
GTN_GetEncVel（core，eAxis，&encVel，1，NULL）；   //读 1 轴实际速度
strTemp.Format（_T（"%.3f"），encVel）；
SetDlgItemText（IDC_STATIC11，strTemp）；
```

（3）按钮控件事件处理函数

1）伺服使能按钮。由于本任务轴号需要外部输入，伺服使能时需要更新数据，需要添加更新指令。双击伺服使能按钮控件，进入按钮控件事件处理函数，添加代码，函数内容如下：

```
UpdateData（TRUE）；            //将控件中的数据值更新到相应的变量
sRtn = GTN_AxisOn（core，Ax）； //打开内核为 core、轴号为 Ax 的伺服驱动器使能
```

2）Jog 运动按钮

Jog 运动实现点动控制，与点动运动相同，包括运动模式设置、参数设定和读取、起动运动等。双击开始 Jog 运动按钮控件，进入按钮控件事件处理函数，添加代码，函数内容如下：

```
UpdateData（TRUE）；                   //将控件中的数据值更新到相应的变量
sRtn = GTN_SetPrfPos（core，eAxis，0）；//设置内核为 core、轴号为 eAxis 的规划位置
                                       //为 0
sRtn = GTN_PrfJog（core，eAxis）；      //设置内核为 core、轴号为 eAxis 的 Jog 运动
                                       //模式
```

```
TJogPrm jog;                                    // 定义 Jog 运动参数结构体变量
sRtn = GTN_GetJogPrm ( core, eAxis, &jog );     // 读取内核为 core、轴号为 eAxis 的 Jog 运动
                                                // 参数
jog.acc = eAcc;                                 // 加速度
jog.dec = eDec;                                 // 减速度
jog.smooth = eSmooth;                           // 平滑系数，[0，1）
sRtn = GTN_SetJogPrm ( core, eAxis, &jog );     // 将前面设置的加减速度等参数写入对应轴 eAxis
                                                // 运动参数
if（encPos <= 100000）
{
    sRtn = GTN_SetVel ( core, eAxis, eVel1 );   // 设置 Axis 轴新的目标速度 1
}
else
{
    sRtn = GTN_SetVel ( core, eAxis, eVel2 );   // 设置 Axis 轴新的目标速度 2
}
sRtn = GTN_Update ( core, 1 << ( eAxis – 1 ) ); // 起动内核为 core、eAxis 对应二进制位的轴运动
```

3）关伺服使能。关伺服使能主要实现停止运动、关闭伺服驱动使能。双击关伺服使能按钮控件，进入按钮控件事件处理函数，添加代码，函数内容如下：

```
GTN_Stop ( core, 1 << ( eAxis – 1 ), 1 << ( eAxis – 1 ) );   // 运动停止
GTN_AxisOff ( core, eAxis );                                 // 关闭轴号 eAxis 使能
```

4）关控制器按钮。关控制器主要实现关闭伺服使能、结束通信和关闭控制器等，与任务 3-1 停止按钮类似。双击关控制器按钮控件，进入按钮控件事件处理函数，添加代码，函数内容如下：

```
GTN_AxisOff ( core, eAxis );                    // 关闭轴号 eAxis 使能
sRtn = GTN_TerminateEcatComm ( core );          // 结束通信
sRtn = GTN_Close ( );                           // 关控制器
```

7. 程序运行调试

生成解决方案，运行程序，弹出结果对话框，在对话框的编辑框内填入相应数值，依次单击初始化、状态清除、伺服使能和位置清零按钮。按"Jog 运动"按钮，在硬件正常情况下，电动机能够正常起动运动，但是松开按钮不能停止，需要通过关伺服使能停止运行。这是由于该按钮控件未设置按下与释放功能，可以考虑通过鼠标左右键来实现按下与释放功能。使用"类向导"在消息处添加鼠标左键按下与释放的处理函数，并对原有部分函数进行修改。

1）OnLButtonDown（）消息函数。该消息处理函数主要进行鼠标左键按下判定。

```
Lbutton = true;                                 // 鼠标左键按下
```

2）OnLButtonUp（）消息函数。该消息处理函数主要进行鼠标左键松开判定。

```
Lbutton = false;                                          // 鼠标左键松开
GTN_Stop ( core, 1 << ( Ax – 1 ), 1 << ( Ax – 1 ) );      // 急停 Ax 轴的运动
```

3）"Jog 运动"按钮。该控件只完成运动起动判定，而把 Jog 运动相关程序放入 OnTimer（UINT_PTR nIDEvent）函数中。

```
UpdateData（TRUE）;
button = true;
UpdateData（FALSE）;
```

4）OnTimer（UINT_PTR nIDEvent）函数。原有数据显示函数不变，将原 Jog 运动部分程序放置在显示程序之后。

```
if（button && Lbutton）                       // 如果"Jog 运动"按钮被按下且鼠标左
                                              // 键按下，执行 Jog 运动
{
    UpdateData（1）;                           // 读取（Ax, eVel1, eVel2, eAcc, eDec,
                                              // eSmooth）
    GTN_SetPrfPos（core, Ax, 0）;              // 设置 Ax 轴的规划位置为 0
    GTN_PrfJog（core, Ax）;                    // 设置 Ax 轴为 Jog 运动模式
    TJogPrm jog;                              // 定义 Jog 运动参数的结构体变量
    GTN_GetJogPrm（core, Ax, &jog）;           // 读取 Jog 运动参数
    jog.acc = eAcc;                           // 加速度（绑定变量 eAcc）
    jog.dec = eDec;                           // 减速度（绑定变量 eDec）
    jog.smooth = eSmooth;                     // 平滑系数（绑定变量 eSmooth）
    GTN_SetJogPrm（core, Ax, &jog）;           // 设置运动参数
    if（sPos<=100000）
    {    GTN_SetVel（core, Ax, eVel1）; }       // 设置运动目标速度 1
    else
    {    GTN_SetVel（core, Ax, eVel2）; }       // 设置运动目标速度 2
    GTN_Update（core, 1 <<（Ax – 1））;          // 起动 Ax 轴的运动
}
```

此时，再观察其运行情况，能够通过鼠标左键正常控制 Jog 运动。

运行过程中，在实际位置小于或等于 100000 时，实际速度在"20"左右；当实际位置大于 100000 时，规划速度从"20"降到"10"，实际速度在"10"左右，"Jog 运动"运行界面如图 3-23 所示。

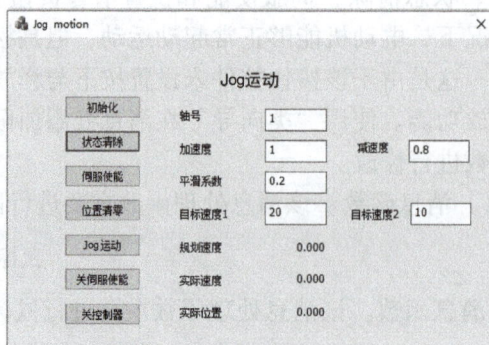

a) 初始状态

图 3-23 "Jog 运动"运行界面

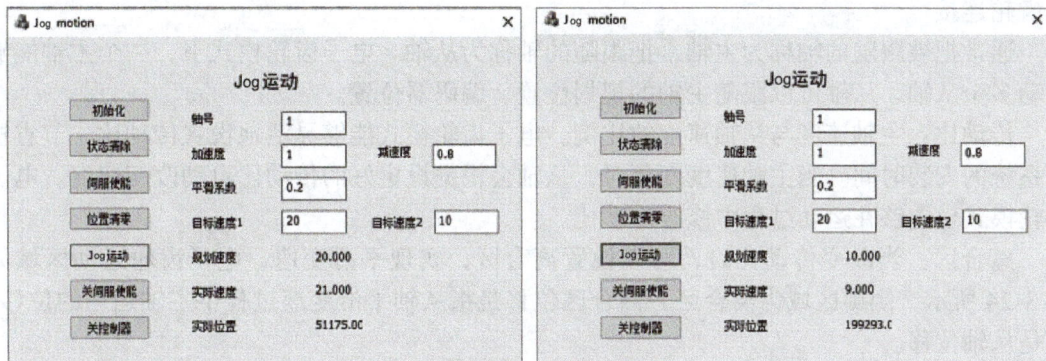

b) 速度1阶段　　　　　　　　　　c) 速度2阶段

图 3-23　"Jog 运动"运行界面（续）

四、任务评价

任务评价见表 3-15。

表 3-15　Jog 运动设计与调试任务评价表

任务	训练内容与分值	训练要求	学生自评	教师评分
Jog 运动设计与调试	界面设计（25 分）	1. 根据任务要求正确选择控件 2. 界面美观		
	程序设计（40 分）	1. 属性设置和变量定义合理 2. 程序流程清晰，可读性强 3. 任务功能完善		
	任务调试（25 分）	1. 任务功能完整 2. 调试操作熟练		
	职业素养与创新思维（10 分）	1. 积极思考、举一反三 2. 操作安全规范 3. 遵守纪律，遵守实验室管理制度		
		学生：　　　　　　教师：　　　　　　日期：		

任务 3-3　电子齿轮（Gear）运动设计与调试

一、任务引入

主轴为 Jog 模式，从轴为电子齿轮模式，传动比为主轴速度比从轴速度 =2∶1，主轴运动离合区位移后，从轴达到设定的传动比。

二、任务准备

1. 电子齿轮（Gear）运动

电子齿轮模式能够将两轴或多轴联系起来，实现精确的同步运动，从而替代传统的机械齿轮连接。

通常把被跟随的轴称为主轴，把跟随的轴称为从轴。电子齿轮模式下，一个主轴能够驱动多个从轴，从轴可以跟随主轴的规划位置、编码器位置。

传动比：主轴速度与从轴速度的比例。电子齿轮模式能够灵活地设置传动比，节省机械系统的安装时间。当主轴速度变化时，从轴会根据设定好的传动比自动改变速度。电子齿轮模式也能够在运动过程中修改传动比。

离合区：当改变传动比时，可以设置离合区，实现平滑变速，电子齿轮运动区域如图 3-24 所示，阴影区域为离合区。离合区位移是指从轴平滑变速过程中主轴运动的位移，不是从轴位移。

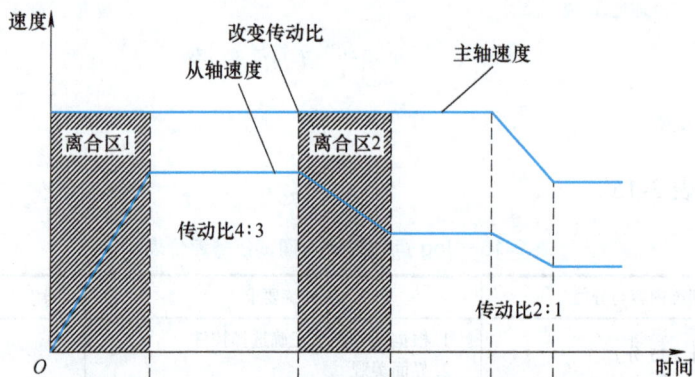

图 3-24　电子齿轮运动区域

2. 主要指令

与点位运动、Jog 运动常规使用的大部分指令基本相同，运动参数指令略有区别。

Gear 运动指令主要包括设定轴为 Gear 运动模式 GTN_PrfGear、起动电子齿轮运动 GTN_GearStart、设置电子齿轮运动跟随主轴 GTN_SetGearMaster、读取电子齿轮运动跟随主轴 GTN_GetGearMaster、设置电子齿轮比 GTN_SetGearRatio 和读取电子齿轮比 GTN_GetGearRatio，具体如下。

1）运动模式设定与起动。电子齿轮运动模式设定与起动指令见表 3-16。

表 3-16　电子齿轮运动模式设定与起动指令

指令原型	GTN_PrfGear（short core, short profile, short dir）	GTN_GearStart（short core, long mask）
指令说明	设置指定轴为 Gear 运动模式	起动 Gear 运动
指令参数	core：内核，正整数，常规参数设为 1	mask 表示按位指示起动运动的轴号或坐标系号，见任务 3-1 说明
	profile：规划轴号，正整数	
	dir：设置跟随方式，0 表示双向跟随，1 表示正向跟随，−1 表示负向跟随	
使用举例	GTN_PrfGear（1, 2, 0）	GTN_GearStart（1, 1 <<（slave−1））

2）电子齿轮运动跟随主轴参数设置与读取。电子齿轮运动跟随主轴参数设置与读取指令见表 3-17。

表 3-17 电子齿轮运动跟随主轴参数设置与读取指令

指令原型	GTN_SetGearMaster（short core, short profile, short masterIndex, short masterType, short masterItem）	GTN_GetGearMaster（short core, short profile, short *pMasterIndex, short *pMasterType, short *pMasterItem）
指令说明	设置电子齿轮运动跟随主轴	读取电子齿轮运动跟随主轴
指令参数	core：内核，正整数，常规参数设为 1	
	profile：规划轴号，正整数	
	masterIndex：主轴索引，正整数，不能与规划轴号相同，最好主轴索引号小于规划轴号	pMasterIndex：读取主轴索引，正整数
	masterType：主轴类型	pMasterType：读取主轴类型
	masterItem：轴输出位置类型	pMasterItem：读取轴输出位置类型
使用举例	GTN_SetGearMaster（1, 2, 1, GEAR_MASTER_ENCODER）	GTN_GetGearMaster（1, 2, pMasterIndex, pMasterType, pMasterItem）

表 3-17 所述主轴类型包含六种情况，具体情况如下：

GEAR_MASTER_PROFILE（该宏定义为 2）表示跟随规划轴（profile）的输出值，默认为该类型。

GEAR_MASTER_ENCODER（该宏定义为 1）表示跟随编码器（encoder）的输出值。

GEAR_MASTER_AXIS（该宏定义为 3）表示跟随轴（axis）的输出值。

GEAR_MASTER_AU_ENCODER（该宏定义为 4）表示跟随辅助编码器。

GEAR_MASTER_AXIS_OTHER（该宏定义为 103）表示 core2 轴跟随 core1 中轴（axis）的输出值。

GEAR_MASTER_ENCODER_OTHER（该宏定义为 101）表示 core2 轴跟随 core1 中编码器（encoder）的输出值。

当主轴类型为 GEAR_MASTER_AXIS 时起作用：0 表示 axis 的规划位置输出值，默认为该值；1 表示 axis 的编码器位置输出值。

3）电子齿轮比参数设置与读取。电子齿轮比参数设置与读取指令见表 3-18。

表 3-18 电子齿轮比参数设置与读取指令

指令原型	GTN_SetGearRatio（short core, short profile, long masterEven, long slaveEven, long masterSlope）	GTN_GetGearRatio（short core, short profile, long *pMasterEven, long *pSlaveEven, long *pMasterSlope）
指令说明	设置电子齿轮比	读取电子齿轮比
指令参数	core：内核，正整数，常规参数设为 1	
	profile：规划轴号，正整数	
	masterEven：传动比系数，主轴位移，正整数。单位：pulse	pMasterEven：读取传动比系数，主轴位移。单位：pulse
	slaveEven：传动比系数，从轴位移。单位：pulse	pSlaveEven：读取传动比系数，从轴位移。单位：pulse
	masterSlope：主轴离合区位移。单位：pulse。取值范围：不能小于 0 或者等于 1	pMasterSlope：读取主轴离合区位移。单位：pulse。该值只在运动过程中才能正确读取，在非运动时数值均为 0
使用举例	GTN_SetGearRatio（1, 2, 1, 1, 10000）	GTN_GetGearRatio（1, 2, pMasterEven, pSlaveEven, pMasterSlope）

三、任务实施

1. 任务实施流程

任务实施流程与任务 3-2 类似，本任务直接使用任务 3-2 配置文件。

2. 项目创建

创建 MFC 应用程序，修改项目名称，本例改为"Gear motion"，单击"Next"，然后选择"基于对话框"，最后单击"完成"按钮。

3. 界面设计

同样添加按钮控件、静态文本框和编辑框，电子齿轮运动界面如图 3-25 所示。

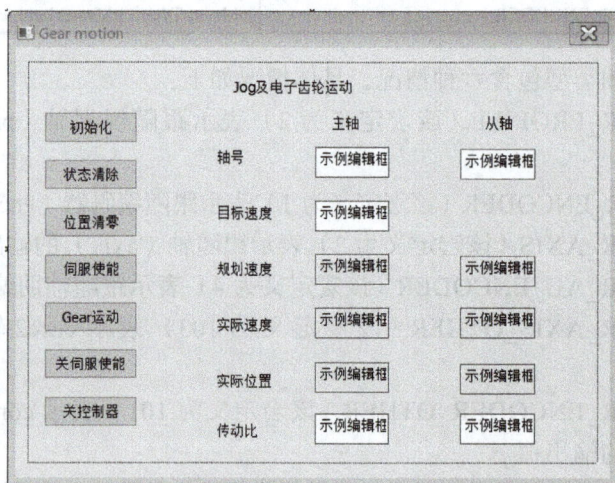

图 3-25　电子齿轮运动界面

1）从工具箱添加按钮控件，修改属性 Caption，ID 设定参考功能定义，本任务默认。

2）从工具箱添加静态文本框，修改属性 Caption，ID 分别设为 IDC_STATIC1、…、IDC_STATIC9。

3）从工具箱添加编辑框，5 个可输入数值编辑框，6 个只读数值编辑框，ID 默认。

4. 添加变量

1）打开工具栏的"项目"→"类向导"，添加编辑框的变量，分别为主轴号 eMaster、从轴号 eSlave、目标速度 eVel、主轴传动系数 eM_even、从轴传动系数 eS_even；变量类型轴号为 int，目标速度为 double，其他选 long，变量设置如图 3-26 所示。

2）同任务 3-1，在消息栏添加消息 WM_TIMER，生成 OnTimer 处理程序。

5. 编辑程序

复制文件、添加文件过程与任务 3-2 相同。其他包括对话框初始化函数 OnInitDialog（）中添加字体设置代码，初始化按钮、状态清除按钮、位置清零按钮、伺服使能按钮、关伺服使能按钮和关控制器按钮等函数都采用与任务 3-2 相同的方法，剩余程序代码如下：

（1）声明全局变量　声明变量与任务 3-1 类似，主要包括运动指令返回值、内核、规划速度、实际位置与速度、字符串数据结构等。

```
CFont cfont;                    //字体类定义
short sRtn;                      //定义返回值
short core = 1;                  //内核
CString strTemp;                //字符串数据结构
double    prfVel1，encPos1，encVel1，prfVel2，encPos2，encVel2;    //规划与实际位置、速度
```

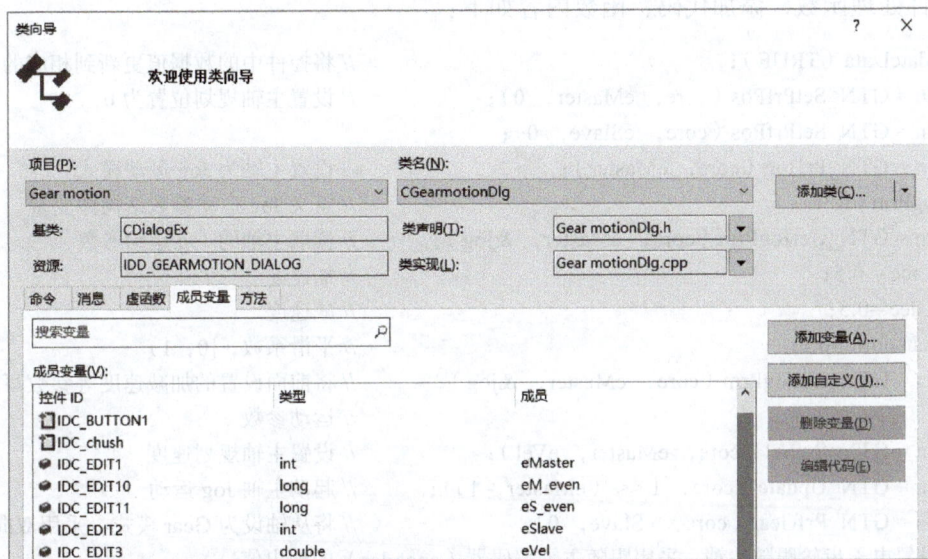

图 3-26　变量设置

（2）定时器处理程序　在 OnTimer（UINT_PTR nIDEvent）函数中，编辑代码根据变量进行调整，获得规划速度、实际速度和实际位置等变量的实时变化。

```
GTN_GetPrfVel（core，eMaster，&prfVel1，1，NULL）;                //读主轴规划速度
strTemp.Format（_T（"%.3f"），prfVel1）;                          //把一个规划速度转换成
                                                                  //CString 类型
SetDlgItemText（IDC_EDIT4，strTemp）;                            //在编辑框 IDC_EDIT4 显
                                                                  //示规划速度内容

GTN_GetEncPos（core，eMaster，&encPos1，1，NULL）;                //读主轴实际位置
strTemp.Format（_T（"%.3f"），encPos1）;
SetDlgItemText（IDC_EDIT6，strTemp）;
GTN_GetEncVel（core，eMaster，&encVel1，1，NULL）;                //读主轴实际速度
strTemp.Format（_T（"%.3f"），encVel1）;
SetDlgItemText（IDC_EDIT5，strTemp）;
GTN_GetPrfVel（core，eSlave，&prfVel2，1，NULL）;                 //读从轴规划速度
strTemp.Format（_T（"%.3f"），prfVel2）;
SetDlgItemText（IDC_EDIT7，strTemp）;
GTN_GetEncPos（core，eSlave，&encPos2，1，NULL）;                 //读从轴实际位置
```

```
strTemp.Format（_T（"%.3f"），encPos1）;
SetDlgItemText（IDC_EDIT9，strTemp）;
GTN_GetEncVel（core，eSlave，&encVel2，1，NULL）;        //读从轴实际速度
strTemp.Format（_T（"%.3f"），encVel2）;
SetDlgItemText（IDC_EDIT8，strTemp）;
```

（3）按钮控件事件处理函数　Gear 运动按钮。

Gear 运动实现 Jog 运动与电子齿轮运动结合控制，设计流程与点动运动相同，包括运动模式设置、参数设定和读取、起动运动等。双击开始 Gear 运动按钮控件，进入按钮控件事件处理函数，添加代码，函数内容如下：

```
UpdateData（TRUE）;                                  //将控件中的数据值更新到相应的变量
sRtn = GTN_SetPrfPos（core，eMaster，0）;           //设置主轴规划位置为0
sRtn = GTN_SetPrfPos（core，eSlave，0）;
sRtn = GTN_PrfJog（core，eMaster）;                  //设置主轴为 Jog 运动模式
TJogPrm jog;                                         //定义 Jog 运动参数结构体变量
sRtn = GTN_GetJogPrm（core，eMaster，&jog）;        //读取主轴的 Jog 运动参数
jog.acc = 0.5;                                       //加速度
jog.dec =0.5;                                        //减速度
jog.smooth =0.2;                                     //平滑系数，[0，1]
sRtn = GTN_SetJogPrm（core，eMaster，&jog）;        //将前面设置的加减速度等参数写入主轴
                                                     //运动参数
sRtn = GTN_SetVel（core，eMaster，eVel）;           //设置主轴规划速度
sRtn = GTN_Update（core，1 <<（eMaster – 1））;     //起动主轴 Jog 运动
sRtn = GTN_PrfGear（core，eSlave，0）;              //将从轴设为 Gear 模式，采用双向跟随
//设置电子齿轮跟随主轴，采用跟随主轴编码器（encoder）的输出值
sRtn = GTN_SetGearMaster（core，eSlave，eMaster，GEAR_MASTER_ENCODER）;
//设置从轴的传动比和离合区
sRtn = GTN_SetGearRatio（core，eSlave，eM_even，eS_even，10000）;
sRtn = GTN_GearStart（core，1 <<（eSlave – 1））;   //起动从轴
```

6. 程序运行

生成解决方案，运行程序，弹出结果对话框，在对话框的编辑框内填入相应数值，依次单击初始化、状态清除、位置清零和伺服使能按钮，按 Gear 运动按钮，在硬件正常的情况下，主轴电动机能够正常进行运动。

1）目标速度 –20，电子齿轮传动比 2∶1。观察主轴运动，从轴电动机也随之运动，且可以看出从轴速度低于主轴，从运动数据可以看出，实际位置从轴约为主轴一半，满足 2∶1 传动比，实际速度从轴低于主轴，由于运动速度较低，瞬时速度很难实时满足 2∶1，运行界面如图 3-27 所示。

2）目标速度 15，电子齿轮传动比 1∶1。观察主轴、从轴电动机运动，此时两轴速度没有太大差异，从运动数据可以看出，实际位置从轴基本和主轴相同，满足 1∶1 传动比，实际速度也基本相同，但同样瞬时速度很难实时满足 1∶1，本任务刚好相近，运行界面如图 3-28 所示。

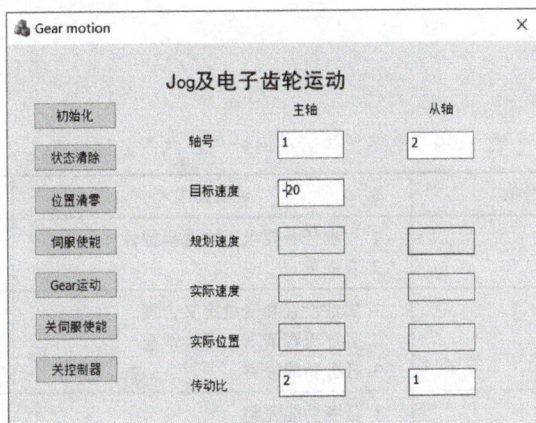

a) 起动界面

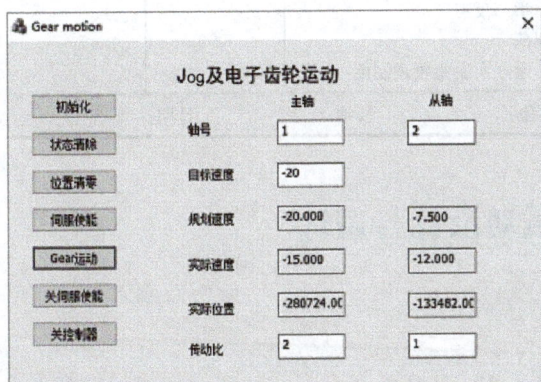

b) 运行期间

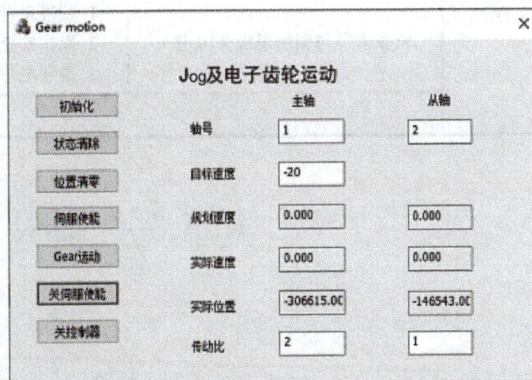

c) 完成运动

图 3-27   电子齿轮传动比 2∶1 运行界面

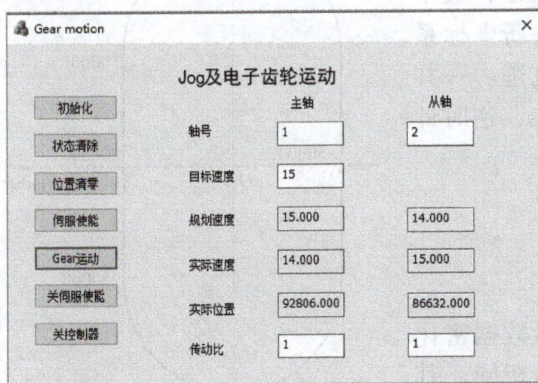

a) 运行期间

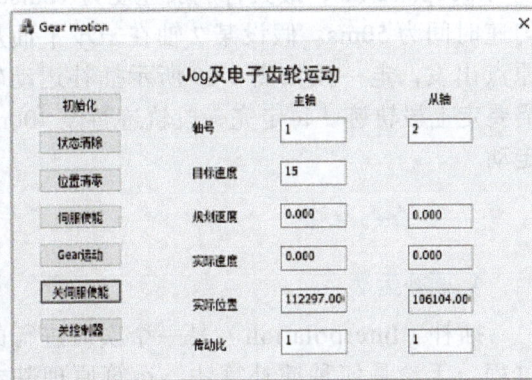

b) 完成运动

图 3-28   电子齿轮传动比 1∶1 运行界面

该测试过程 Gear 运动控件按下同样会一直运行，需要通过关伺服使能停止工作，读者可参考"任务 3-2   Jog 运动设计与调试"进行修改。

四、任务评价

任务评价见表3-19。

表 3-19　电子齿轮运动设计与调试任务评价表

任务	训练内容与分值	训练要求	学生自评	教师评分
电子齿轮（Gear）运动设计与调试	界面设计（25分）	1. 根据任务要求正确选择控件 2. 界面美观		
	程序设计（40分）	1. 属性设置和变量定义合理 2. 程序流程清晰，可读性强 3. 任务功能完善		
	任务调试（25分）	1. 任务功能完整 2. 调试操作熟练		
	职业素养与创新思维（10分）	1. 积极思考、举一反三 2. 操作安全规范 3. 遵守纪律，遵守实验室管理制度		
		学生：　　　　　教师：　　　　　日期：		

任务 3-4　插补运动设计与调试

一、任务引入

建立了一个二维坐标系，规划轴 1 对应为 x 轴，规划轴 2 对应为 y 轴，坐标系原点的规划位置是（100，100），单位为 pulse，在此坐标系内运动的最大合成速度为 500pulse/ms，最大合成加速度为 1pulse/ms^2，最小匀速时间为 50ms。假设某 2 轴在 xOy 平面从新坐标系原点出发，走一段如图 3-29 所示插补运动轨迹。一共需要走七段轨迹。每走完一段轨迹暂停 400ms，逆时针走动。

二、任务准备

1. 插补运动

插补（Interpolation）是一个实时进行的数据密化过程，无论是何种插补算法，运算原理基本相同，其作用都是根据给定的信息进行数字计算，不断计算出参与运动的各坐标轴的进给指令，然后分别驱动各自

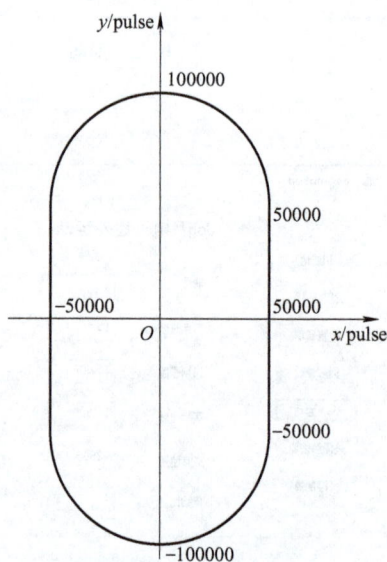

图 3-29　插补运动轨迹

相应的执行部件产生协调运动，以使被控机械部件按理想的路线与速度移动，由此，轨迹插补与坐标轴位置伺服控制是运动控制系统的两个主要环节。例如，数控装置根据输入的零件程序信息，将程序段所描述的曲线起点、终点之间的空间进行数据密化，从而

形成要求的轮廓轨迹。

插补运算是轨迹控制中最重要的计算任务，而插补计算又必须在有限时间内完成。因此，插补计算除精度要求外，还要求算法简单快捷，一般采用迭代算法提高控制速度。

目前常用的插补算法分为数据采样插补和脉冲增量插补。

数据采样插补基于时间片，适用于闭环和半闭环的以伺服电动机为驱动装置的位置采样控制系统。目前比较典型的算法有时间分割法、二阶递归法等。

脉冲增量插补适用于以步进电动机为驱动装置的开环系统，通常用加法和移位完成插补，比较典型的算法有逐点比较法、数值积分法。

逐点比较法是其中广泛采用的插补方法，能实现直线、圆弧和非圆二次曲线插补，插补精度较高。逐点比较法就是每走一步都要把当前动点瞬时坐标与规定图形轨迹相比较，判断偏差，然后决定下一步走向。其最大偏差不超过一个脉冲当量。

本任务插补使用最常见的两种方式：直线插补和圆弧插补。

（1）直线插补　对于直线插补，要求动点在一个插补周期内运动的直线段与给定直线重合。首先，假设在实际轮廓起始点处沿 x 方向走一小段（如一个脉冲当量），发现终点在实际轮廓的下方，则下一条线段沿 y 方向走一小段，此时如果线段终点还在实际轮廓下方，则继续沿 y 方向走一小段，直到在实际轮廓上方以后，再向 x 方向走一小段。依次循环类推，直到到达轮廓终点为止。这样实际轮廓是由一段段的折线连接而成，虽然是折线，但由于每一段走的线段都在精度允许范围内，因此此段折线还是可以近似看作一条直线段，这就是直线插补。

假设某数控机床刀具在 xOy 平面上从原点运动到点 (x_1, y_1)，其直线插补运动过程如图 3-30 所示。点 (x_{i1}, y_{i1}) 和点 (x_{i2}, y_{i2}) 为插补中间的两个点。

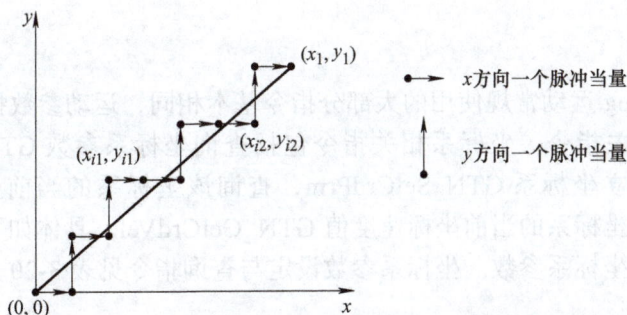

图 3-30　直线插补运动过程

规划直线方程为

$$y = \frac{y_1}{x_1} x \tag{3-3}$$

点 (x_{i1}, y_{i1}) 在直线上方，有

$$y_{i1} > \frac{y_1}{x_1} x_{i1}, \quad 即 \frac{y_{i1}}{x_{i1}} > \frac{y_1}{x_1} \tag{3-4}$$

点 (x_{i2}, y_{i2}) 在直线下方，有

$$y_{i2} < \frac{y_1}{x_1} x_{i2}, \quad 即 \frac{y_{i2}}{x_{i2}} < \frac{y_1}{x_1} \tag{3-5}$$

因此可以得到判别依据：

$$F_i = y_i x_1 - x_i y_1 \tag{3-6}$$

当 $F_i=0$ 时，点正好在直线上；当 $F_i>0$ 时，点在直线上方；当 $F_i<0$ 时，点在直线下方。

依据 F_i 符号可以判断往 x 或 y 方向运动。

（2）圆弧插补　对于圆弧插补，精确做法是动点在一个插补周期内运动的直线段以弦线或割线逼近圆弧。本任务采用逐点比较法，类似直线插补算法。圆弧插补只能在某一平面进行。假设某数控机床刀具在 xOy 平面第一象限走一段逆圆弧，圆心为原点，半径为 5，起点 A (5, 0)，终点 B (0, 5)，其圆弧插补运动过程如图 3-31 所示。算法参考直线插补。

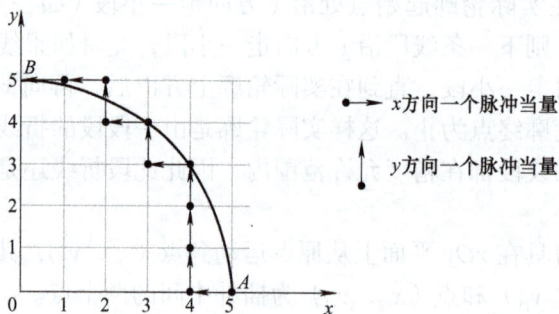

图 3-31　圆弧插补运动过程

2. 主要指令

与点位运动、Jog 运动常规使用的大部分指令基本相同，运动参数指令略有区别。

（1）坐标系相关指令　坐标系相关指令包括查询坐标系参数 GTN_GetCrdPrm，设置坐标系参数、建立坐标系 GTN_SetCrdPrm，查询该坐标系的当前坐标位置值 GTN_GetCrdPos，查询该坐标系的当前坐标速度值 GTN_GetCrdVel。具体如下：

1）设置与查询坐标系参数。坐标系参数设定与查询指令见表 3-20。

表 3-20　设置与查询坐标系参数指令

指令原型	GTN_SetCrdPrm（short core, short crd, TCrdPrm *pCrdPrm）	GTN_GetCrdPrm（short core, short crd, TCrdPrm *pCrdPrm）
指令说明	设置坐标系参数，建立坐标系	查询坐标系参数
指令参数	core：内核，正整数，常规参数设为 1	
	crd：坐标系号，正整数	
	pCrdPrm：设置坐标系的相关结构体参数	
使用举例	GTN_SetCrdPrm（1, 1, pCrdPrm）	GTN_GetCrdPrm（1, 1, pCrdPrm）

表 3-20 所述结构体包含七个参数，详细的参数定义及说明如下：

```
typedef struct CrdPrm
{
    short dimension;           // 坐标系的维数。取值范围：[1，4]
    short profile[8];          // 坐标系与规划器的映射关系。Profile[0..7] 对应规划轴 1 ～ 8。如
                               // 果规划轴没有对应到该坐标系，则 profile[x] 的值为 0；如果对应
                               // 到了 x 轴，则 profile[x] 为 1，y 轴对应为 2，z 轴对应为 3，a 轴对
                               // 应为 4
    double synVelMax;          // 该坐标系的最大合成速度。范围：（0，32767）。单位：pulse/ms
    double synAccMax;          // 该坐标系的最大合成加速度。范围：（0，32767）。单位：pulse/ms2
    short evenTime;            // 每段插补的最小匀速段时间。范围：[0，32767]。单位：ms
    short setOriginFlag;       // 表示是否需要指定坐标系原点的规划位置，建立加工坐标系。0：
                               // 不需要指定原点坐标值，则坐标系的原点在当前规划位置上。1：
                               // 需要指定原点坐标值，坐标系的原点在 originPos 指定的规划位
                               // 置上
    long originPos[8];         // 指定的坐标系原点规划位置值
}TCrdPrm;
```

2）查询坐标系当前位置和速度。查询该坐标系的当前坐标位置和速度值指令见表 3-21。

表 3-21　查询该坐标系的当前坐标位置和速度值指令

指令原型	GTN_GetCrdPos（short core, short crd, double *pPos）	GTN_GetCrdVel（short core, short crd, double *pSynVel）
指令说明	查询该坐标系的当前坐标位置值	查询该坐标系的当前坐标速度值
指令参数	core：内核，正整数，常规参数设为 1	
	crd：坐标系号，正整数	
	pPos：读取的坐标值。单位：pulse，该参数应该为一个数组首元素的指针，数组的元素个数取决于该坐标系的维数	pSynVel：读取的坐标系合成速度值，单位：pulse/ms
使用举例	GTN_GetCrdPos（1，1，pPos）	GTN_GetCrdVel（1，1，pSynVel）

（2）直线插补相关指令　直线插补相关缓存区指令包括二维直线插补 GTN_LnXY、三维直线插补 GTN_LnXYZ、四维直线插补 GTN_LnXYZA、二维直线插补（终点速度始终为 0）GTN_LnXYG0 和三 / 四维直线插补（终点速度始终为 0）GTN_LnXYZG0/GTN_LnXYZAG0 等。

1）二维直线插补。二维直线插补指令见表 3-22。

表 3-22　二维直线插补指令

指令原型	GTN_LnXY（short core, short crd, long x, long y, double synVel, double synAcc, double velEnd=0, short fifo=0）	GTN_LnXYG0（short core, short crd, long x, long y, double synVel, double synAcc, short fifo=0）
指令说明	xOy 平面二维直线插补	二维直线插补，且终点速度始终为 0

（续）

指令参数	core：内核，正整数，常规参数设为 1	
	crd：坐标系号，正整数	
	fifo：插补缓存区号。正整数，取值范围：[0，1]。默认值：0	
	x：插补段 x 轴终点坐标值。取值范围：[−1073741824，1073741823]。单位：pulse	
	y：插补段 y 轴终点坐标值。取值范围与单位同 x	
	synVel：插补段的目标合成速度。取值范围：(0，32767)。单位：pulse/ms	
	synAcc：插补段的合成加速度。取值范围：(0，32767)。单位：pulse/ms^2	
	velEnd：插补段的终点速度。取值范围和单位同 synVel[①]	
使用举例	GTN_LnXY（1，1，10000，0，100，0.1，0，0）	GTN_LnXYG0（1，1，10000，0，100，0.1，0）

[①] 该值只有在没有使用前瞻预处理功能时才有意义，否则该值无效。默认值为 0。

2）三 / 四维直线插补。三 / 四维直线插补指令见表 3-23。

表 3-23 三 / 四维直线插补指令

指令原型	GTN_LnXYZ（short core，short crd，long x，long y，long z，double synVel，double synAcc，double velEnd=0，short fifo=0）	GTN_LnXYZA（short core，short crd，long x，long y，long z，long a，double synVel，double synAcc，double velEnd=0，short fifo=0）
指令说明	三维直线插补	四维直线插补
指令参数	core：内核，正整数，常规参数设为 1	
	crd：坐标系号，正整数	
	fifo：插补缓存区号。正整数，取值范围：[0，1]。默认值为 0	
	x：插补段 x 轴终点坐标值。取值范围：[−1073741824，1073741823]。单位：pulse	
	y：插补段 y 轴终点坐标值。取值范围与单位同 x	
	z：插补段 z 轴终点坐标值。取值范围与单位同 x	
	synVel：插补段的目标合成速度。取值范围：(0，32767)。单位：pulse/ms	
	synAcc：插补段的合成加速度。取值范围：(0，32767)。单位：pulse/ms^2	
	velEnd：插补段的终点速度。取值范围和单位同 synVel，默认为 0	
		a：插补段 a 轴终点坐标值。取值范围与单位同 x
使用举例	GTN_LnXYZ（1，1，10000，0，0，100，0.1，0，0）	GTN_LnXYZA（1，1，10000，0，0，0，100，0.1，0，0）

（3）圆弧插补相关指令　圆弧插补相关缓存区指令包括以终点位置和半径为输入参数的 $xOy/yOz/zOx$ 平面圆弧插补 GTN_ArcXYR/ GTN_ArcYZR/ GTN_ArcZXR、以终点和圆心位置为输入参数的 $xOy/yOz/zOx$ 平面圆弧插补 GTN_ArcXYC/GTN_ArcYZC/GTN_ArcZXC 等。以 xOy 平面为例，圆弧插补指令见表 3-24。

表 3-24　圆弧插补指令

指令原型	GTN_ArcXYR（short core, short crd, long x, long y, double radius, short circleDir, double synVel, double synAcc, double velEnd=0, short fifo=0）	GTN_ArcXYC（short core, short crd, long x, long y, double xCenter, double yCenter, short circleDir, double synVel, double synAcc, double velEnd=0, short fifo=0）
指令说明	xOy 平面圆弧插补。以终点位置和半径为输入参数	xOy 平面圆弧插补。使用圆心描述方法描述圆弧
指令参数	core：内核，正整数，常规参数设为 1	
	crd：坐标系号，正整数	
	fifo：插补缓存区号。正整数，取值范围：[0, 1]。默认值：0	
	x：插补段 x 轴终点坐标值。取值范围：[−1073741824, 1073741823]。单位：pulse	
	y：插补段 y 轴终点坐标值。取值范围与单位同 x	
	circleDir：圆弧的旋转方向。0：顺时针圆弧。1：逆时针圆弧	
	synVel：插补段的目标合成速度。取值范围：(0, 32767)。单位：pulse/ms	
	synAcc：插补段的合成加速度。取值范围：(0, 32767)。单位：pulse/ms^2	
	velEnd：插补段的终点速度。取值范围和单位同 synVel，默认 0	
	radius：圆弧插补的圆弧半径值 取值范围：[−4194304, 4194303]。单位：pulse。半径描述方式不能用来描述整圆[①]	xCenter：圆弧插补的圆心 x 方向相对于起点位置的偏移量
		yCenter：圆弧插补的圆心 y 方向相对于起点位置的偏移量
使用举例	GTN_ArcXYR（1, 1, 0, 200000, 200000, 1, 100, 0.1, 0, 0）	GTN_ArcXYC（1, 1, 200000, 0, −100000, 0, 0, 100, 0.1, 0, 0）

① 半径为正时，表示圆弧为小于等于 180° 的圆弧。半径为负时，表示圆弧为大于 180° 的圆弧。

（4）Buf 相关指令　缓存区操作的缓存区指令包括缓存区内数字量 IO 输出设置指令 GTN_BufIO，缓存区内延时设置指令 GTN_BufDelay，缓存区内输出 DA 值 GTN_BufDA，实现刀向跟随功能、起动某个轴点位运动 GTN_BufMove，实现刀向跟随功能、起动某个轴跟随运动 GTN_BufGear 等。

1）缓存区 IO 输出 / 延时设置指令。缓存区 IO 输出 / 延时设置指令见表 3-25。

表 3-25　缓存区 IO 输出 / 延时设置指令

指令原型	GTN_BufIO（short core, short crd, unsigned short doType, unsigned short doMask, unsigned short doValue, short fifo=0）	GTN_BufDelay（short core, short crd, unsigned short delayTime, short fifo=0）
指令说明	缓存区内数字量 IO 输出设置指令	缓存区内延时设置指令
指令参数	core：内核，正整数，常规参数设为 1	
	crd：坐标系号，正整数	
	fifo：插补缓存区号。正整数，取值范围：[0, 1]。默认值为 0	

（续）

指令参数	doType：数字量输出的类型[1]	delayTime：延时时间。取值范围：[0，16383]。单位：ms
	doMask：从 bit0 ～ bit15 按位表示指定的数字量输出是否有操作[2]	
	doValue：从 bit0 ～ bit15 按位表示指定的数字量输出值	
使用举例	n = GTN_BufIO（1，1，MC_GPO，0xffff，0x55，0）	GTN_BufDelay（1，1，400，0）

① MC_ENABLE（该宏定义为 10）：输出驱动器使能。MC_CLEAR（该宏定义为 11）：输出驱动器报警清除。MC_GPO（该宏定义为 12）：输出通用输出。
② 表示操作。0：该路数字量输出无操作。1：该路数字量输出有操作。

2）刀向跟随功能指令。刀向跟随功能指令见表 3-26。

表 3-26　刀向跟随功能指令

指令原型	GTN_BufMove（short core，short crd，short moveAxis，long pos，double vel，double acc，short modal，short fifo=0）	GTN_BufGear（short core，short crd，short gearAxis，long pos，short fifo=0）
指令说明	实现刀向跟随功能，起动某个轴点位运动	实现刀向跟随功能，起动某个轴跟随运动
指令参数	core：内核，正整数，常规参数设为 1	
	crd：坐标系号，正整数	
	fifo：插补缓存区号。正整数，取值范围：[0，1]。默认值为 0	
	moveAxis/gearAxis：需要进行点位或跟随运动的轴号，该轴不能处于坐标系中，取值范围：[1，8]	
	pos：点位运动的目标位置	
	vel：点位运动的目标速度	pos：跟随运动的位移量
	acc：点位运动的加速度	
	modal：点位运动的模式[1]	
使用举例	n = GTN_BufMove（1，1，4，50000，30，0.1，0，0）；	GTN_BufGear（1，1，4，50000，0）；

① 0：该指令为非模态指令，即不阻塞后续的插补缓存区指令的执行。1：该指令为模态指令，将会阻塞后续的插补缓存区指令的执行。

（5）其他插补相关指令　其他与插补相关的指令包括向插补缓存区增加插补数据 GTN_CrdData、查询插补缓存区剩余空间 GTN_CrdSpace、清除插补缓存区内的插补数据 GTN_CrdClear、初始化插补前瞻缓存区 GTN_InitLookAhead、查询插补运动坐标系状态 GTN_CrdStatus 和起动插补运动 GTN_CrdStart 等。

1）清除和增加插补缓存区数据。数据压入运动缓存区和清除缓存区数据指令见表 3-27。

表 3-27　清除和增加插补缓存区数据指令

指令原型	GTN_CrdData（short core，short crd，TCrdData *pCrdData，short fifo=0）	GTN_CrdClear（short core，short crd，short fifo）
指令说明	调用该指令表示后续没有新的数据，将一次性把前瞻缓存区的数据压入运动缓存区	清除插补缓存区内的插补数据
指令参数	core：内核，正整数，常规参数设为 1	
	crd：坐标系号，正整数	
	fifo：插补缓存区号。整数，取值范围：[0，1]。默认值为：0	
	pCrdData：只能设置为 NULL	
使用举例	n = GTN_CrdData（1，1，NULL，0）	GTN_CrdClear（1，1，0）

2）初始化及查询插补缓存区（空间）。初始化插补前瞻缓存区和查询插补缓存区剩余空间指令见表 3-28。

表 3-28　初始化及查询插补缓存区指令

指令原型	GTN_InitLookAhead（short core，short crd，short fifo，double T，double accMax，short n，TCrdData *pLookAheadBuf）	GTN_CrdSpace（short core，short crd，long *pSpace，short fifo=0）
指令说明	初始化插补前瞻缓存区	查询插补缓存区剩余空间
指令参数	core：内核，正整数，常规参数设为 1	
	crd：坐标系号，正整数	
	fifo：插补缓存区号，正整数，取值范围：[0，1]。默认值为 0	
	T：拐弯时间，单位：ms	pSpace：读取插补缓存区中的剩余空间
	accMax：最大加速度，单位：pulse/ms^2	
	n：前瞻缓存区大小，取值范围：[0，32767）	
	pLookAheadBuf：前瞻缓存区内存指针	
使用举例	GTN_InitLookAhead（1，1，0，5，1，200，pLookAheadBuf）	GTN_CrdSpace（1，1，&space，0）

3）查询和起动插补运动状态。查询和起动插补运动指令见表 3-29。

表 3-29　查询和起动插补运动指令

指令原型	GTN_CrdStatus（short core，short crd，short *pRun，long *pSegment，short fifo=0）	GTN_CrdStart（short core，short mask，short option）
指令说明	查询插补运动坐标系状态	起动插补运动
指令参数	core：内核，正整数，常规参数设为 1	
	crd：坐标系号，正整数	mask：从 bit0、bit1 按位表示需要起动的坐标系[3]
	fifo：插补缓存区号，默认值为 0	
	pRun：读取插补运动状态[1]	option：从 bit0、bit1 按位表示坐标系需要启动的缓存区的编号[4]
	pSegment：读取当前已经完成的插补段数[2]	
使用举例	n = GTN_CrdStatus（1，1，run，segment，0）	GTN_CrdStart（1，1，0）

① 0：该坐标系的 FIFO 没有在运动；1：该坐标系的 FIFO 正在进行插补运动。
② 当重新建立坐标系或调用 GTN_CrdClear 指令后，该值会被清零。
③ bit0 对应坐标系 1，bit1 对应坐标系 2。0：不启动该坐标系。1：启动该坐标系。
④ bit0 对应坐标系 1，bit1 对应坐标系 2。0：起动坐标系中 FIFO0 的运动。1：起动坐标系中 FIFO1 的运动。

三、任务实施

1. 任务实施流程

任务实施流程与任务 3-2 类似，配置文件方式与任务 3-2 相同，本任务直接使用任务 3-2 的配置文件。需要注意的是，在执行插补运动时，要注意限位问题，确保整个运动在限位范围之内，可以在运动前将工作点放置在设备中心，或利用任务 4-3（回零运动比较与调试）将设备先回零再进行插补运动，本任务默认运动前已处于原点位置。

2. 项目创建

创建 MFC 应用程序，修改项目名称，本例改为"Interpolation"，单击"Next"，然后选择"基于对话框"，最后单击"完成"按钮。

3. 界面设计

同样添加按钮控件、静态文本框和编辑框，插补运动界面如图 3-32 所示。

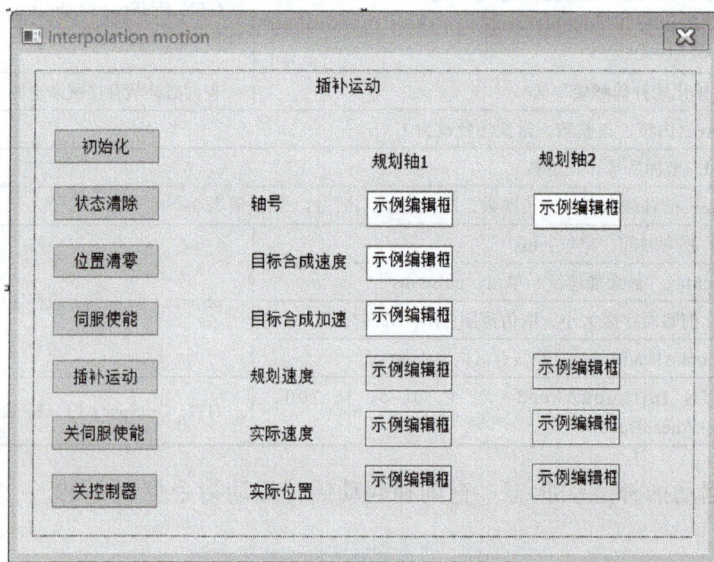

图 3-32　插补运动界面

1）从工具箱添加按钮控件，修改属性 Caption，ID 设定参考功能定义，本任务默认。

2）从工具箱添加静态文本框，修改属性 Caption，ID 分别设为 IDC_STATIC1、…、IDC_STATIC9。

3）从工具箱添加编辑框，4 个可输入数值编辑框，6 个只读数值编辑框，ID 默认。

4. 添加变量

1）打开工具栏的"项目"→"类向导"，添加编辑框的变量，分别为规划轴 1（eAxis1）、规划轴 2（eAxis1）、合成速度 eSynVel 和合成加速度 eSynAcc，变量类型轴号为 int，其他选 double，变量添加与设置如图 3-33 所示。

2）同任务 3-1，在消息栏添加消息 WM_TIMER，生成 OnTimer 处理程序。

5. 编辑程序

复制文件、添加文件过程与任务 3-2 相同。其他包括对话框初始化函数 OnInitDialog（）中添加字体设置代码，初始化按钮、状态清除按钮、位置清零按钮、伺服使能按钮和关控制器等函数都采用与任务 3-2 相同的方法，剩余程序代码如下。

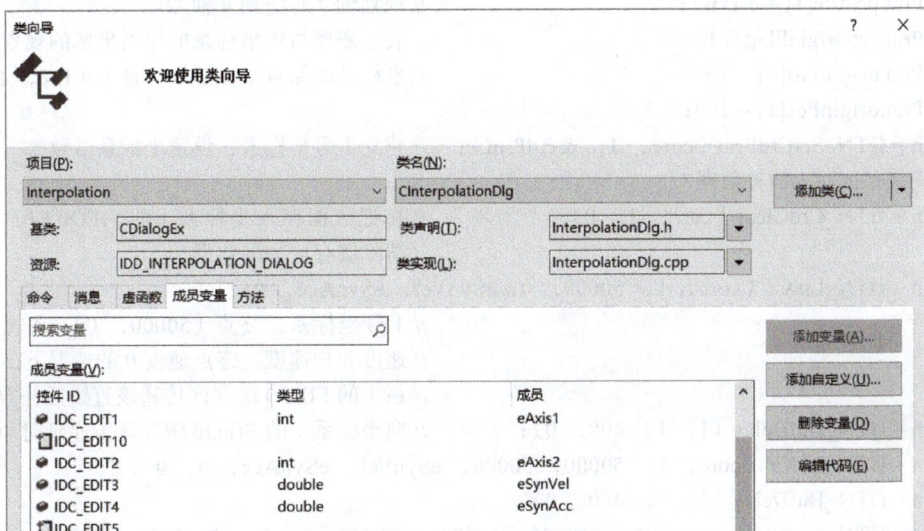

图 3-33　变量添加与设置

（1）声明全局变量　声明变量与任务 3-1 类似，主要包括运动指令返回值、内核、规划速度、实际位置与速度、字符串数据结构等。

```
CFont cfont;                                          //字体类定义
short sRtn;                                            //定义返回值
short core = 1;                                       //内核
CString strTemp;                                      //字符串数据结构
double  prfVel1, encPos1, encVel1, prfVel2, encPos2, encVel2;  //规划与实际位置、速度
```

（2）定时器处理程序　在 OnTimer（UINT_PTR nIDEvent）函数中，编辑代码根据变量进行调整，获得规划速度、实际速度和实际位置等变量的实时变化，基本与任务 3-3 相同。

（3）按钮控件事件处理函数　插补运动按钮。

插补运动实现两轴直线和圆弧运动控制，设计流程与点动运动相同，包括运动模式设置、参数设定和读取、起动运动等。双击开始插补运动按钮控件，进入按钮控件事件处理函数，添加代码，函数内容如下：

```
UpdateData（TRUE）;                    //将控件中的数据值更新到相应的变量
/* 建立工件坐标系 */
TCrdPrm crdPrm;                        //结构体变量，该结构体定义了坐标系
memset（&crdPrm, 0, sizeof（crdPrm））;  //把 crdPrm 中所有变量清零，常用来初始化，
                                       //是对较大的结构体或数组进行清零操作的一种
                                       //快速方法
```

```
crdPrm.dimension = 2;                                       // 坐标系为二维坐标系
crdPrm.synVelMax = 500;                                     // 最大合成速度：500pulse/ms
crdPrm.synAccMax = 1;                                       // 最大加速度：1pulse/ms²
crdPrm.evenTime = 50;                                       // 最小匀速时间：50ms
crdPrm.profile[0] = eAxis1;                                 // 规划轴 1 对应到 x 轴 /1
crdPrm.profile[1] = eAxis2;                                 // 规划轴 2 对应到 y 轴 /2
crdPrm.setOriginFlag = 1;                                   // 表示需要指定坐标系的原点坐标的规划位置
crdPrm.originPos[0] = 100;                                  // 坐标系的原点坐标规划位置为（100，100）
crdPrm.originPos[1] = 100;
sRtn = GTN_SetCrdPrm（core，1，&crdPrm）;                   // 建立 1 号坐标系，设置坐标系参数
/* 向缓存区写入插补数据 */
sRtn = GTN_CrdClear（core，1，0）;                          // 在把数据存入坐标系 1 的 FIFO0 前，首先要
                                                            // 清除缓存区中的数据
sRtn = GTN_LnXY（core，1，50000，0，eSynVel，eSynAcc，0，0）;
                                                            // 1 号坐标系，终点（50000，0），在规定合成
                                                            // 速度和加速度、终点速度 0 的情况下，向坐标
                                                            // 系 1 的 FIFO0 缓存区传递该直线插补数据
sRtn = GTN_BufDelay（1，1，400，0）;                        // 向坐标系 1 的 FIFO0 缓存区传递延时 400ms
sRtn = GTN_LnXY（core，1，50000，50000，eSynVel，eSynAcc，0，0）;
sRtn = GTN_BufDelay（1，1，400，0）;
sRtn = GTN_ArcXYC（core，1，-50000，50000，-50000，0，1，eSynVel，eSynAcc，0，0）;
// 终点坐标（-50000，50000），圆心相对于起点位置的偏移量（-50000，0），顺时针，在规定合成
// 速度和加速度、终点速度为 0 的情况下，向坐标系 1 的 FIFO0 缓存区传递该直线插补数据
sRtn = GTN_BufDelay（1，1，400，0）;
sRtn = GTN_LnXY（core，1，-50000，-50000，eSynVel，eSynAcc，0，0）;
sRtn = GTN_BufDelay（1，1，400，0）;
sRtn = GTN_ArcXYR（core，1，50000，-50000，50000，1，eSynVel，eSynAcc，0，0）;
// 终点坐标（50000，-50000），半径为 50000，顺时针，在规定合成速度和加速度、终点速度为 0
// 的情况下，向坐标系 1 的 FIFO0 缓存区传递该直线插补数据
sRtn = GTN_BufDelay（1，1，400，0）;
sRtn = GTN_LnXY（core，1，50000，0，eSynVel，eSynAcc，0，0）;
sRtn = GTN_BufDelay（1，1，400，0）;
sRtn = GTN_LnXY（core，1，0，0，eSynVel，eSynAcc，0，0）;
sRtn = GTN_CrdStart（1，1，0）;                             // 起动坐标系 1 的 FIFO0 插补运动
UpdateData（0）;
```

6. 程序运行

生成解决方案，运行程序，弹出结果对话框，在对话框的编辑框内填入相应数值，插补运动运行调试界面如图 3-34 所示，依次单击初始化、状态清除、位置清零和伺服使能按钮，按插补运动按钮，在硬件正常的情况下，轴 1 和轴 2 电动机能够正常进行插补运动，此时观察 2 轴对应运动位置变化，且每段运动轨迹间有停顿。

从运动轨迹和实际位置的变化观察是否与规划路径一致，如果一致，说明程序设计正确；如果轨迹不一致，检查程序是否有误。在此插补运动中要注意圆弧的运动方向，以及起点、终点和相对偏移量的关系。程序按任务要求正常运行。

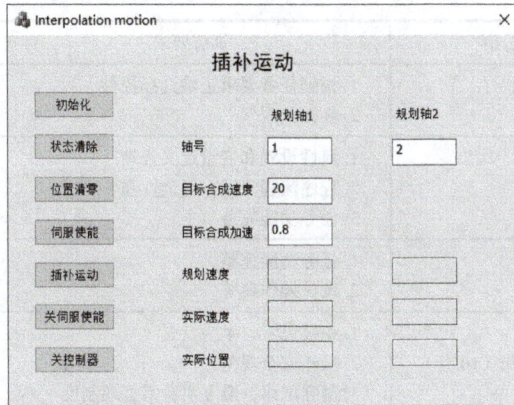
a) 起动界面

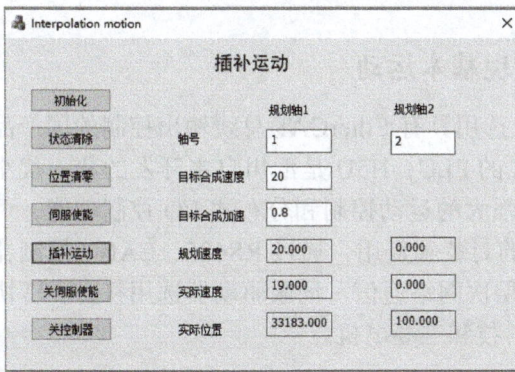
b) 运动阶段1

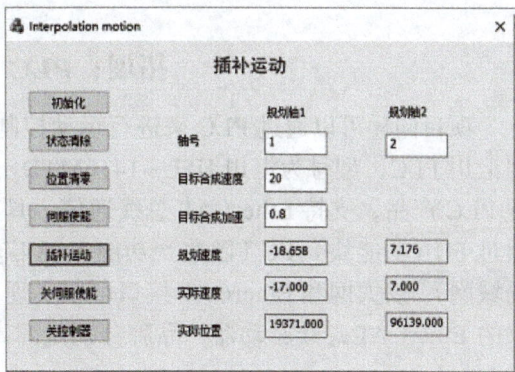
c) 运动阶段2

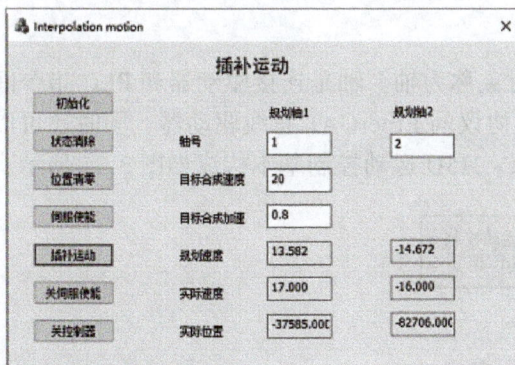
d) 运动阶段3

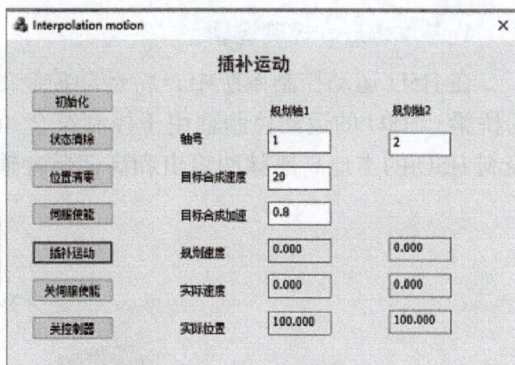
e) 运动阶段4

图 3-34 插补运动运行调试界面

四、任务评价

任务评价表见表 3-30。

表 3-30　插补运动设计与调试任务评价表

任务	训练内容与分值	训练要求	学生自评	教师评分
插补运动设计与调试	界面设计（25 分）	1. 根据任务要求正确选择控件 2. 界面美观		
	程序设计（40 分）	1. 属性设置和变量定义合理 2. 程序流程清晰，可读性强 3. 任务功能完善		
	任务调试（25 分）	1. 任务功能完整 2. 调试操作熟练		
	职业素养与创新思维（10 分）	1. 积极思考、举一反三 2. 操作安全规范 3. 遵守纪律，遵守实验室管理制度		
		学生：　　　　　教师：　　　　　日期：		

拓展：PLC 实现基本运动

项目同样可以通过 PLC 来进行运动控制，选用具有 EtherCAT 总线输出控制的国产品牌汇川 PLC，型号为汇川 H5U-1416MTD-A8 的 PLC，H5U 是汇川自主开发的新一代小型 PLC 产品，支持 EtherCAT 总线通信，具备强大的运动控制和分布式 I/O 控制功能，可通过 FB（功能块）/FC（函数）功能实现工艺的封装和复用，通过 RS485、CAN（控制器局域网）、以太网和 EtherCAT 接口可以实现多层次网络通信。伺服驱动器选用符合 402 协议的 EtherCAT 总线驱动器，品牌分别是固高科技和三菱电机。

一、PLC 运动控制相关知识准备

1. 基本构成和控制逻辑

在 H5U 运动控制系统中，将运动控制的对象称为轴。轴是连接驱动器和 PLC 指令间的桥梁。H5U 的运动控制轴用于控制符合 402 协议的 EtherCAT 总线驱动器，同时还可以控制 H5U 的本地高速脉冲输出和高速脉冲输入。H5U 运动控制基本构成如图 3-35 所示。

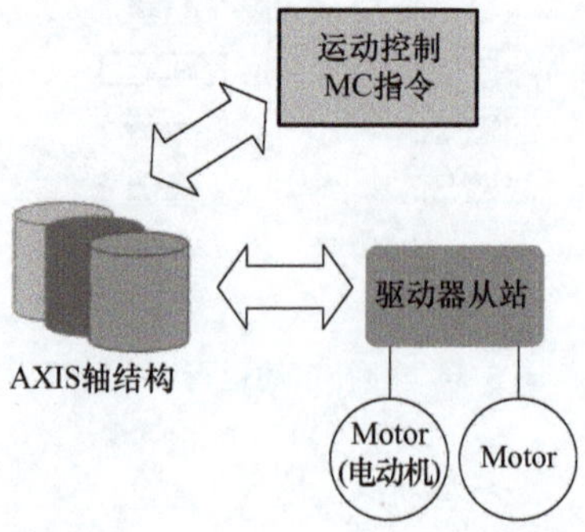

图 3-35　H5U 运动控制基本构成

在 PLC 内部，轴的基本构成和处理逻辑如图 3-36 所示。

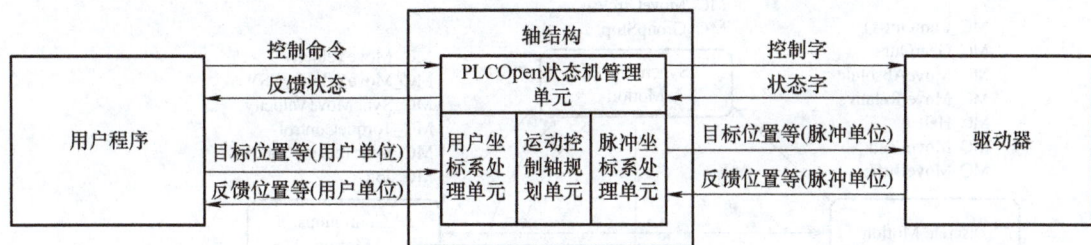

图 3-36　H5U 运动控制处理逻辑

2. 运控（运动控制）指令的调度机制

Main 主程序、子程序和中断子程序供用户编写程序，但是运动控制指令只能在 Main 主程序或子程序中调用，不能在中断子程序中调用。

在 H5U 中，EtherCAT 任务属于隐藏任务，该任务并不对用户开放，因此 H5U 不支持在 EtherCAT 任务的编程。EtherCAT 指令执行如图 3-37 所示，在 Main 主程序中，PLC 依次扫描程序中编写的所有运动控制指令，并根据程序的打断规则将最终的结果存放在运控参数缓冲区。EtherCAT 任务执行时更新运控命令。执行完成后将执行的结果放入缓冲区，Main 主程序中的运控指令根据执行的结果更新指令状态。

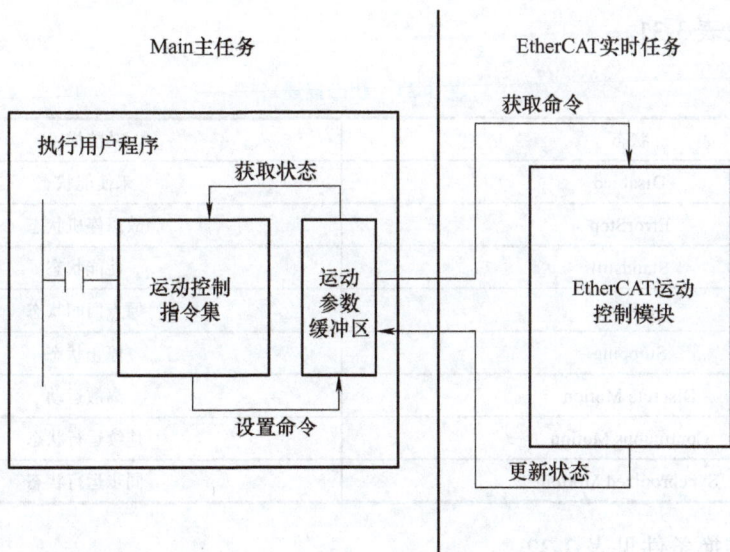

图 3-37　EtherCAT 指令执行

3. PLCOpen 状态机

H5U 基于 PLCOpen 状态机对轴的状态和运动进行管理，在每一个不同状态下完成不同的功能。状态转换图如图 3-38 所示。

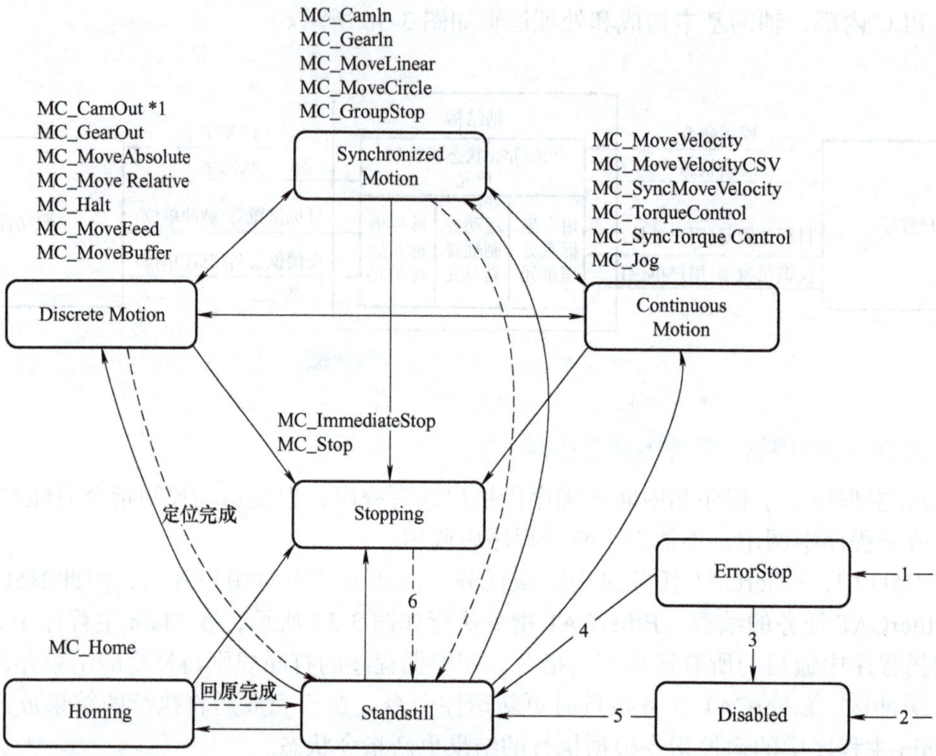

图 3-38 状态转换图

状态描述见表 3-31。

表 3-31 状态描述

状态	功能描述
Disabled	未使能状态
ErrorStop	故障停机状态
Standstill	使能状态
Homing	原点回归状态
Stopping	停止状态
Discrete Motion	离散运动
Continuous Motion	连续运行状态
Synchronized Motion	同步运行状态

状态迁移转换条件见表 3-32。

表 3-32 状态迁移转换条件

转换	转换条件
1	当轴的故障检测逻辑检测到故障时立即进入该状态
2	当轴无故障且 MC_Power.Enable=FALSE 时
3	当调用 MC_Reset 复位轴故障且 MC_Power.Status=FASLE 时

（续）

转换	转换条件
4	当调用 MC_Reset 复位轴故障且 MC_Power.Status=TRUE 时
5	当 MC_Power.Enable=TRUE 且 MC_Power.Status=TRUE 时
6	当 MC_Stop（MC_ImmediateStop）.Done=TRUE 且 MC_Stop（MC_ImmediateStop）.Execute=FALSE 时

二、PLC 运动控制轴参数设定与在线调试

图 3-39 是拓展项目系统接线原理图，包括 PLC、HMI、伺服驱动器和伺服电动机。在此要正确控制电动机带动轴工作，首先根据项目需要创建组态，然后根据工况设定相关参数，下载工程后通过在线调试进行简单的操作，判断参数设置是否合理、硬件连接是否可靠，最后编写 PLC 程序完成整体控制逻辑功能。

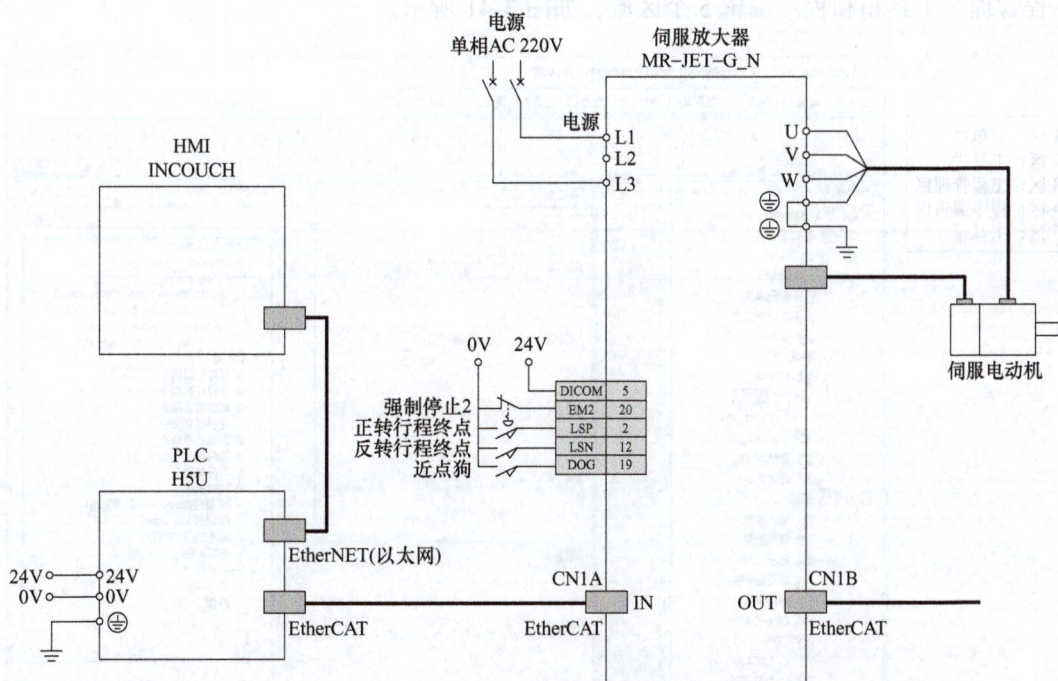

图 3-39 系统接线原理图

选用的 H5U-A8 型 PLC 和 CDHD 型伺服驱动器组成一个总线伺服轴，过程如下。

1. 工程创建

将 PLC 与伺服系统构建成一套运动控制装置，具体包括以下几步。

（1）新建工程 打开 AutoShop 软件，单击"新建工程"，PLC 系列选择 H5U，型号选择 H5U-A8，如图 3-40 所示。

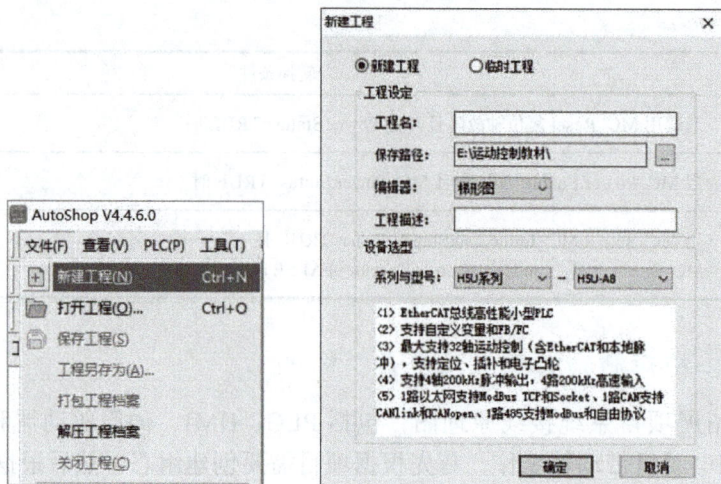

图 3-40　新建工程

（2）工程工作界面　工程创建成功后进入主界面，主界面可以分菜单栏、工具栏、工程管理、工具箱和程序编辑 5 个区域，如图 3-41 所示。

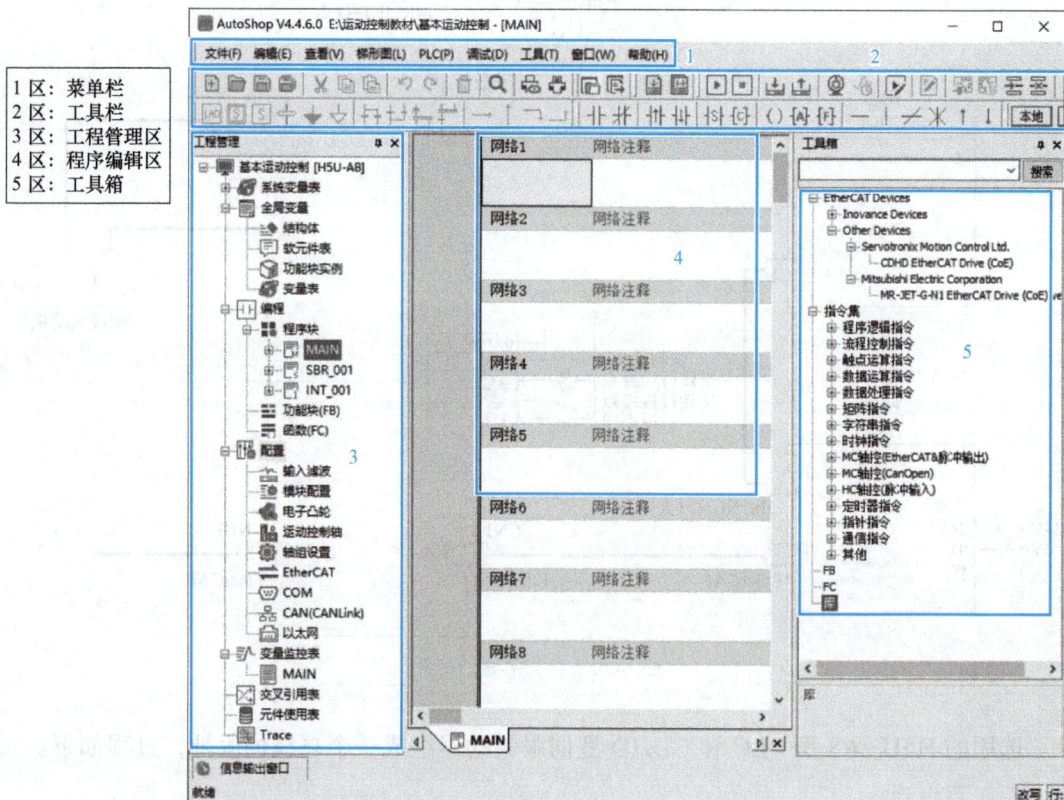

1 区：菜单栏
2 区：工具栏
3 区：工程管理区
4 区：程序编辑区
5 区：工具箱

图 3-41　工程工作界面

2. 创建工程组态

要控制 CDHD 运动，需要配置一个伺服驱动器和一个总线伺服轴，并将两者连接到一起。H5U 提供了两种连接模式：自动扫描和手动添加。

自动扫描模式仅用于添加总线伺服轴（本地脉冲轴需要通过手动添加方式），下面讲解两种操作方式。

（1）自动扫描

1）检查是否已经勾选"系统选项"中的"新建从站时自动创建轴并关联从站"选项，如果没有勾选，手动勾选上，系统从站 Ethercat 设置如图 3-42 所示。

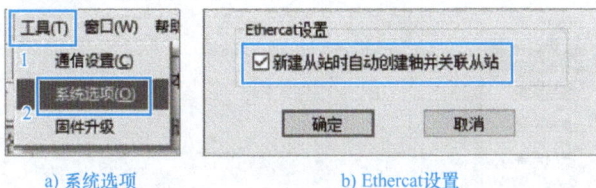

a) 系统选项　　　　　　　　b) Ethercat设置

图 3-42　系统从站 Ethercat 设置

2）PLC 通信设置。检查计算机主机是否正常连接 PLC，PLC 的 EtherCAT 网口是否正常连接伺服驱动器。测试 PLC 连接计算机主机的方式，如图 3-43 所示。

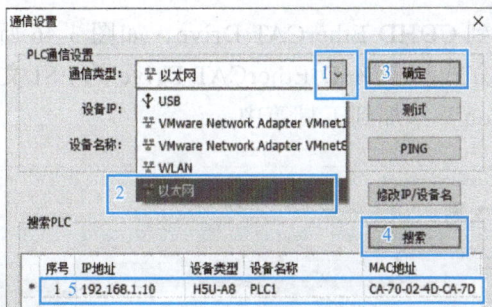

图 3-43　PLC 通信设置

3）查看工具箱的 EtherCAT 设备列表中是否存在 CDHD EtherCAT Drive（CoE），如图 3-44 所示。如不存在，添加对应的伺服驱动器 xml 文件。

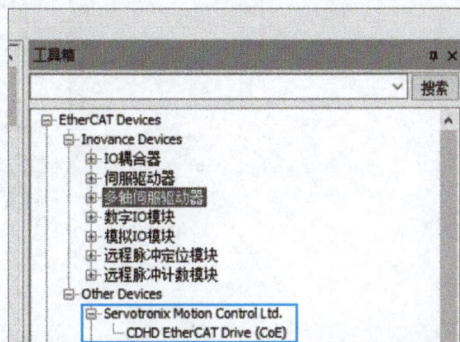

图 3-44　查看和添加伺服驱动器 xml 文件

4）选中主站，右击，选择自动扫描后弹出自动扫描对话框；单击开始扫描，扫描完成后单击更新组态，完成总线伺服轴的创建，如图 3-45 所示。

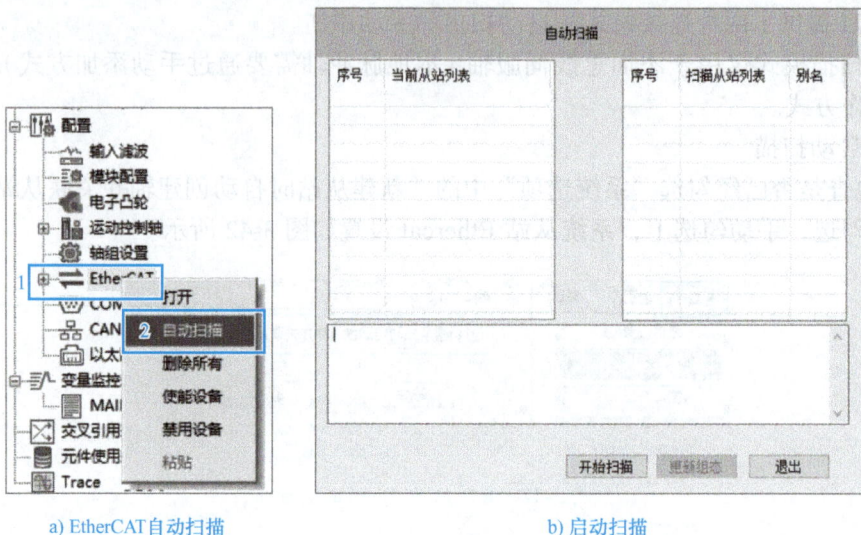

a) EtherCAT自动扫描　　　　　　　　　　　　b) 启动扫描

图 3-45　主站扫描

（2）手动添加

1）打开工具箱，找到 CDHD EtherCAT Drive，如图 3-46 所示。如果没有，需要通过导入设备描述文件的方式将 CDHD EtherCAT Drive 的 ESI 文件（从站设备描述文件 EtherCAT Slave Information）添加到工具箱中。

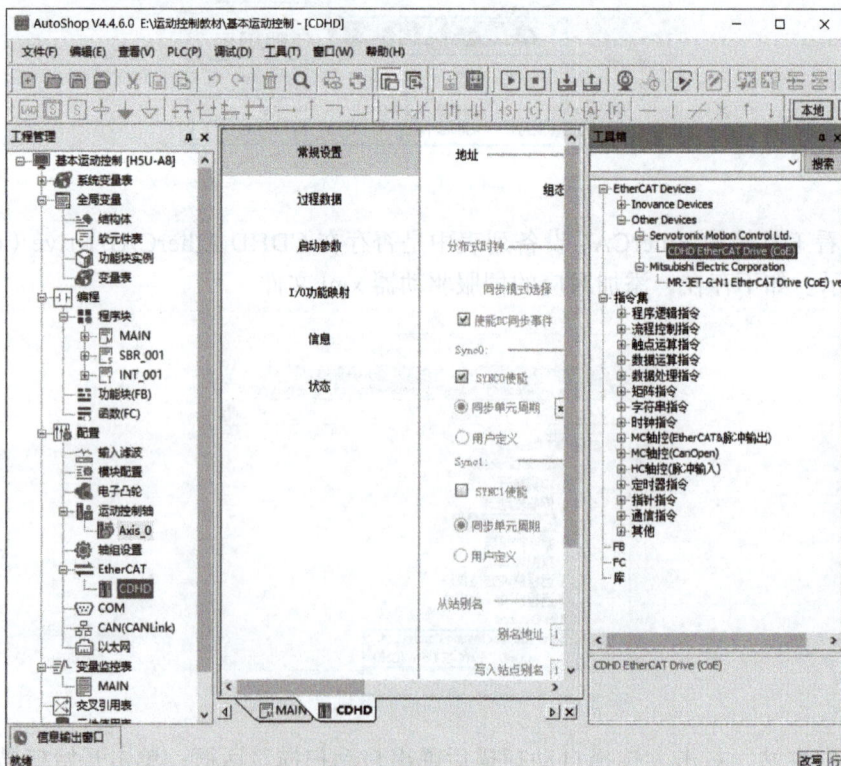

图 3-46　工具箱手动添加 CDHD EtherCAT Drive

2）双击工具箱中的 CDHD EtherCAT Drive，添加伺服驱动器 CDHD，自动生成运动控制轴 Axis_0。

3）伺服驱动器 CDHD 中参数设置。

① 添加过程数据 16#60FD。与任务 3-2 类似，需要添加过程数据，主要用于监控正负限位开关和原点开关通断情况。在工程管理区双击打开伺服驱动器 CDHD，选择过程数据，再选择输入、选择增加，命名 DIINPUT，数据类型 UDINT，索引输入 60FD，如图 3-47 所示。

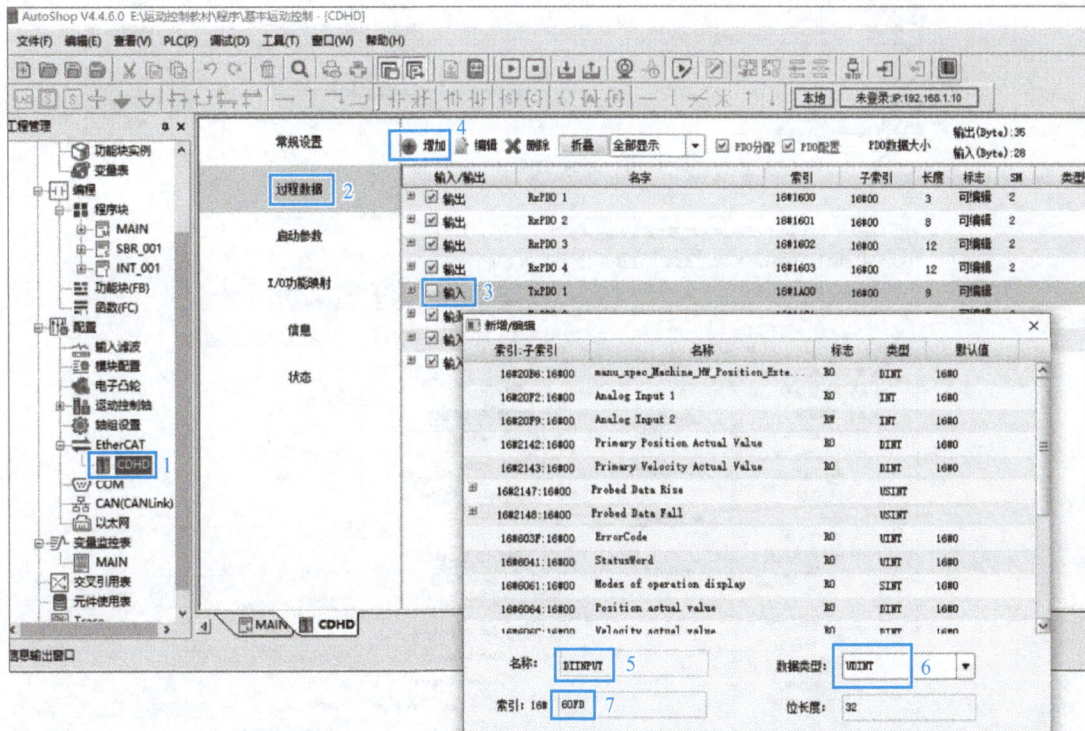

图 3-47 添加过程数据 16#60FD

② 新增 DIINPUT 信号。在 I/O 功能映射中查看新增的 DIINPUT 信号，如图 3-48 所示。

4）运动控制轴 Axis_0 中参数设置。

① 基本设置。在基本设置选项中直接使用默认参数，如需模拟仿真运行，勾选虚轴模式，界面如图 3-49 所示。

② 单位换算设置。根据控制设备的机械参数进行设置。伺服电动机转一圈行程是 72mm，运动控制达到 1μm/pulse，设置参数如图 3-50 所示，有关计算公式说明参见任务 4-4 的式（4-1）。

③ 模式 / 参数设置。模式选择包含编码器模式（增量模式或绝对模式）和模式设置（线性模式或旋转模式），本项目中编码器选择增量模式，模式设置选择线性模式。

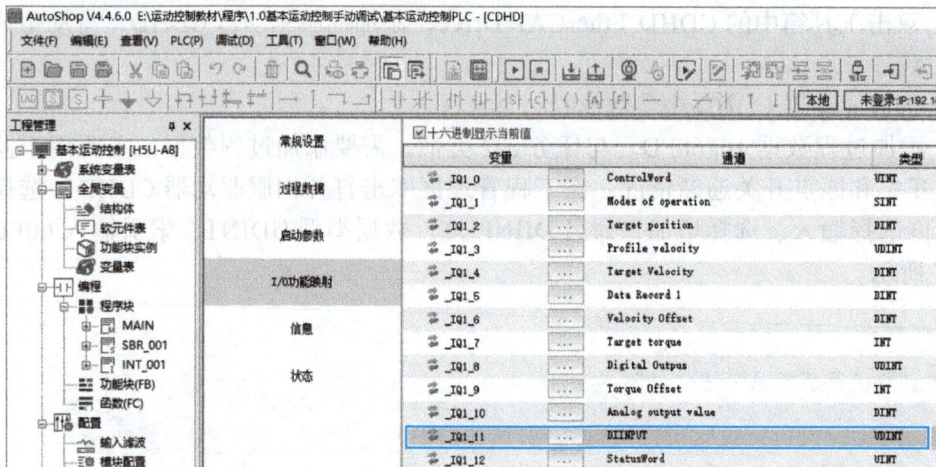

图 3-48　新增 DIINPUT 信号

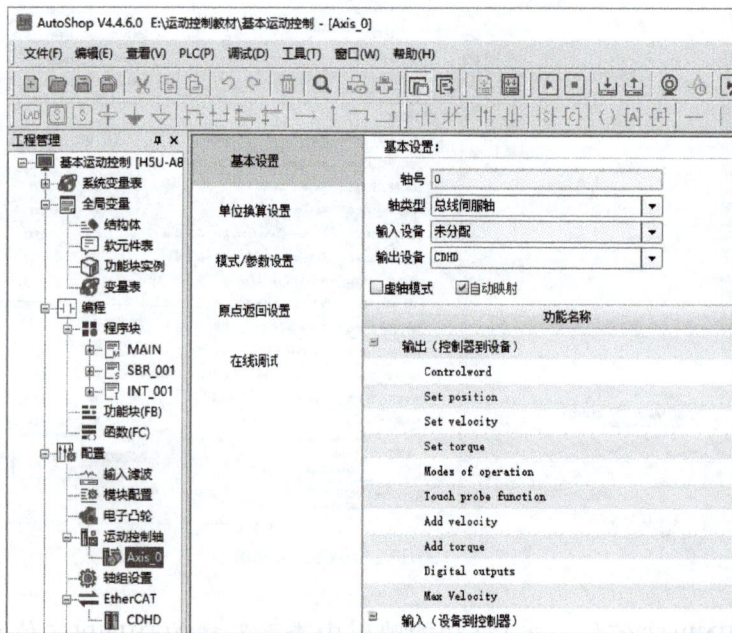

图 3-49　基本设置界面

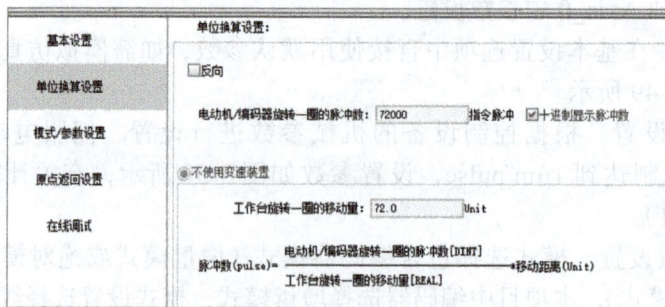

图 3-50　单位换算设置

硬件限位逻辑采用正逻辑，其他参数如图 3-51 所示，编程和调试时不要超过相应的设置参数，也可根据其他应用要求调整相应参数。

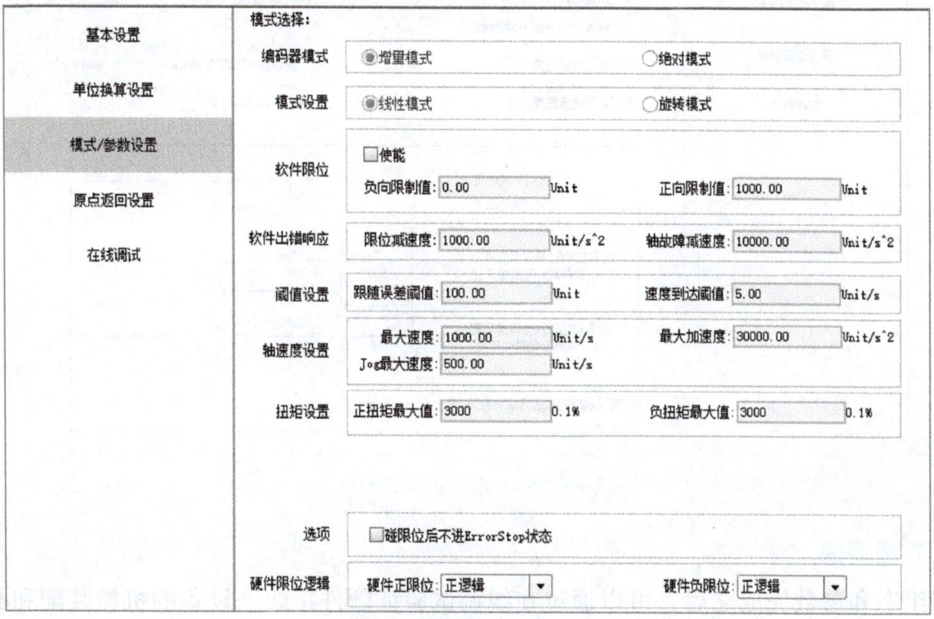

图 3-51　模式 / 参数设置

④ 原点返回设置。根据项目工况设置原点返回的方向，选择使用的信号、返回的方式（3 ~ 5 种模式可供选择）、原点返回速度、原点返回接近速度和原点返回加速度等，具体原点返回（回零运动）见任务 4-3 说明。

当无设备时，采用虚拟仿真模式，选用回零方式 35，原点返回方式选择如图 3-52 所示。

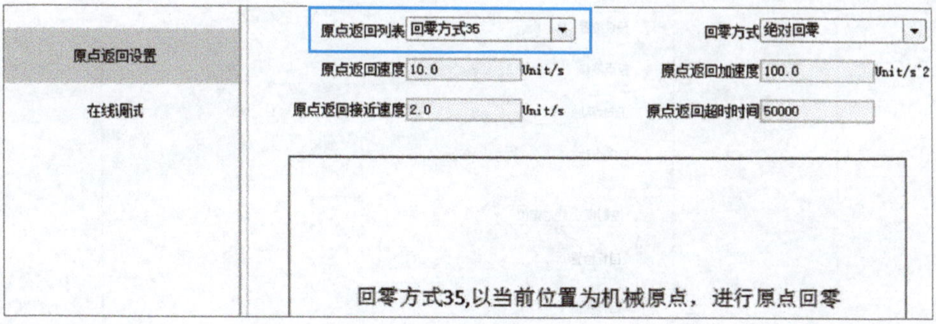

图 3-52　原点返回方式选择

当选择某种回零方式时，下方就会出现回零的工作示意图，轴工艺已经把具体程序编写完成，只要设置相应参数和使用原点回归指令"MC_Home"即可，设置参数如图 3-53 所示。

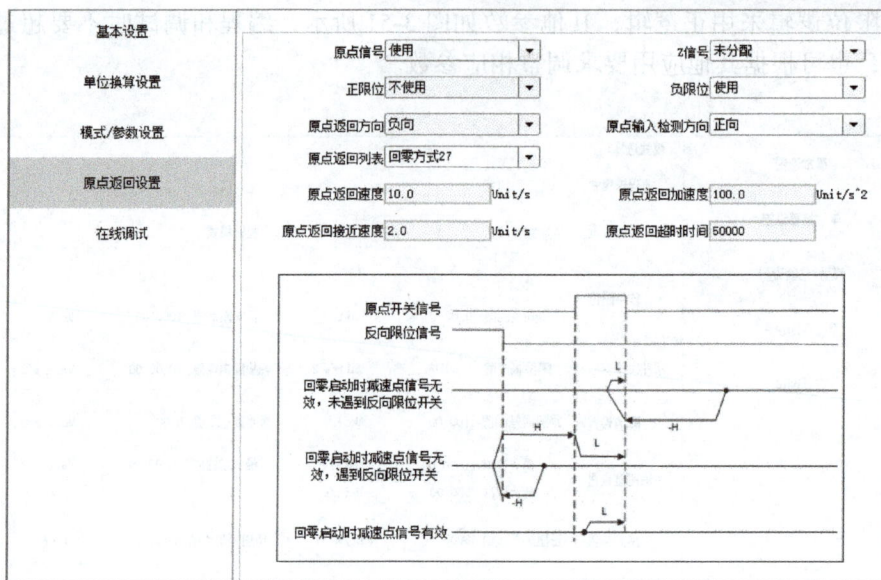

图 3-53　原点返回设置

3. 在线调试

当组态和参数完成之后，可以通过在线调试验证硬件接线、设备的机械装配和驱动器的参数设置等，操作界面如图 3-54 所示。

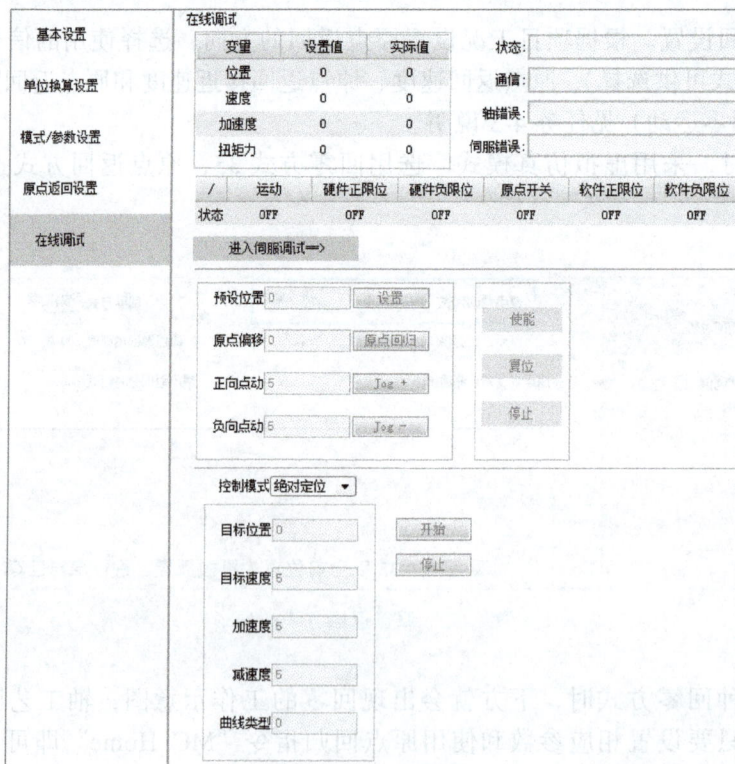

图 3-54　在线调试界面

具体操作步骤如下：

1）把参数下载到 PLC。

2）启动 PLC 在线监控。

3）选择"在线调试"，单击进入伺服调试使能。

触碰硬件正限位、硬件负限位和原点开关，观察状态显示栏有无 ON/OFF 变化，验证信号传递功能能否实现，具体正限位、负限位和原点相关知识点参见任务 4-3 回零运动比较与调试部分。

设置正向、反向点动速度 [刚开始时要小一点，但不能低于"速度到达阈值"（轴配置阈值设置参数，设定的允许最小速度）]，分别单击"Jog+""Jog-"按钮，观察设备能否运动和运动方向，在没到硬件正负限位位置时，触碰限位开关，试验限位保护功能能否实现。

单击"原点回归"按钮，观察能不能实现原点回归功能。

选择控制模式（绝对定位和相对定位），设置运动参数，单击开始，验证绝对定位功能和相对定位功能，同时测试机械设备运动精度，检验参数设置是否正确。

通过在线调试功能可以在不编制程序的情况下直接控制设备，方便调试设备，在功能正常的情况下进一步编制程序，提高了编程效率。

三、实现单轴手动运动控制

项目可以通过设备或触摸屏仿真的形式实现运动轴的使能控制、故障复位控制、点动控制、回零控制、相对定位运动控制和绝对定位控制，能显示运动轴当前位置，使用设备及仿真平台如图 3-55 所示。

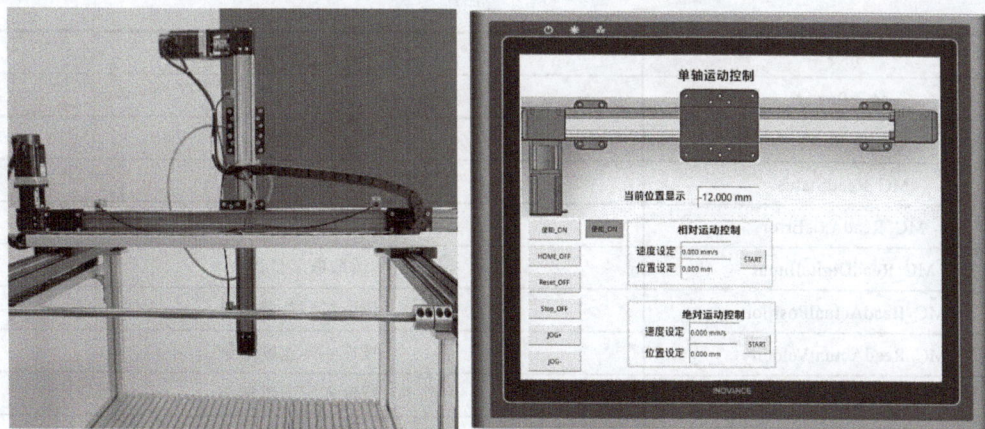

图 3-55　使用设备及仿真平台

运动控制需要设置参数和控制的对象相对较多，建议用人机界面进行控制，同时人机界面设计了设备的仿真动画，实现了集实际设备、虚拟仿真设备于一体的效果。也可脱离设备进行全虚拟仿真运行。

人机界面所需的脚本和运动动画的调试已经完成，编写 PLC 编程时，只要结合表 3-33 所列的寄存器变量就可以完成正常控制显示，表 3-33 为中间数据变量定义。

表 3-33　中间数据变量定义

序号	寄存器编号	数据类型	位数	功能
1	M0	BOOL	1	使能控制
2	M1	BOOL	1	复位控制
3	M2	BOOL	1	回零控制
4	M3	BOOL	1	正向点动
5	M4	BOOL	1	反向点动
6	M5	BOOL	1	相对定位控制
7	M6	BOOL	1	绝对定位控制
8	M7	BOOL	1	停止控制
9	D0	REAL	32	相对目标位移
10	D2	REAL	32	相对目标速度
11	D4	REAL	32	绝对目标位移
12	D6	REAL	32	绝对目标速度
13	D10	REAL	32	轴当前位置
14	M1000	BOOL	1	轴使能标志

1. 常用指令表

单轴运动中经常会使用使能控制、复位、读取状态、设置状态、点动和原点回归等指令。具体见表 3-34。

表 3-34　常用指令表

指令	指令说明
MC_Power	使能控制指令
MC_Reset	复位故障指令
MC_ReadStatus	读取轴状态指令
MC_ReadAxisError	读取轴错误指令
MC_ReadDigitalInput	读取数字量指令
MC_ReadActualPosition	读取实际位置指令
MC_ReadActualVelocity	读取实际速度指令
MC_ReadActualTorque	读取实际力矩指令
MC_SetPosition	设置定位指令
MC_TouchProbe	探针指令
MC_MoveRelative	相对定位指令
MC_MoveAbsolute	绝对定位指令
MC_MoveVelocity	速度指令
MC_Jog	点动运动指令
MC_TorqueControl	力矩控制指令

（续）

指令	指令说明
MC_Home	原点回归指令
MC_Stop	停止指令
MC_Halt	暂停指令
MC_ImmediateStop	急停指令
MC_MoveFeed	中断定长指令
MC_MoveBuffer	多段位置定位指令
MC_MoveSuperImposed	运动叠加指令
MC_MoveVelocityCSV	基于 CSV，脉冲宽度可调的速度指令
MC_SyncMoveVelocity	基于 CSV，脉冲宽度可调的同步速度控制指令
MC_FollowVelocity	基于 CSP 模式的同步速度指令
MC_SyncTorqueControl	同步力矩控制指令
MC_SetAxisConfigPara	设置轴参数

2. 使能控制

使用指令 MC_Power 可实现使能控制，控制触摸屏使能按钮 M0，设置 Enable 为 ON 以后，轴进入使能状态，指令的 Status 信号有效，MC_Power 指令使用如图 3-56 所示。轴的 PLCOpen 状态机由 Disabled 状态进入 StandStill 状态。在使能之后可以执行如 Jog、Home 和 MC_MoveRelative 等运动类指令。设置 Enable 为 OFF 以后，可解除轴的使能状态，中断运动类指令（如 MC_MoveAbsolute）的执行。解除使能状态后，轴不接收动作指令，无法实现轴控制。但是，可以执行 MC_Power、MC_Reset 和 MC_SetPosition 等非运动指令。

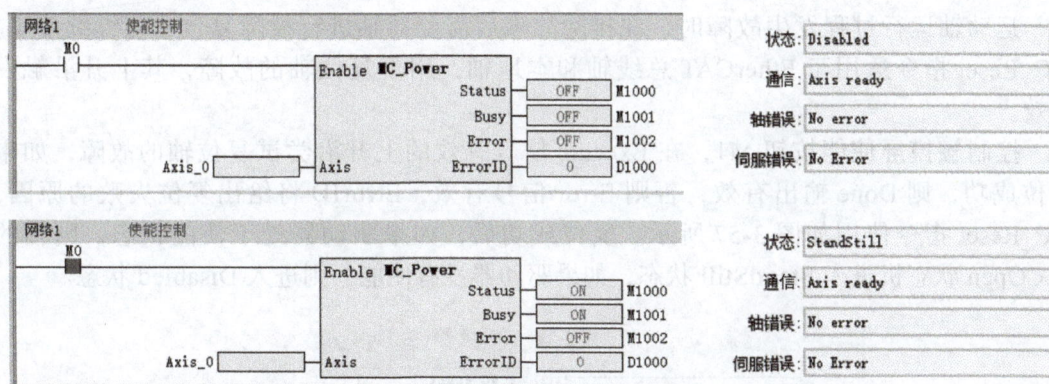

图 3-56　MC_Power 指令使用

需要注意的是，当轴由于故障进入 ErrorStop 状态后，重新使能 MC_Power 不能将轴切换到 StandStill 状态，必须先调用 MC_Reset 指令将轴的故障恢复。

MC_Power 指令格式见表 3-35。

表 3-35　MC_Power 指令格式

16 位指令	MC_Power 连续执行					
32 位指令	—					
操作数	名称	描述	能否空	默认值	范围	数据类型
S1	Axis	轴名称 / 轴 ID	否	—	0 ~ 32767	INT _sMCAXIS_ INFO
D1	Status	轴使能标志	是	OFF	ON/OFF	BOOL
D2	Busy	忙标志	是	OFF	ON/OFF	BOOL
D3	Error	指令故障标志	是	OFF	ON/OFF	BOOL
D4	ErrorID	故障码	是	0	—	INT

MC_Power 指令操作数软元件列表见表 3-36。

表 3-36　软元件列表

操作数	位			字		指针	常数			其他
	X、Y、M、S、B	字元件的位	自定义位变量	D、R、W	自定义字变量	指针变量	K、H	E		
S1	—	—	—	√	√	√	√	—	—	
D1	√（不支持 X 元件）	√	√	—	—	√	—	—	—	
D2	√（不支持 X 元件）	√	√	—	—	√	—	—	—	
D3	√（不支持 X 元件）	√	√	—	—	√	—	—	—	
D4	—	—	—	√	√	√	—	—	—	

详细说明参阅《H5U 系列可编程逻辑控制器指令手册》。

3. 故障复位

运动轴运行过程发生故障时，在排除故障后需要对轴进行故障复位才能继续使用。MC_Reset 指令适用于 EtherCAT 总线轴和本地轴，用于复位轴的故障，其上升沿触发有效。

控制触摸屏使能按钮 M1，在 Execute 信号有效的上升沿尝试复位轴的故障，如果复位成功，则 Done 输出有效，否则 Error 信号有效，ErrorID 将给出复位失败的原因，MC_Reset 指令使用如图 3-57 所示。复位成功后，如果驱动器处于使能状态，则轴的 PLCOpen 状态机进入 StandStill 状态，如果驱动器没有使能，则进入 Disabled 状态。

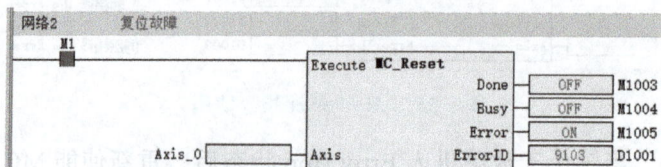

图 3-57　MC_Reset 指令使用

指令格式和软件表类似于 MC_Power 指令。

4. 原点回归控制

原点回归主要是运动轴回到初始位置，便于下次起动的准确定位，具体说明参见任务 4-3 回零运动比较与调试。

只有使用 MC_Power 指令将轴切换到使能状态，才可以利用 MC_Home 指令进行原点回归控制。MC_Home 指令使用如图 3-58 所示。

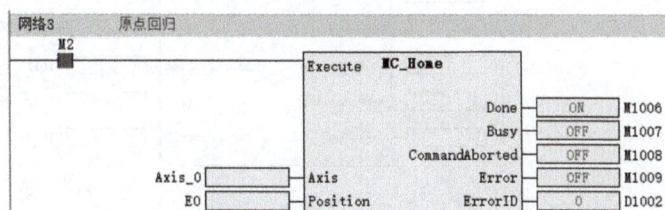

图 3-58　MC_Home 指令使用

在指令的上升沿，功能块锁存 Position 输入参数，轴处于 Homing 状态并做原点回归运动（按照原点返回方式设置的方式和参数）。Position 用于设定原点偏移。

在虚轴模式下调用本指令，将按照 402 协议中 35 号绝对模式回零。回原（原点回归）指令不允许重复调用，当调用一条 MC_Home 指令使轴处于 Homing 状态后再调用其他的 MC_Home 指令，后调用的指令报错。

MC_Home 指令格式见表 3-37。

表 3-37　MC_Home 指令格式

16 位指令		—				
32 位指令		MC_Home 连续执行				
操作数	名称	描述	能否空	默认值	范围	数据类型
S1	Axis	轴名称 / 轴 ID	否	—	0～32767	INT _sMCAXIS_ INFO
S2	Position	原点偏移	是	0	正数 / 负数 /0	REAL
D1	Done	复位完成标志	是	OFF	ON/OFF	BOOL
D2	Busy	忙标志	是	OFF	ON/OFF	BOOL
D3	CommandAb-orted	终止执行	是	OFF	ON/OFF	BOOL
D4	Error	指令故障标志	是	OFF	ON/OFF	BOOL
D5	ErrorID	故障码	是	0	—	INT

5. 基本运动控制实现

（1）点动控制　只有使用 MC_Power 指令将轴切换到使能状态，才可以利用 MC_Jog 指令进行点动控制。

在指令的 Execute 端输入上升沿，功能块锁存 Velocity、Acceleration、Deceleration 和 CurveType 等输入参数，并将轴的状态机切换到 Continuous Motion 模式，进入点动状态，MC_Jog 指令使用如图 3-59 所示。

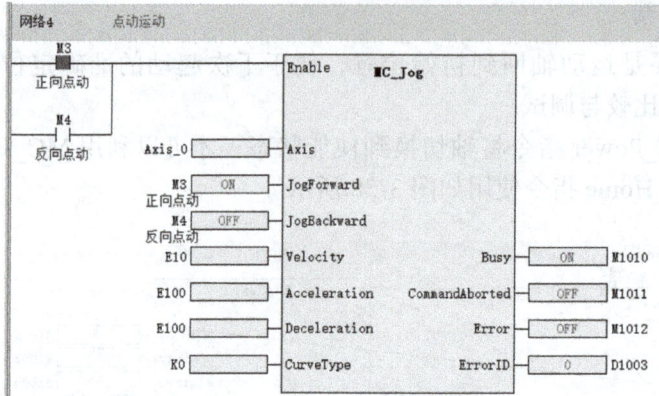

图 3-59　MC_Jog 指令使用

在 Enable=ON 时，如果调用 MC_Stop、MC_MoveRelative 之类的指令，将打断 Jog 指令，Jog 执行的 CommandAborted 输出有效。当 JogForward 有效时，轴按照 Velocity 设定的速度正向运动，当 JogBackward 有效时，轴按照 Velocity 设定的速度做反向运动。当 JogForward 和 JogBackward 同时有效时，轴停止运动，指令报故障，但是不会进入 ErrorStop 状态。MC_Jog 指令格式见表 3-38。

表 3-38　MC_Jog 指令格式

16 位指令		—				
32 位指令		MC_Jog 连续执行				
操作数	名称	描述	能否空	默认值	范围	数据类型
S1	Axis	轴名称 / 轴 ID	否	—	0 ～ 32767	INT _sMCAXIS_ INFO
S2	JogForward	正向运动	否	—	—	BOOL
S3	JogBackward	反向运动	否	—	—	BOOL
S4	Velocity	目标速度	否	—	正数，小于最大速度	REAL
S5	Acceleration	加速度	否	—	正数，小于最大加速度	REAL
S6	Deceleration	减速度	是	加速度	正数，小于最大加速度	REAL
S7	CurveType	曲线类型 0：T 型速度曲线 1：5 段 S 曲线	是	0	0 ～ 1	INT
D1	Done	复位完成标志	是	OFF	ON/OFF	BOOL
D2	Busy	忙标志	是	OFF	ON/OFF	BOOL
D3	CommandAb-orted	终止执行	是	OFF	ON/OFF	BOOL
D4	Error	指令故障标志	是	OFF	ON/OFF	BOOL
D5	ErrorID	故障码	是	0	—	INT

1）在 Enable=ON 时，轴往一个方向运行碰到限位，指令报故障，停止轴的运动但不会进入 ErrorStop 状态。重新触发 Jog 指令后可以使轴往相反方向运动。

2）CurveType 用于设定速度曲线的类型。CurveType = 0 表示 T 型曲线，此时轴的速度将按照 Acceleration 和 Deceleration 设定的值做加速或减速运动。CurveType = 1 表示 5 段 S 曲线，此时，Acceleration 和 Deceleration 表示轴在加速和减速过程中达到的最大加速度和最小减速度。

（2）相对定位控制　不管在任何位置，执行移动量为 +100，就移动到相对起点的正 100 处，相对位置移动如图 3-60 所示。

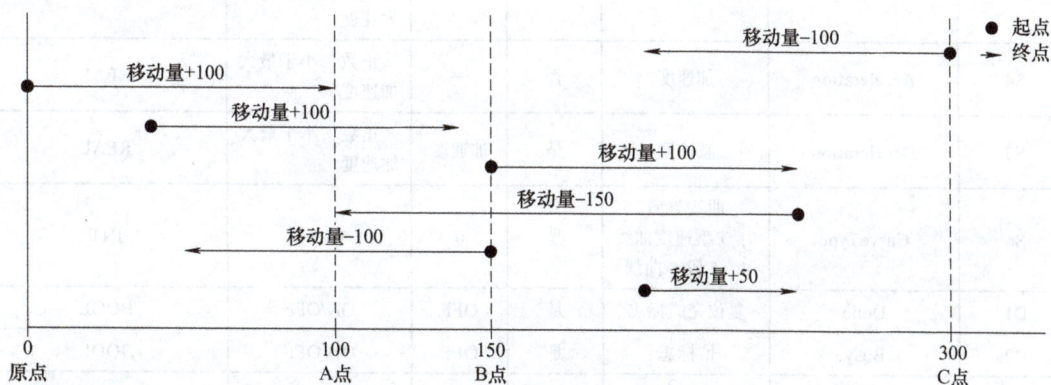

图 3-60　相对位置移动示意图

本任务 PLC 中只有使用 MC_Power 指令将轴切换到使能状态，才可以利用 MC_MoveRelative 指令进行相对定位控制。MC_MoveRelative 指令使用如图 3-61 所示，M5 接通，在 Execute 输入端的上升沿阶段，指令锁存 Distance、Velocity 等左侧的输入参数，并触发相对定位功能，将轴的 PLCOpen 状态切换到 DiscreteMotion 状态。

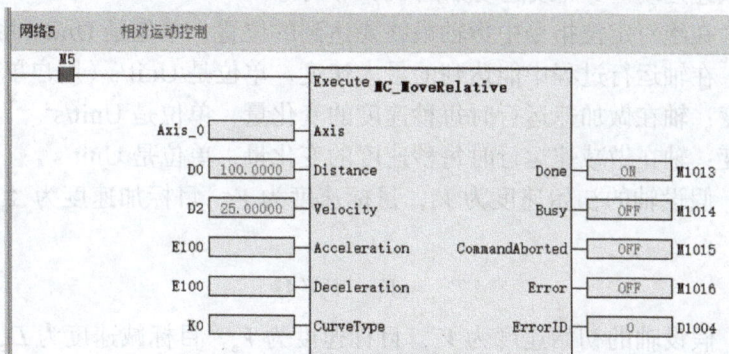

图 3-61　MC_MoveRelative 指令使用

1）Distance。用于设定相对定位的距离，不管在线性模式还是环形模式下，如果 Distance 为正数，轴正向运行 Distance 指定的距离，如果 Distance 为负，则轴负向运行 |Distance| 指定的距离。

MC_MoveRelative 指令格式见表 3-39。

117

表 3-39   MC_MoveRelative 指令格式

16 位指令		—				
32 位指令		MC_MoveRelative 连续执行				
操作数	名称	描述	能否空	默认值	范围	数据类型
S1	Axis	轴名称 / 轴 ID	否	—	0 ～ 32767	INT _sMCAXIS_ INFO
S2	Distance	目标位置	否	—	正数 / 负数 /0	REAL
S3	Velocity	目标速度	否	—	正数，小于最大速度，小于点动最大速度	REAL
S4	Acceleration	加速度	否	—	正数，小于最大加速度	REAL
S5	Deceleration	减速度	是	加速度	正数，小于最大加速度	REAL
S6	CurveType	曲线类型 0：T 型速度曲线 1：5 段 S 曲线	是	0	0 ～ 1	INT
D1	Done	复位完成标志	是	OFF	ON/OFF	BOOL
D2	Busy	忙标志	是	OFF	ON/OFF	BOOL
D3	CommandAborted	终止执行	是	OFF	ON/OFF	BOOL
D4	Error	指令故障标志	是	OFF	ON/OFF	BOOL
D5	ErrorID	故障码	是	0	—	INT

2）CurveType。用于设定速度曲线的类型。

CurveType = 0 表示 T 型曲线，此时轴的速度将按照 Acceleration 和 Deceleration 设定的值做加速或减速运动。T 曲线运动如图 3-62 所示。

目标位置：在绝对定位指令中指轴最终要达到的位置，单位是 Unit（用户单位）。

目标速度：在轴运行过程中能达到的最大速度，单位是 Unit/s（用户单位 / 秒）。

目标加速度：轴在做加速运行时每秒速度的变化量，单位是 $Unit/s^2$。

目标减速度：轴在做减速运行时每秒速度的变化量，单位是 $Unit/s^2$。

加速阶段，假设轴的初始速度为 V_s，目标速度为 V_t，目标加速度为 A_{cc}，则加速阶段的时间为

$$T_{acc} = (V_t - V_s)/A_{cc} \tag{3-7}$$

减速阶段，假设轴的初始速度为 V_s，目标速度为 V_e，目标减速度为 D_{ec}，则减速阶段的时间为

$$T_{dec} = (V_s - V_e)/D_{ec} \tag{3-8}$$

CurveType = 1 表示 5 段 S 曲线，此时，Acceleration 和 Deceleration 表示轴在加速和减速过程中达到的最大加速度和最小减速度。

S 曲线运动如图 3-63 所示，在 5 段 S 形速度曲线中，根据加速度的状态分为加加速、减加速、匀速、加减速和减减速 5 个阶段，一定不存在匀加速和匀减速阶段。在加加速、

加减速等变加速度阶段，实际的加速度变化率（Jerk）是 H5U 内部计算得到的，用户不可以设置。

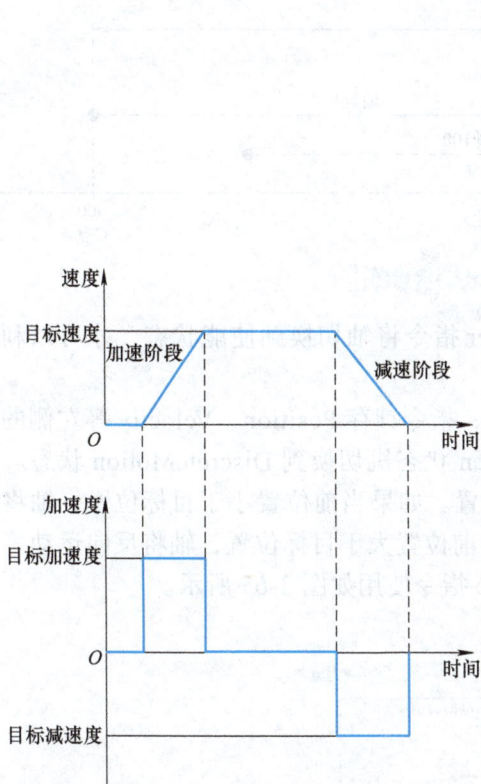

图 3-62　T 曲线运动

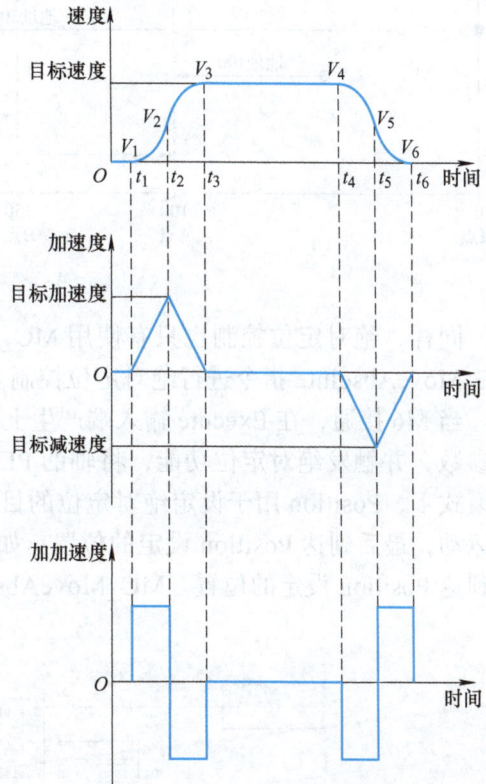

图 3-63　S 曲线运动

目标位置、目标速度、目标加速度和目标减速度的定义与 CurveType = 0 时一致。

此时，速度曲线中速度由加加速阶段变成减加速这一时刻（t_2）的加速度必然是目标加速度。

同样，速度曲线中速度由加减速阶段变成减减速这一时刻（t_5）的减速度必然是目标减速度。

加速阶段：假设轴的初始速度为 V_1，目标速度为 V_3，目标加速度为 A_{cc}，则加速阶段的时间为

$$T_{acc} = 2(V_3 - V_1)/A_{cc} \tag{3-9}$$

减速阶段，假设轴的初始速度为 V_4，目标速度为 V_6，目标减速度为 D_{ec}，则减速阶段的时间为

$$T_{dec} = 2(V_4 - V_6)/D_{ec} \tag{3-10}$$

（3）绝对定位控制　在定位控制中，除相对位置控制之外，还有绝对位置控制。绝对位置是依据原点作参考点，绝对位置移动如图 3-64 所示。

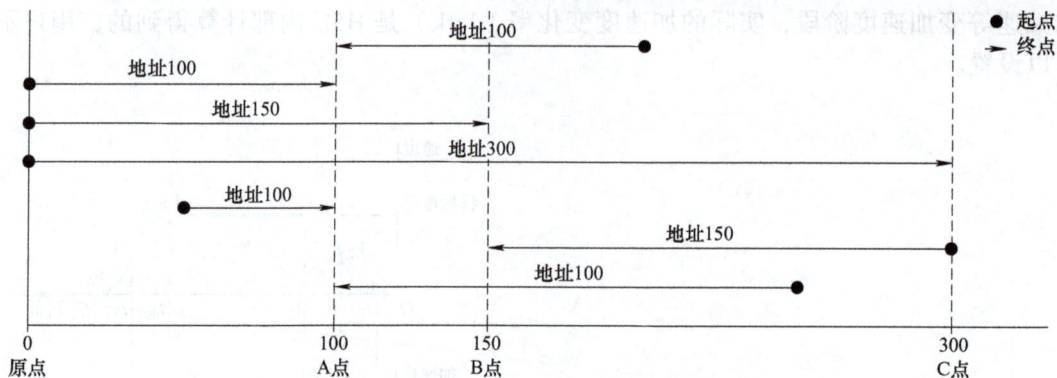

图 3-64　绝对位置移动示意图

同样，绝对定位控制也只有使用 MC_Power 指令将轴切换到使能状态，才可以利用 MC_MoveAbsolute 指令进行绝对定位控制。

当 M6 接通，在 Execute 输入端产生上升沿，指令锁存 Position、Velocity 等左侧的输入参数，并触发绝对定位功能，将轴的 PLCOpen 状态机切换到 DiscreteMotion 状态。线性模式下，Position 用于设定绝对定位的目标位置。如果当前位置小于目标位置，轴将正向运动，最后到达 Position 设定的位置；如果当前位置大于目标位置，轴将反向运动，最后到达 Position 设定的位置。MC_MoveAbsolute 指令使用如图 3-65 所示。

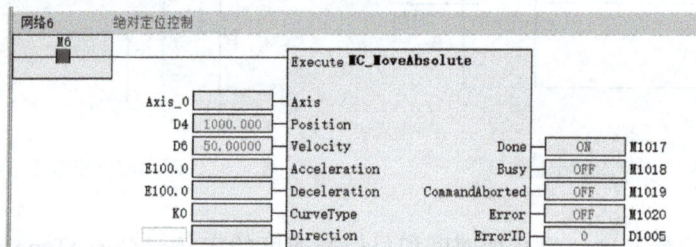

图 3-65　MC_MoveAbsolute 指令使用

绝对定位指令的操作数和相对定位基本相同，多了一个 Direction 端子，Direction 项格式见表 3-40，相同操作数略。

表 3-40　Direction 项格式

操作数	名称	描述	能否空	默认值	范围	数据类型
S7	Direction	模式，仅环形模式下 0：正向（速度大于0） 1：负向（速度小于0） 2：最短距离 3：当前方向	是	0	0～3	INT

（4）停止控制　同样只有使用 MC_Power 指令将轴切换到使能状态才可以利用 MC_Stop 指令进行停止控制。MC_Stop 指令的使用如图 3-66 所示。

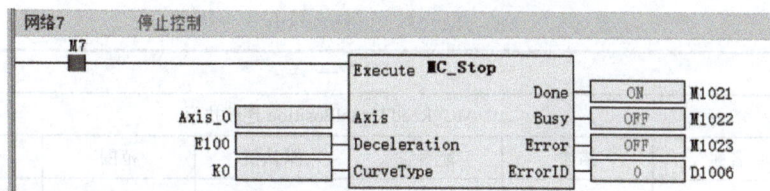

图 3-66　MC_Stop 指令的使用

当 M7 接通，Execute 输入产生上升沿，功能块锁存 Deceleration 和 CurveType 等输入参数，轴处于 Stopping 状态并做减速运动。

减速完成后 Done 信号有效且在 Execute=ON 期间一直保持在 Stopping 状态。

Execute=OFF 且 Done=ON 时，轴由 Stopping 状态切换到 StandStill 状态。

MC_Stop 指令格式见表 3-41。

表 3-41　MC_Stop 指令格式

16 位指令						
16 位指令	—					
32 位指令	MC_Stop 连续执行					
操作数	名称	描述	能否空	默认值	范围	数据类型
S1	Axis	轴名称 / 轴 ID	否	—	0 ~ 32767	INT _sMCAXIS_ INFO
S2	Deceleration	减速度	是	加速度	正数，小于最大加速度	REAL
S3	CurveType	曲线类型 0：T 型速度曲线 1：5 段 S 曲线	是	0	0 ~ 1	INT
D1	Done	复位完成标志	是	OFF	ON/OFF	BOOL
D2	Busy	忙标志	是	OFF	ON/OFF	BOOL
D3	Error	指令故障标志	是	OFF	ON/OFF	BOOL
D4	ErrorID	故障码	是	0		INT

（5）轴当前位置显示　当需要了解轴当前的位置信息时，可以用 MC_ReadActualPosition 指令读取 EtherCAT 总线轴或本地脉冲轴的反馈位置，高电平有效。

当 Enable=ON 时，如果 EtherCAT 总线轴中 PDO 配置了 0x6064，则 Valid 信号有效，Position 显示轴的反馈位置，轴位置查询指令使用如图 3-67 所示。

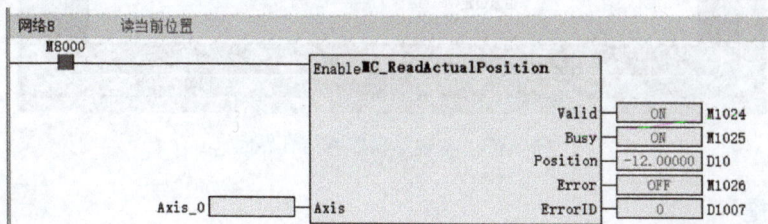

图 3-67　轴位置查询指令使用

MC_ReadActualPosition 指令格式见表 3-42。

表 3-42　MC_ReadActualPosition 指令格式

16 位指令	—					
32 位指令	MC_ReadActualPosition 连续执行					
操作数	名称	描述	能否空	默认值	范围	数据类型
S1	Axis	轴名称 / 轴 ID	否	—	0～32767	INT _sMCAXIS_ INFO
D1	Valid	有限	是	OFF	ON/OFF	BOOL
D2	Busy	忙标志	是	OFF	ON/OFF	BOOL
D3	Position	当前位置	是	0	—	REAL
D4	Error	指令故障标志	是	OFF	ON/OFF	BOOL
D5	ErrorID	故障码	是	0		INT

四、实现单轴自动运动控制

1. 任务引入

如图 3-68 所示，系统里设置了三个工作台的工作位置 A、B、C，移动工作台上的工具由 Y0 控制，工作滑块分别移动到工作台 A、B、C 中心位置，工作滑块到相应位置，工具需要工作 2s，全部加工完毕后工作台回到零位。

图 3-68　单轴运动控制仿真界面

2. 任务实施

（1）数据寄存器　在项目中三个工作台的位置要通过手动调试的方法确定，通过人机界面写入 PLC 中，用断电保持寄存器保存位置数据，见表 3-43。

表 3-43 断电保持寄存器

序号	寄存器编号	数据类型	位数	功能
1	D200	REAL	32	工作台 A 位置
2	D202	REAL	32	工作台 B 位置
3	D204	REAL	32	工作台 C 位置

（2）控制流程 根据任务要求采用单轴运动控制，轴使能后回零到原点，然后按照次序依次运动到工作台 A、B、C，并进行加工，轴运动及加工控制流程如图 3-69 所示。

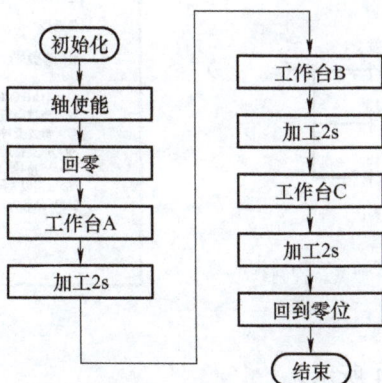

图 3-69 轴运动及加工控制流程

（3）程序设计

1）方法 1：程序设计中采用辅助继电器作为状态元件，需要考虑双线圈的影响，如到工作台 A 和加工 2s。运动到工作台 A 程序如图 3-70 所示，在工作台 A 加工 2s 如图 3-71 所示，其中，绝对定位控制和加工 2s 控制如图 3-72 所示。

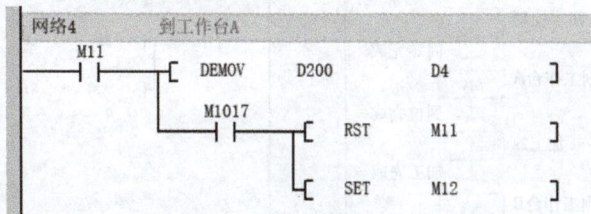

图 3-70 运动到工作台 A 程序

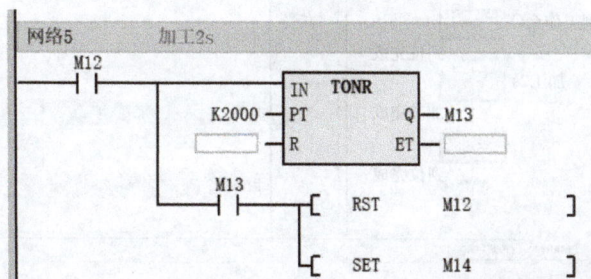

图 3-71 工作台 A 加工 2s

123

2）方法 2：汇川 PLC 同样能够提供顺序功能图法。创建顺序功能图项目工程，根据运动流程设计程序。顺序功能图创建工程如图 3-73 所示。

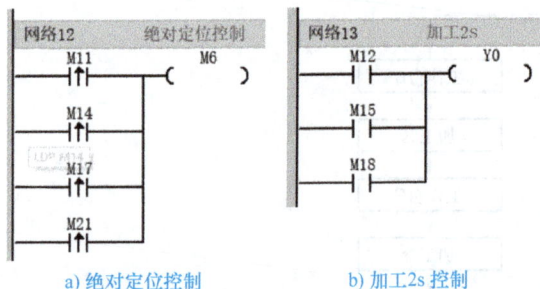

a) 绝对定位控制   b) 加工2s 控制

图 3-72　绝对定位控制和加工 2s 控制

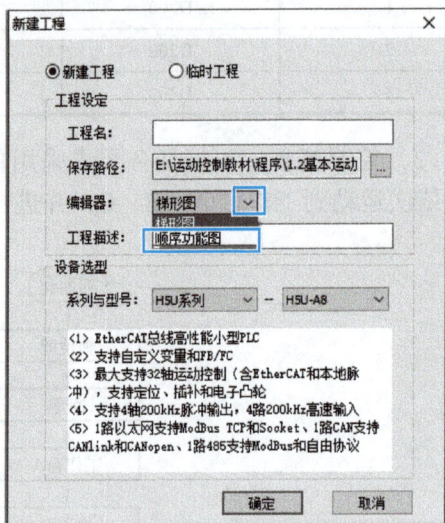

图 3-73　顺序功能图创建工程

顺序功能图程序如图 3-74 所示。

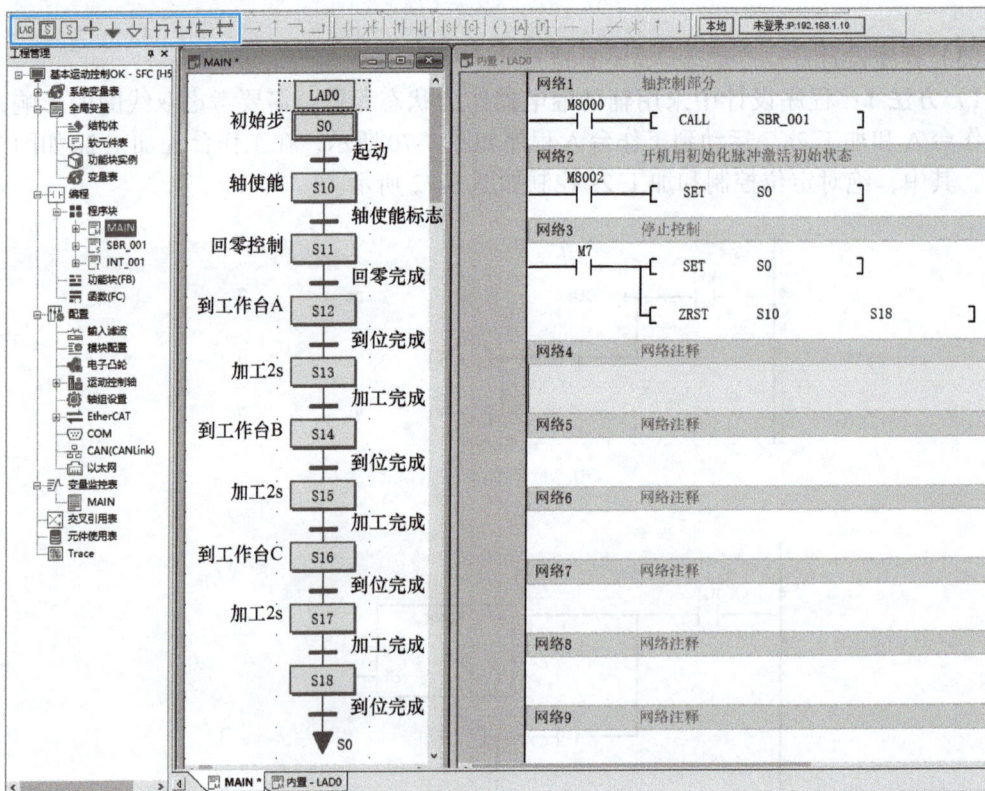

图 3-74　顺序功能图程序

124

五、实现多轴插补运动

要实现多轴直线和圆弧插补运动，各轴协同运动必须控制好，才能平滑走出目标插补轨迹。

H5U 系列 PLC 插补采用空间直角坐标系，支持直线插补和圆弧插补，插补功能以轴组方式实现。每个轴组最多可控制 4 个运动控制轴（总线伺服轴或本地脉冲轴），包括 x、y、z 三个坐标轴和一个辅助轴。H5U 支持最多 8 个轴组，每一个轴组可以设置为 2 轴（xy 轴）、3 轴（xyz）和 4 轴（xyz 和辅助轴）。直线插补和圆弧插补支持缓冲模式，每一个轴组最多可以缓冲 8 条曲线，曲线之间的过渡模式可以单独设置。

图 3-75 为空间直角坐标系，V_x、V_y、V_z 表示三个坐标轴的分速度，也是伺服轴的实际运行速度。V 表示插补曲线的实时速度。α、β、γ 分别表示插补曲线的速度与坐标轴的夹角。图 3-76 为辅助轴直线坐标系。

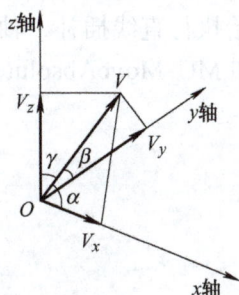

图 3-75   空间直角坐标系

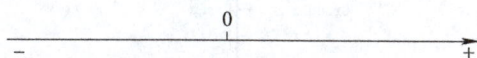

图 3-76   辅助轴直线坐标系

直线插补时，代表 x、y、z 三个坐标轴的运动控制轴沿坐标轴运动，辅助轴从起点位置沿直线运动到终点位置。

圆弧插补时，可以选择 xOy 平面、yOz 平面和 xOz 平面中的一个平面，此时，如果轴组中还配置了其他轴，则其他的轴从起点位置沿直线运动到终点位置。

1. 直线插补运动

H5U 系列 PLC 为直线插补提供了 MC_MoveLinear 指令，需要在配置里添加轴配置和组态，具体实施过程如下。

（1）添加伺服驱动器和组态的轴　按单轴方法添加所需伺服驱动器和轴（如有实际设备，按设备上的伺服驱动器型号添加），本例采用两轴，组态时，注意原点返回方式选择和伺服驱动器里的设置一致（本案例选用回零方式 23），虚拟设备时选用回零方式 35。

（2）轴组设置　在"工程管理"→"配置"→"轴组设置"里右击添加轴组，添加驱动器及轴组态如图 3-77 所示，在基本设置里对 x 轴和 y 轴分别选择 Axis_0 和 Axis_1，如图 3-78 所示。

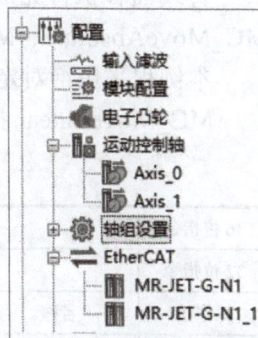

图 3-77　添加驱动器及轴组态

125

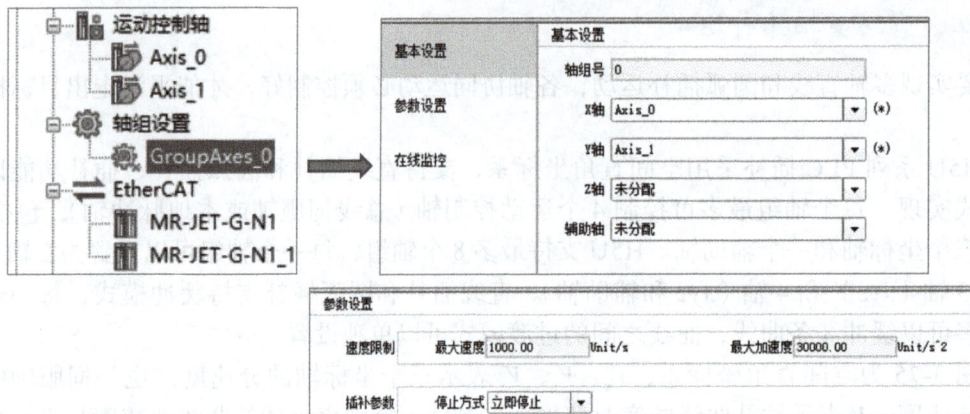

图 3-78　轴组设置

（3）直线插补手动控制　MC_MoveLinear 指令使用如图 3-79 所示，当轴组内的所有轴处于 StandStill 状态时，由 M21 触发 Execute，轴组开始执行直线插补，轴组内的所有轴切换到 Synchronized Motion 状态。此时，不允许执行如 MC_MoveAbsolute、MC_Stop 等单轴的运动指令。

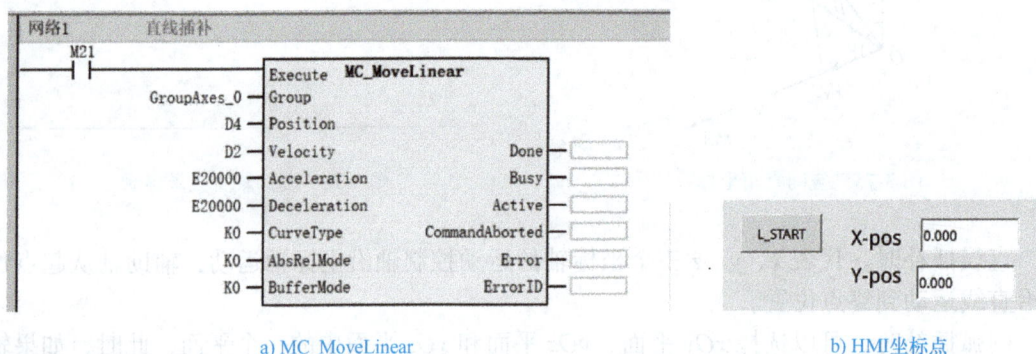

a) MC_MoveLinear　　　　　　　　　　　　　　　　b) HMI坐标点

图 3-79　MC_MoveLinear 指令使用

直线插补执行完成后，轴组内的所有轴恢复到 StandStill 状态，此时，重新允许执行 MC_MoveAbsolute、MC_Stop 等单轴运动指令。

本例程采用绝对定位的方式将 x 轴、y 轴定位到（100，150）的位置。

MC_MoveLinear 指令格式见表 3-44。

表 3-44　MC_MoveLinear 指令格式

16 位指令	—						
32 位指令	MC_MoveLinear 连续执行						
操作数	名称	描述	能否空	默认值	范围	数据类型	
S1	Group	轴 ID	否	—	0～32767	轴组、INT	
S2	Position	目标位置	否	—	正数/负数/0	REAL	
S3	Velocity	目标速度	否	—	正数	REAL	

（续）

操作数	名称	描述	能否空	默认值	范围	数据类型
S4	Acceleration	加速度	否	—	正数	REAL
S5	Deceleration	减速度	是	加速度	正数	REAL
S6	CurveType	曲线类型 0：T 型速度曲线 其他：T 型速度曲线	是	0	0	INT
S7	AbsRelMode	绝对、相对定位模式 0：绝对定位 1：相对定位	是	0	0～1	INT
S8	BufferMode	缓冲模式 0：打断＋无过渡 1：缓冲＋无过渡 2：前一个速度＋无过渡 3：附加角过渡	是	0	0～3	INT
D1	Done	复位完成标志	是	OFF	ON/OFF	BOOL
D2	Busy	忙标志	是	OFF	ON/OFF	BOOL
D3	Active	控制中开始执行本段曲线时为 ON	是	OFF	ON/OFF	BOOL
D4	CommandA-borted	终止执行	是	OFF	ON/OFF	BOOL
D5	Error	指令故障标志	是	OFF	ON/OFF	BOOL
D6	ErrorID	故障码	是	0		INT

参数说明：

Position 用于设定目标位置或移位，Position[0] 表示 x 轴的位置位移分量，Position[1] 表示 y 轴的位置位移分量，Position[2] 表示 z 轴的位置位移分量，Position[3] 表示辅助轴的位置位移分量（见图 3-75 和图 3-76）。如图 3-79 所示，指令中 D4 表示 x 轴的位置位移分量，则 D6、D8 分别为 y、z 轴的位置位移分量。

Velocity 表示插补器的目标速率，其中，坐标轴的目标速度按照式（3-11）～式（3-13）分解。

$$V_x = V\cos\alpha \tag{3-11}$$

$$V_y = V\cos\beta \tag{3-12}$$

$$V_z = V\cos\gamma \tag{3-13}$$

$$V = \sqrt{V_x^2 + V_y^2 + V_z^2} \tag{3-14}$$

辅助轴的插补速度分两种情况：

1）当坐标轴上的点不动而单独移动辅助轴时，辅助轴按照 Velocity 设定的目标速度运动。

2）当坐标轴上的点移动时，辅助轴将和坐标轴上的点同时到达目标位置。假设插补

直线的长度为 L_1，辅助轴的目标位移为 L_2，某一个时刻插补直线的速率为 V_0，则辅助轴的速度 V_a 计算方式为

$$V_a = V_0 \frac{L_2}{L_1} \tag{3-15}$$

BufferMode 是缓冲和过渡功能，可选模式有 4 种，见表 3-45。

表 3-45 缓冲模式

	缓冲模式	描述
0	打断 + 无过渡	立即切换到下一个功能块动作，无过渡曲线
1	缓冲 + 无过渡	第一段减速完成开始执行缓冲的功能块，无过渡曲线
2	前一个速度 + 无过渡	以当前速度走到第一段结束并按照第一段的速率开始执行第二段
3	附加角过渡	有过渡曲线，在第一段开始执行减速时加入第二段的加速

（4）其他直线插补方式 有些 PLC 采用合成速度方式进行直线插补，不能直接调用相关指令。这时可以对插补进行分析，通过其他方式进行插补。通常设备（装置）在平面上沿着直线运动，只要把合成的速度 V 分别分解成 x 轴和 y 轴的速度，再将两轴的速度合理配合好，就能形成直线的运动轨迹。

如图 3-80 所示，从 A 点运动到 B 点，实际上是沿 x 轴和 y 轴分别以 V_x 和 V_y 速度从 A 运动到 B，结合三角函数，可以计算出沿 x 轴、y 轴的速度，计算公式如下：

$$\begin{cases} V_x = V\cos\theta \\ V_y = V\sin\theta \end{cases} \tag{3-16}$$

1）任务要求及编程思路。要求在一个平面上运动，从起点 A（0，0）以 V（1000）的速度运动到终点 B（5000，8000），要求装置能沿着直线 AB 运动。

直线插补编程思路，先利用反正切函数求出直线 AB 与 x 轴的夹角 θ，然后求出正弦和余弦函数，x 轴的速度是合成速度 V 乘以余弦函数，y 轴的速度是合成速度 V 乘以正弦函数，参考式（3-16）。

2）任务实施参考。以三菱 PLC 为例。

① 新建一个 FB 块（直线插补器）。

② FB 块的标签设置，直线插补 FB 块如图 3-81 所示。

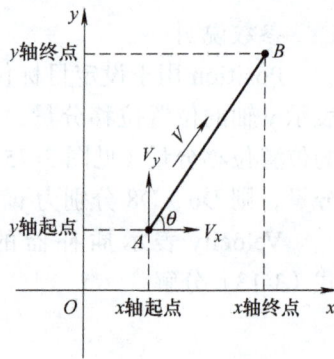

图 3-80 运动示意图

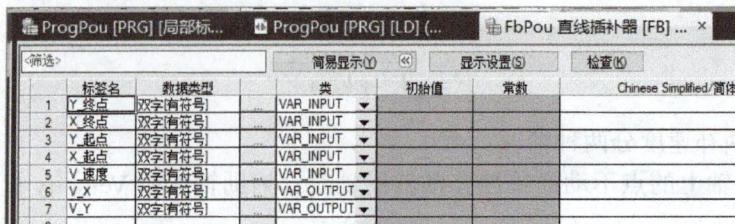

图 3-81 直线插补 FB 块

③ FB 块的程序。FB 块的程序采用 ST（结构化文本）语言设计，参考如下：

// V_X 计算
V_X：= REAL_TO_DINT（DINT_TO_REAL（V_速度）* COS（ATAN（ABS（DINT_TO_REAL（Y_终点－Y_起点）/DINT_TO_REAL（X_终点－X_起点)))))；
// V_Y 计算
V_Y：= REAL_TO_DINT（DINT_TO_REAL（V_速度）* SIN（ATAN（ABS（DINT_TO_REAL（Y_终点－Y_起点）/DINT_TO_REAL（X_终点－X_起点)))))；

④ 主程序设计。

// 参数初始化，设置线速度为 1000（1mm/s），运动的起点（0，0），终点 x 轴为 5000（5mm），y 轴
// 为 8000（8mm）

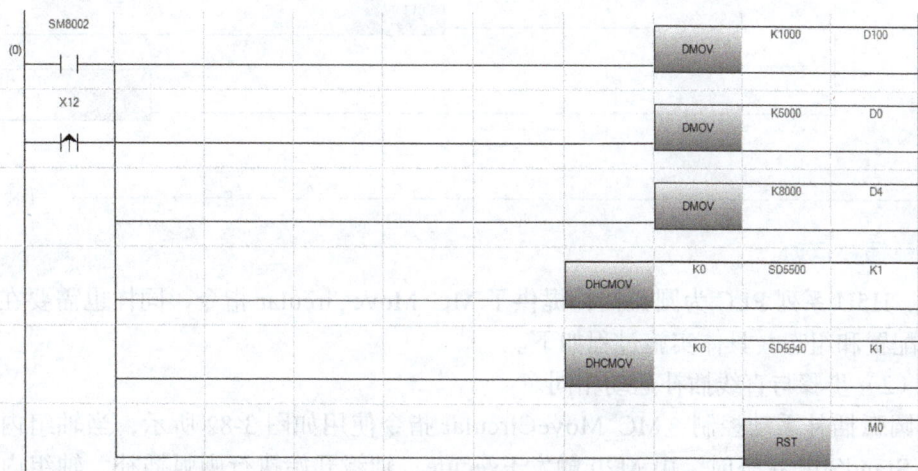

// 启动、调用直线插补器，进行 x 轴和 y 轴运动速度计算

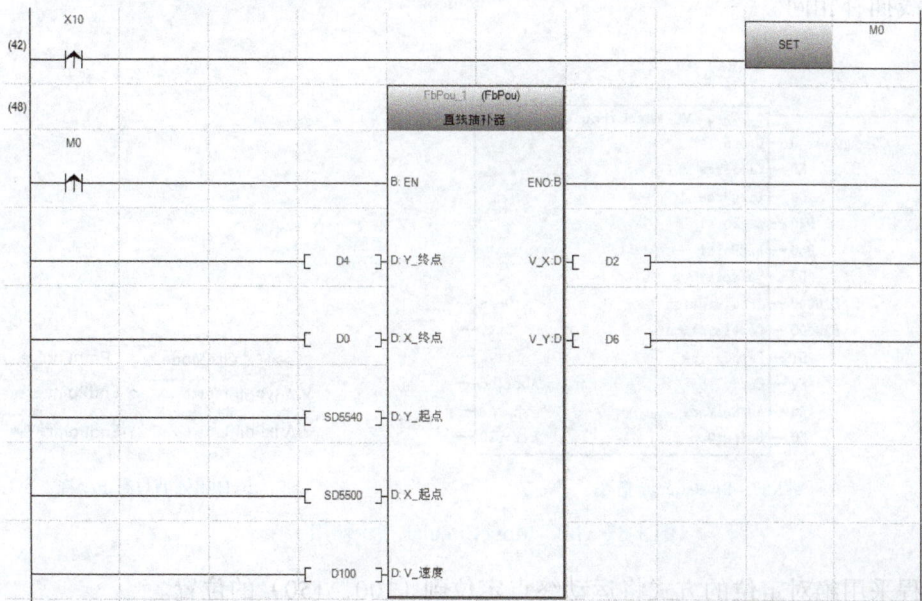

// 计算完成，进行运动控制

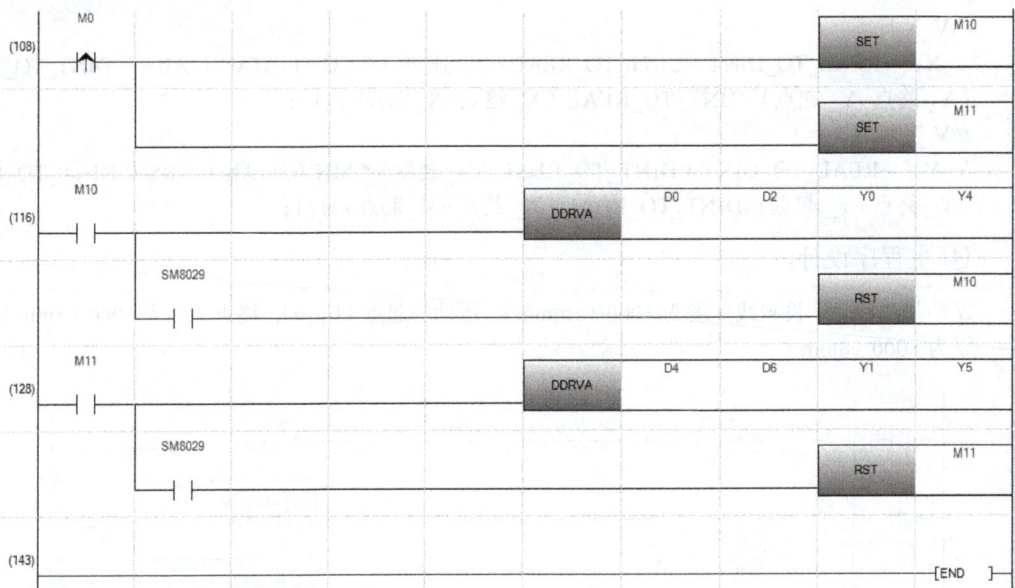

2. 圆弧插补运动

同样，H5U 系列 PLC 为圆弧插补提供了 MC_MoveCircular 指令，同样也需要在配置里添加轴配置和组态，具体实施过程如下。

（1）、（2）步骤与直线插补运动相同。

（3）圆弧插补手动控制　MC_MoveCircular 指令使用如图 3-82 所示，当轴组内的所有轴处于 StandStill 状态时，由 M20 触发 Execute，轴组开始执行圆弧插补，轴组内的所有轴切换到 Synchronized Motion 状态。MC_MoveAbsolute、MC_Stop 等单轴运动指令的使用与直线插补相同。

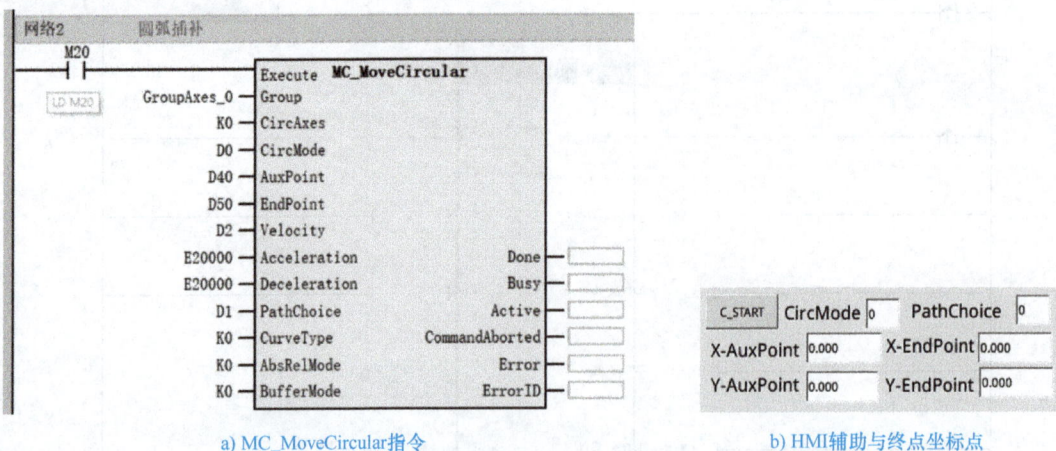

a) MC_MoveCircular指令　　　　　　　　　　b) HMI辅助与终点坐标点

图 3-82　MC_MoveCircular 指令使用

本例程采用绝对定位的方式将运动终点定位到（100，150）的位置。
MC_MoveCircular 指令格式见表 3-46。

表 3-46　MC_MoveCircular 指令格式

16 位指令		—				
32 位指令		MC_MoveCircular 连续执行				
操作数	名称	描述	能否空	默认值	范围	数据类型
S1	Group	轴 ID	否	—	0 ～ 32767	轴组、INT
S2	CircAxes	圆弧轴指定 0：xOy 平面 1：yOz 平面 2：xOz 平面	是	0	0 ～ 2	INT
S3	CircMode	圆弧插补模式 0：指定为通过点 1：指定为中心点 2：指定为半径	是	0	0 ～ 2	INT
S4	AuxPoint	辅助点	否	—	正数 / 负数 /0	REAL[0 ～ 3]
S5	EndPoint	终点	否	—	正数 / 负数 /0	REAL[0 ～ 3] 或 _sMC_ GROUP_POS
S6	Velocity	目标速度	否	—	正数	REAL
S7	Acceleration	加速度	否	—	正数	REAL
S8	Deceleration	减速度	是	加速度	正数	REAL
S9	PathChoice	路径选择 0：CW 1：CCW	是	0	0 ～ 1	INT
S10	CurveType	速度曲线类型 0：T 型速度曲线 其他：T 型速度曲线	是	0	0	INT
S11	AbsRelMode	绝对、相对定位模式 0：绝对定位 1：相对定位	是	0	0 ～ 1	INT
S12	BufferMode	缓冲模式 0：打断 + 无过渡 1：缓冲 + 无过渡 2：前一个速度 + 无过渡 3：附加角过渡	是	0	0 ～ 3	INT
D1	Done	目标位置到达 目标位置到达后为 ON	是	OFF	ON/OFF	BOOL
D2	Busy	忙标志	是	OFF	ON/OFF	BOOL
D3	Active	控制中开始执行本段曲线 时为 ON	是	OFF	ON/OFF	BOOL
D4	CommandA-borted	终止执行	是	OFF	ON/OFF	BOOL
D5	Error	指令故障标志	是	OFF	ON/OFF	BOOL
D6	ErrorID	故障码	是	0		INT

圆弧插补模式选择和说明：

1）CircMode=0 代表根据通过点进行圆弧插补。选择 xOy 平面时，通过点为（AuxPoint[0]，AuxPoint[1]），终点为（EndPoint[0]，EndPoint[1]）；选择 yOz 平面时，通过点为（AuxPoint[1]，AuxPoint[2]），终点为（EndPoint[1]，EndPoint[2]）；选择 xOz 平面时，通过点为（AuxPoint[0]，AuxPoint[2]），终点为（EndPoint[0]，EndPoint[2]）。

以 xOy 平面为例，x 轴的起始位置为 P_x，y 轴的起始位置为 P_y，触发指令后将执行以（P_x，P_y）为起点，以（EndPoint[0]，EndPoint[1]）为终点并通过点（AuxPoint[0]，AuxPoint[1]）的圆弧插补。

当起点和终点为同一点时，以起点（P_x，P_y）和通过点（AuxPoint[0]，AuxPoint[1]）为直径绘制整圆。在这种情况下，通过 PathChoice（路径选择：PathChoice=0 顺时针走圆，PathChoice=1 逆时针走圆）指定圆弧的旋转方向，如图 3-83 所示。

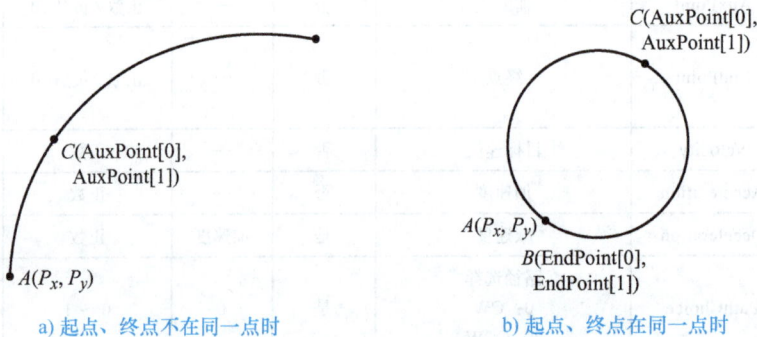

a) 起点、终点不在同一点时　　　　　b) 起点、终点在同一点时

图 3-83　CircMode=0 模式圆弧插补示意图

当起点、通过点与终点在同一条直线上时不能构成圆，指令报错，停止插补指令的执行。

当通过点与终点为同一点或起点和通过点位置为同一点时，指令报错，停止插补指令的执行。

2）CircMode=1 代表根据中心点进行圆弧插补。仍以 xOy 平面为例，x 轴的起始位置为 P_x，y 轴的起始位置为 P_y，触发指令后将执行以（P_x，P_y）为起点，以（AuxPoint[0]，AuxPoint[1]）为圆心，以（EndPoint[0]，EndPoint[1]）为终点的圆弧插补。

当起点和终点为同一点时，以起点（P_x，P_y）和通过点（AuxPoint[0]，AuxPoint[1]）为圆心绘制整圆。在这种情况下，通过 PathChoice（路径选择）指定圆弧的旋转方向。

如图 3-84 所示，根据 PathChoice 的选择获得不同的插补路径，图中实线是 PathChoice=0 的路径，虚线是 PathChoice=1 的路径。

3）CircMode=2 代表根据指定半径进行圆弧插补。此时，不管选择哪个平面，圆弧的半径大小始终由 |AuxPoint[0]| 决定。

以 xOy 平面为例，x 轴的起始位置为 P_x，y 轴的起始位置为 P_y，触发指令后将执行以（P_x，P_y）为起点，以 |AuxPoint[0]| 为半径，以（EndPoint[0]，EndPoint[1]）为终点的圆弧插补。

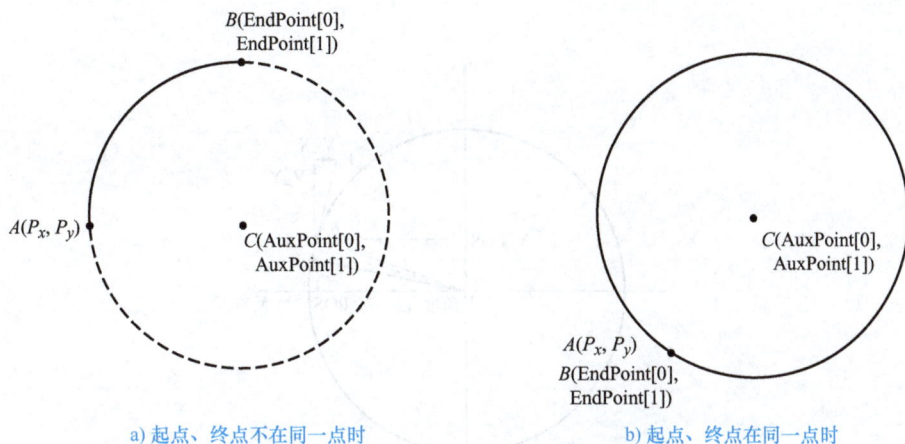

a) 起点、终点不在同一点时　　　　　　　　b) 起点、终点在同一点时

图 3-84　CircMode=1 模式圆弧插补示意图

其中，AuxPoint[0] 作为半径，半径符号为负时，绘制出较长的圆弧；半径符号为正时，绘制出较短的圆弧，如图 3-85a 所示。圆弧的旋转方向同样通过 PathChoice（路径选择）指定，对比图 3-85a、b。

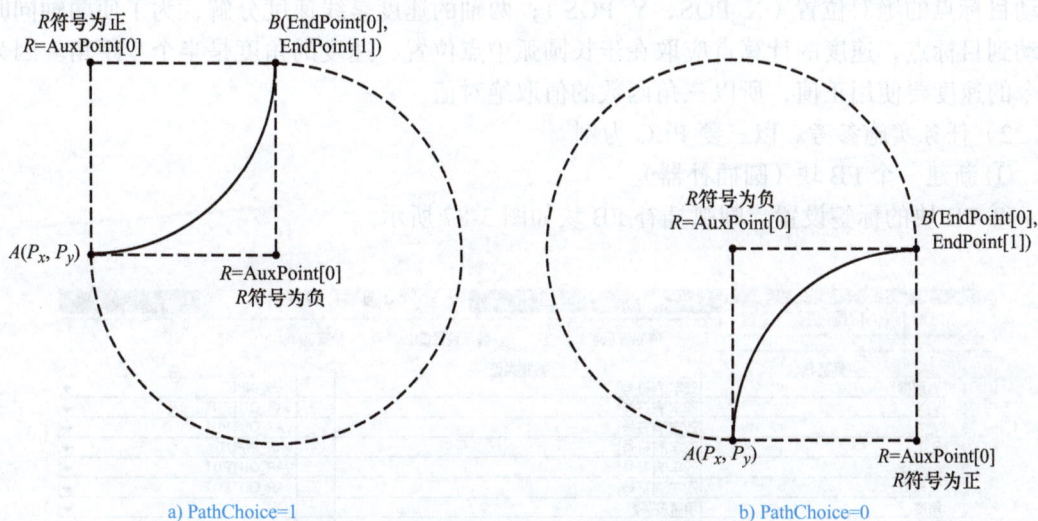

a) PathChoice=1　　　　　　　　　　　　b) PathChoice=0

图 3-85　CircMode=2 模式圆弧插补示意图

（4）其他圆弧插补实现方式　除了上述方法，也可以采用其他方式实现圆弧插补。

如图 3-86 所示，当圆弧角足够小时，所对应的圆弧和弦就极端相似，利用这种现象进行圆周插补运动，可以用一段段小直线构成正 n 边形来拟合成圆，能够达到非常好的效果。

从 A 点运动到 B 点，是一个圆弧，但由于弧度角很小，该圆弧长与 AB 线段长非常接近，可以使用直线来代替，因此可以采用直线插补方式来实现圆弧合成计算。参照式（3-16）。

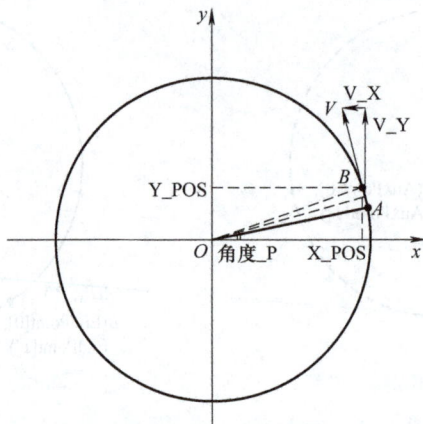

图 3-86　圆周插补运动示意图

1）任务要求及编程思路。有一个圆周插补运动，半径为 100mm，线速度为 10mm/s，步距角为 1°（0.01745327778rad），程序初始点在 *x* 轴的圆上。

圆周插补运动编程思路：根据设定的步距角计算出要达到的角度，用三角函数计算出运动目标点的绝对位置（X_POS，Y_POS）；两轴的速度是线速度分解，为了使两轴同时运动到目标点，速度的计算点应取在步长圆弧中点位置，速度的角度是半个步距角。因为指令的速度要使用正值，所以三角函数的值取绝对值。

2）任务实施参考。以三菱 PLC 为例。

① 新建一个 FB 块（圆插补器）。

② FB 块的标签设置。圆弧插补 FB 块如图 3-87 所示。

	标签名	数据类型	类
1	V_速度	双字[有符号]	VAR_INPUT
2	V_X	双字[有符号]	VAR_OUTPUT
3	V_Y	双字[有符号]	VAR_OUTPUT
4	R_1	双字[有符号]	VAR_INPUT
5	X_POS	双字[有符号]	VAR_OUTPUT
6	Y_POS	双字[有符号]	VAR_OUTPUT
7	角度_P	单精度实数	VAR
8	角度_V	单精度实数	VAR
9			

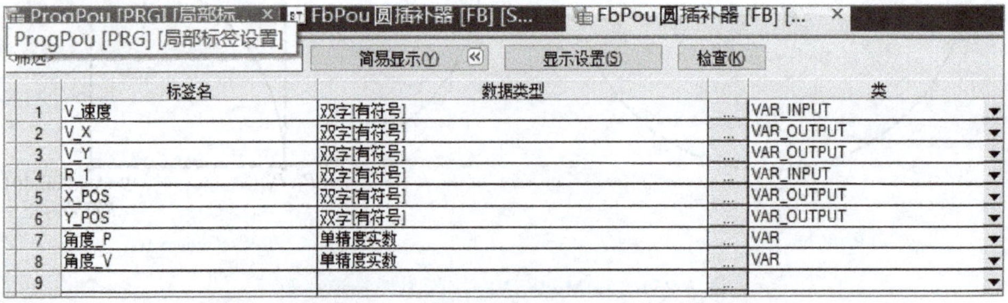

图 3-87　圆弧插补 FB 块

③ FB 块的程序设计。该 FB 块的程序同样采用 ST 语言设计，参考如下：

```
// 每增加一步对应位置
角度 _P：= 角度 _P+0.01745327778；
// 每步速度取在步长中点的位置
角度 _V：= 角度 _P-0.00872663889；
// 每步终点 x 轴位置
X_POS：=REAL_TO_DINT（DINT_TO_REAL（R_1）*COS（角度 _P））；
```

// 每步终点 y 轴位置
Y_POS：=REAL_TO_DINT（DINT_TO_REAL（R_1）*SIN（角度_P））；
// 每步 x 轴速度
V_X：= REAL_TO_DINT（DINT_TO_REAL（V_速度）* ABS（SIN（角度_V）））；
// 每步 y 轴速度
V_Y：= REAL_TO_DINT（DINT_TO_REAL（V_速度）* ABS（COS（角度_V）））；

④ 主程序设计。

// 参数的初始化，设置线速度为 10000（10mm/s），半径为 100000（100mm），运动的初始点 x 轴为
// 100000（100mm），y 轴为 0mm。

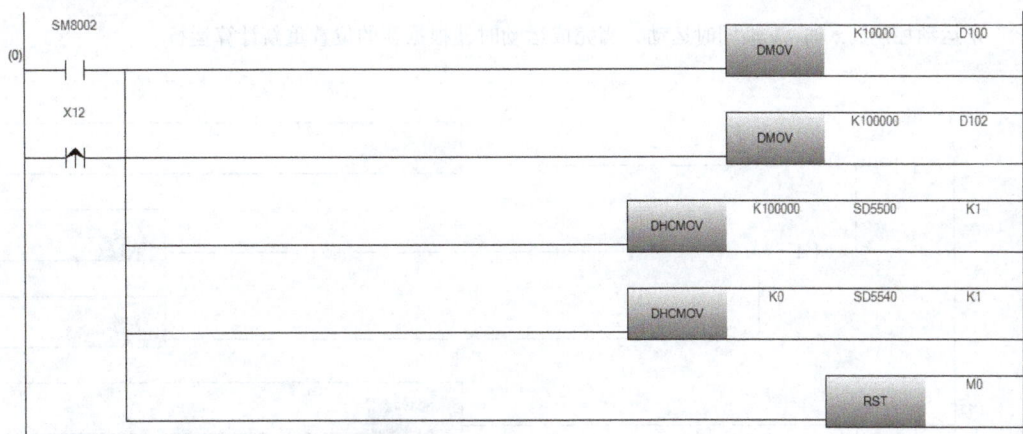

// 启动、调用圆插补器进行目标位置和运动速度计算

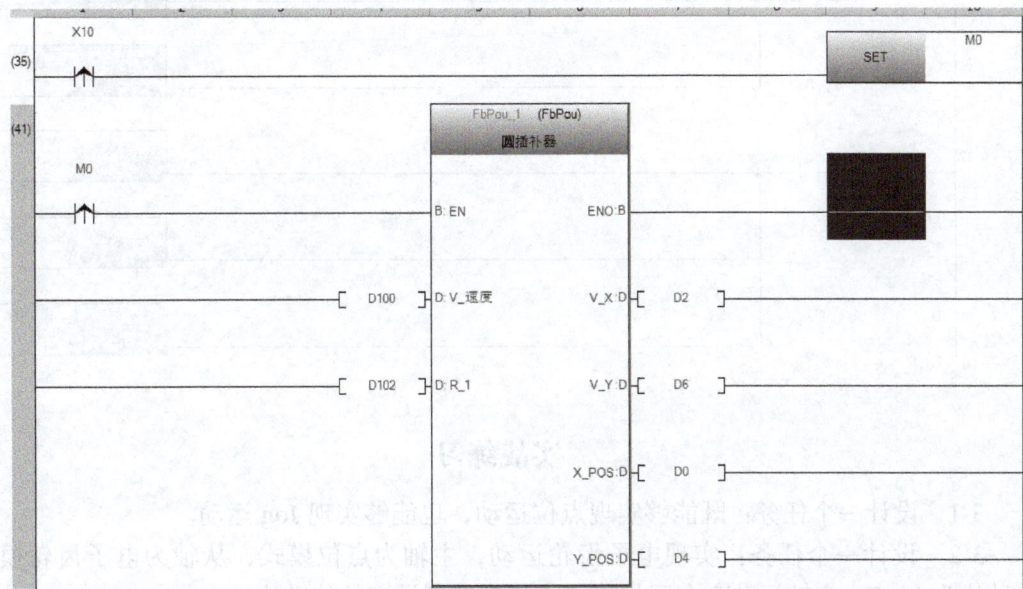

// 计算完成，进行插补运动。

注意：插补运算需要一个扫描周期，插补运算和起用运动控制指令不能在同一个扫描周期里，可以使起动运动控制指令延后一个扫描周期。

```
        M0      M15
(95)   ─┤├─────┤├─────────────────────────────────[SET  M10]

                                                   [SET  M11]

                                                   [RST  M0 ]

                                                        M15
                                                        ─○─
```

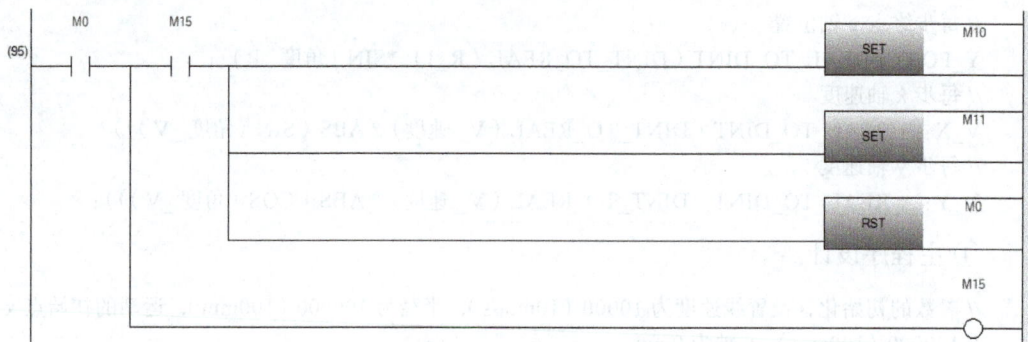

// 运动控制，x 轴、y 轴同时运动，当完成运动时，根据新的位置重新计算运行

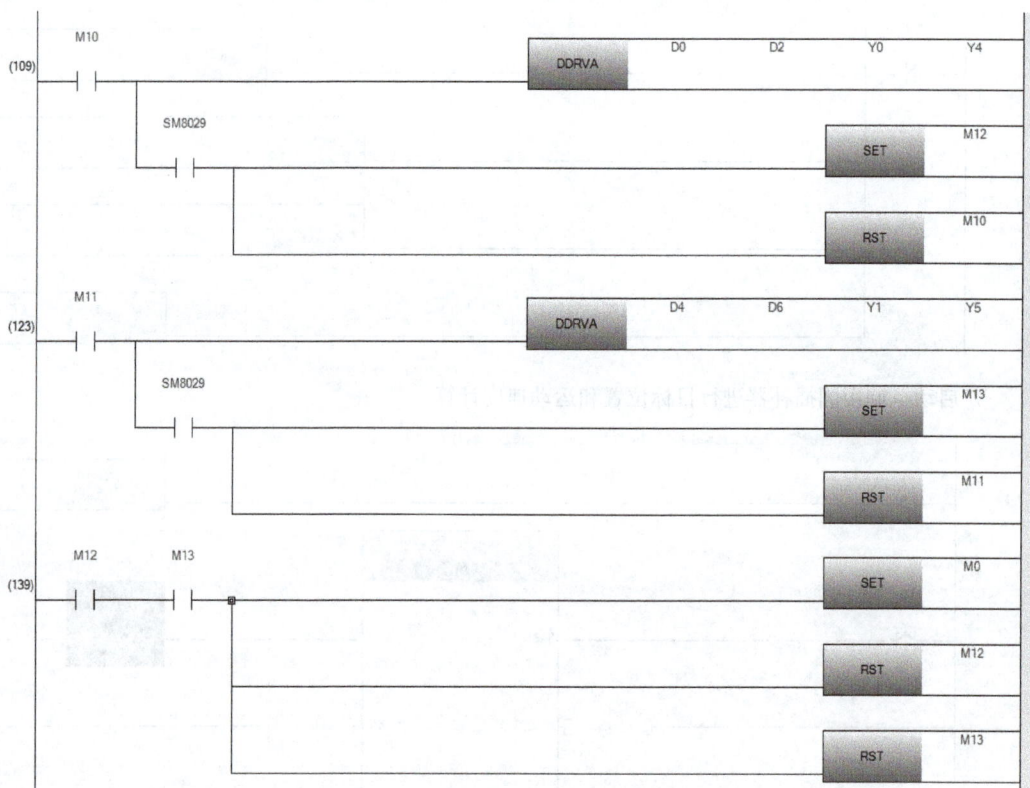

```
        M10
(109)  ─┤├──────────────────────[DDRVA  D0   D2   Y0   Y4]

        SM8029
        ─┤├─────────────────────────────────[SET  M12]

                                             [RST  M10]

        M11
(123)  ─┤├──────────────────────[DDRVA  D4   D6   Y1   Y5]

        SM8029
        ─┤├─────────────────────────────────[SET  M13]

                                             [RST  M11]

        M12     M13
(139)  ─┤├─────┤├─────────────────────────────[SET  M0 ]

                                             [RST  M12]

                                             [RST  M13]
```

实战练习

3-1 设计一个任务：既能够实现点位运动，也能够实现 Jog 运动。

3-2 设计一个任务：实现电子齿轮运动，主轴为点位模式，从轴为电子齿轮模式，传动比为 1：2，主轴运动离合区位移后，从轴达到设定的传动比。

3-3 设计一个任务：使用插补运动，如图 3-88 所示轨迹的运动，参数数值自行设计（R 为圆弧半径）。

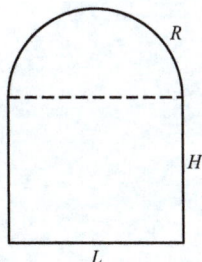

图 3-88　练习 3-3 运动轨迹

3-4　设计一个圆轨迹任务：圆心不在零点（0，0）上，可以在任意一个位置，在参考程序中进行修改。

3-5　设计一个任务：既能完成圆周运动，又能完成任意一段圆弧运动。

拓展练习

3-1　利用 MC_ReadDigitalInput 指令读取设备输入信号，并在触摸屏上显示。

3-2　利用 MC_ReadAxisError 指令读取设备轴错误代码，并在触摸屏上显示。

3-3　利用 MC_ReadStatus 指令读取设备轴状态，并在触摸屏上显示。

项目 **4**

搬运系统设计与装调

项目目标

知识目标：

1. 认识伺服电动机及伺服驱动器。
2. 掌握搬运系统的基本组成。
3. 掌握回零运动的概念及模式。

能力目标：

1. 能使用不同调试工具对不同品牌伺服驱动器进行常见参数设置。
2. 能根据任务要求完成搬运装置的安装与连线。
3. 能根据调用库函数完成扩展模块的应用设计。
4. 能根据项目要求完成搬运工作任务的程序设计和调试。

素质目标：

1. 能够积极思考，举一反三，探索解决问题的多种方式。
2. 能够重视团队分工，培养尊重别人和自己的劳动成果等职业素养。
3. 培养工作流程分析思维。

项目引入

某企业需要对一套生产设备进行改造，用以实现货物的搬运，计划采用伺服系统实现。整套设备可以利用伺服运动控制进行搬运，但需要加入外围扩展 I/O 模块，实现外部起停，吸盘吸合、释放等动作。

在此认识扩展 I/O 模块和基本运动模式的结合使用。

任务 4-1　硬件系统搭建

一、伺服控制装置

伺服控制是一门机械、电力电子、控制和信息技术相结合的交叉学科，它结合生产实际，解决各种复杂定位控制问题，如机器人轨迹控制、数控机床位置控制等。本任务主要涉及伺服驱动器和伺服电动机。

1. 伺服电动机

本任务选用 HG-KNS43J 小容量、低惯性伺服电动机，型号及参数见表 4-1。

表 4-1　伺服电动机型号及参数

旋转型伺服电动机型号		HG-KNS43J
连续特性	额定输出 /kW	0.4
	额定转矩 /N·m	1.3
最大转矩 /N·m		3.8
额定转速 /（r/min）		3000
最大转速 /（r/min）		6000
额定电流 /A		2.6
最大电流 /A		7.8
转动惯量 J	标准 /10^{-4}kg·m^2	0.375
	带电磁制动器 /10^{-4}kg·m^2	0.397
速度、位置检测器		绝对位置、增量共用 22 位编码器

2. 伺服驱动器

本项目配套三菱伺服驱动器，该伺服驱动器采用 EtherCAT 总线接口，AC 220V 供电。

（1）型号构成　MR 伺服驱动器型号构成如图 4-1 所示。本项目选用 MR-JET-40G-N1，其功率为 400W。

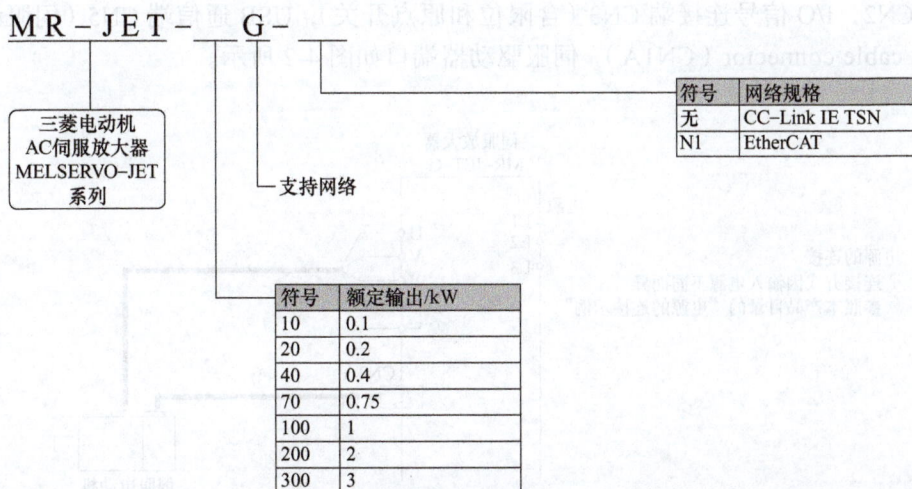

M R － J E T － □ G － □

三菱电动机 AC伺服放大器 MELSERVO-JET 系列

支持网络

符号	网络规格
无	CC-Link IE TSN
N1	EtherCAT

符号	额定输出/kW
10	0.1
20	0.2
40	0.4
70	0.75
100	1
200	2
300	3

图 4-1　MR 伺服驱动器型号构成

（2）主要参数　伺服驱动器的主要参数见表4-2。

表 4-2　MR-JET-40G-N1 主要参数

伺服放大器型号		MR-JET-40G-N1
输出	电压	三相 AC 0 ～ 240V
	额定电流 /A	2.8
电源输入	电压、频率	三相或单相 AC 200 ～ 240V，50Hz/60Hz
	额定电流 /A	2.6
	允许电压波动	三相或单相 AC 170 ～ 264V
	允许频率波动	± 5% 以内
控制方式		正弦波 PWM 控制、电流控制方式
EtherCAT	通信周期	125μs、250μs、500μs、1ms、2ms、4ms、8ms
通信功能 USB		连接个人计算机等（支持 MR Configurator2）

（3）伺服驱动器与伺服电动机及周边设备连接　根据伺服驱动器各端口功能特性，连接相应的外围设备，包含电源端 L1、L2、L3，电动机电源连接端 U、V、W，编码器连接端 CN2，I/O 信号连接端 CN3（含限位和原点开关），USB 通信端 CN5（伺服调试），Ethernet cable connector（CN1A）。伺服驱动器端口如图 4-2 所示。

a) 主电路部分

图 4-2　伺服驱动器端口

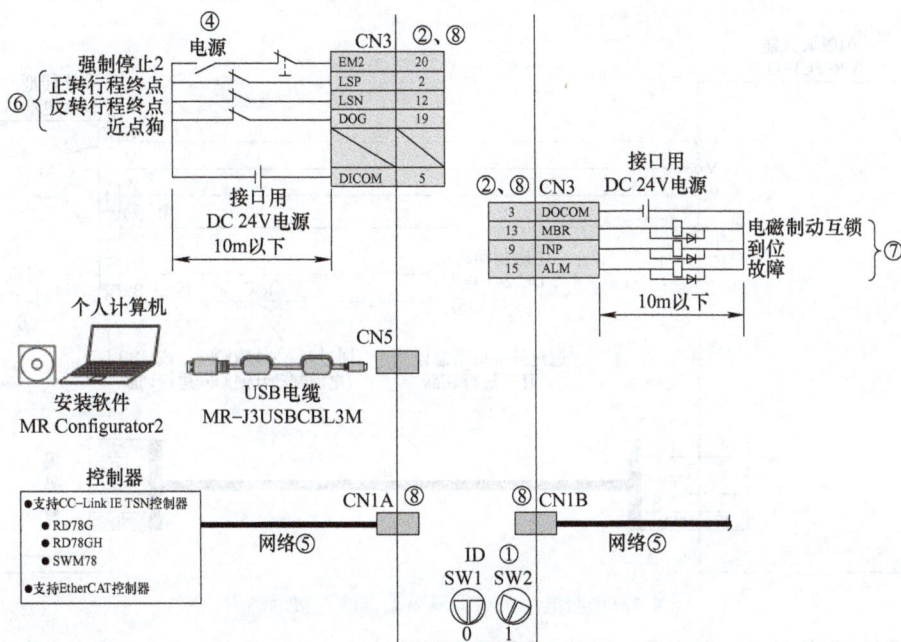

b) 控制电路及通信部分

图 4-2　伺服驱动器端口（续）

① 通过组合 ID 设定开关或旋转开关（SW1 及 SW2），可在 1～254 的范围内设定节点地址或 IP 地址的第 4 个字段。但是，可连接的从站台数取决于控制器的规格。
② 漏型接线的情况，也可进行源型接线。
③ 构建绝对位置检测系统时，应连接电池。
④ 为防止伺服放大器发生意外重启，应将电路设计为当关闭电源后 EM2（强制停止 2）也关闭。
⑤ 使用交换集线器对 CC-Link IE TSN（同步通信功能）进行分支时，使用 CC-Link 协会推荐的交换集线器（B 级）。也可使用交换集线器（A 级），但对拓扑结构有限制。关于详细内容，参照"MELSEC iQ-R 运动模块用户手册"。
⑥ 这些引脚可以通过 [Pr. PD03][Pr. PD04] 和 [Pr. PD05] 变更软元件。
⑦ 这些引脚可以通过 [Pr. PD07][Pr. PD08] 和 [Pr. PD09] 变更软元件。
⑧ 对不使用的 CN3 连接器、CN1A 连接器及 CN1B 连接器安装保护盖。

伺服驱动器主要端口见表 4-3。

表 4-3　伺服驱动器主要端口

端口		主要功能
供电电源	L1、L2、L3	伺服驱动器供电电源，三相 AC 380V
电动机连接端	U、V、W、接地	连接伺服电动机电源端，三相供电
	CN2	连接伺服电动机编码器端
网络连接端	CN1	CN1A 连接 EtherCAT 控制器，CN1B 连接下一个 EtherCAT 驱动器
输入/输出端	CN3	输入端连接位置传感器及急停按钮，输出端连接到位及故障报警等指示信号
通信功能 USB	CN5	连接个人计算机等（支持 MR Configurator2），调试驱动器

HG-KNS 系列伺服电动机与伺服驱动器的连接示例如图 4-3 所示。

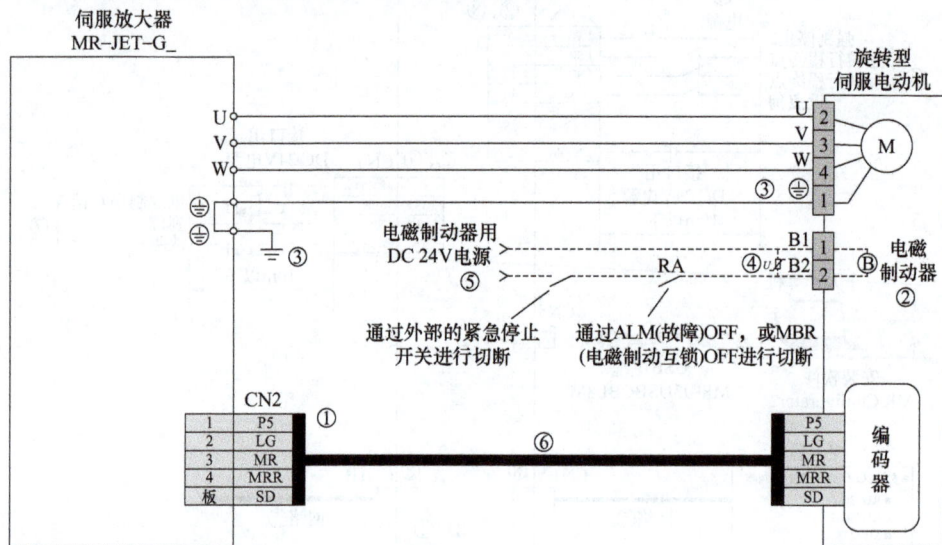

图 4-3 伺服电动机与伺服驱动器的连接示例图

① 编码器通信方式为 2 线式的情况。也支持 4 线式。
② 带电磁制动器的伺服电动机的情况。电磁制动器端子（B1、B2）无极性。
③ 接地时，应经由伺服放大器的保护接地（PE）端子中继，并从控制柜的保护接地（PE）端子处连接至地面。
④ B1 与 B2 之间应安装浪涌吸收器。
⑤ 电磁制动器用 DC 电源，不可与接口共用 DC 24V 电源。使用电磁制动器专用的电源。
⑥ 有配套的编码器电缆选件可供选择。关于电缆的制作，参照"旋转型伺服电动机用户手册"。

（4）伺服驱动器主要参数类别 以三菱 MR-JET-40G-N1 伺服驱动器为例，主要参数类别见表 4-4。

表 4-4 伺服驱动器主要参数类别

序号	参数类别	名称	范围
1	PA	基本设定	PA01～PA44
2	PB	增益、滤波	PB01～PB92
3	PC	扩展设定	PC01～PC90
4	PD	输入 / 输出设定	PD01～PD72
5	PE	扩展设定 2	PE01～PE88
6	PF	扩展设定 3	PF01～PF99
7	PL	电动机扩展设定	PL01～PL72
8	PT	定位控制	PT01～PT90
9	PV	定位扩展设定	PV01～PV40
10	PN	网络设定	PN01～PN32

二、数字量模块

对于 GEN 控制器，gLink-I 接口可以级联扩展模块。扩展模块包括数字量模块和模拟量模块，总共可扩展 16 个模块。本任务选用的 gLink200 数字量模块可以实现数字量和模拟量控制。可以配套上述 GEN 和 GTS 控制器为主机，通过 200 协议、300 协议和 500 协议连接。

本任务选用 HCB5-1616-DTD01，采用 500 协议，数字量 I/O 有 16 输入 16 输出，输入低电平有效，输出为漏型晶体管 0.5A 输出。其外观如图 4-4 所示。

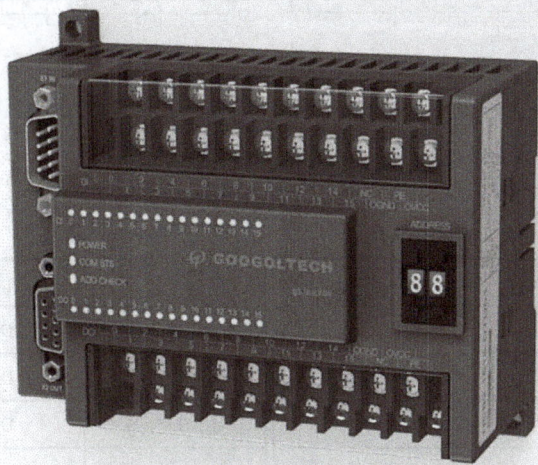

图 4-4　gLink 数字量模块外观图

1. 规格参数

gLink200 数字量模块规格参数列表见表 4-5。

表 4-5　gLink200 数字量模块规格参数列表

型号	HCB5-1616-DTD01
输入通道数	16 DI
输入电压	DC 21 ~ 28V
额定值	DC 24V
输入光电隔离	AC 500V，1min
输出通道数	16 DO
输出类型	固态-MOSFET（金属－氧化物－半导体场效应晶体管，漏型输出，低电平输出有效）
负载电压	晶体管输出：DC 21 ~ 28V
输出电流	0.5A（每通道最大电流）
输出保护	短路保护，过温保护，过电流保护，过电压保护
电气接口	RS422
波特率	gLink-I 协议 6.25MHz 最大
协议	500 协议、gLink-I 协议

2. 硬件连接

（1）通用数字量输入接口　通用数字量输入接口示意图及引脚号如图 4-5 所示，输入接口定义见表 4-6。

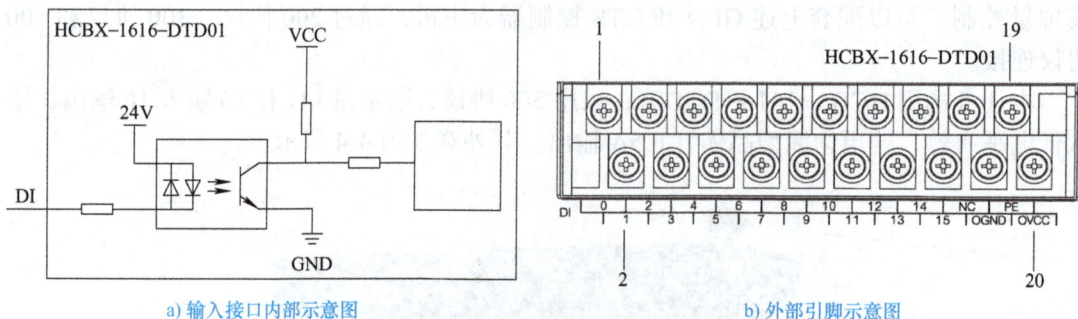

a) 输入接口内部示意图　　　　　　　　　　　　　　b) 外部引脚示意图

图 4-5　通用数字量输入接口示意图及引脚号

表 4-6　通用数字量输入接口定义

引脚	信号	说明	引脚	信号	说明
1	DI0	通用输入	11	DI10	通用输入
2	DI1	通用输入	12	DI11	通用输入
3	DI2	通用输入	13	DI12	通用输入
4	DI3	通用输入	14	DI13	通用输入
5	DI4	通用输入	15	DI14	通用输入
6	DI5	通用输入	16	DI15	通用输入
7	DI6	通用输入	17	NC	保留
8	DI7	通用输入	18	OGND	24V 电源地
9	DI8	通用输入	19	PE	保护地
10	DI9	通用输入	20	OVCC	24V 电源

（2）通用数字量输出接口　gLink200 数字量模块系列中的 HCB5-1616-DTD01，其输出 DO 接口示意图及引脚号说明如图 4-6 所示，接口定义见表 4-7。

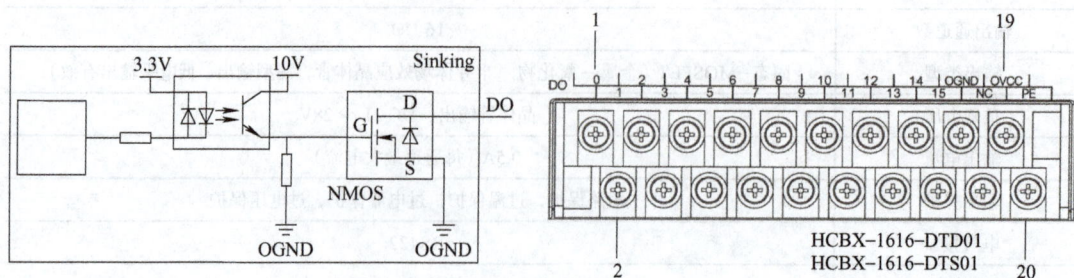

图 4-6　DO 接口示意图及引脚号说明

表 4-7　数字量输出 DO 接口定义

引脚	信号	说明	引脚	信号	说明
1	DO0	通用输出	11	DO10	通用输出
2	DO1	通用输出	12	DO11	通用输出
3	DO2	通用输出	13	DO12	通用输出
4	DO3	通用输出	14	DO13	通用输出
5	DO4	通用输出	15	DO14	通用输出
6	DO5	通用输出	16	DO15	通用输出
7	DO6	通用输出	17	OGND	24V 电源地
8	DO7	通用输出	18	NC	保留
9	DO8	通用输出	19	OVCC	24V 电源
10	DO9	通用输出	20	PE	保护地

（3）地址编码　数字量模块采用地址编码开关进行地址设定。如图 4-7 所示，编码开关上的两位十进制数表示该模块的通信地址。

（4）接线图　HCBX-1616-DTD01 型数字 I/O 模块接线图如图 4-8 所示。

16 路数字量输入均为低电平输入有效，16 路数字量输出均为漏型（低边）输出。其中，模块两侧电源接口在内部是连接在一起的，可以根据实际需要选择只接一侧的电源接口，亦可将两侧端子同时接，但要保证连同一个 DC 24V 电源。

3. 通信连接

gLink200 数字量模块与控制器接线，包括单个和多个模块连接形式。当多个 gLink200 数字量模块级联时，如果是 200 协议和 300 协议，必须确保每一个模块都单独占用一个编码地址；当两个或者两个以上模块同时被设置成同一个地址时，通信将无法进行。如果是 500 协议，则可实现自动分配地址，常规也还是会通过拨码设置地址。数字 I/O 模块与控制器的 gLink 连接示意图如图 4-9 所示。

图 4-7　地址编码

gLink200 数字量模块基于 RS422 物理层通信，X1 IN 接口是通信输入信号接口，X2 OUT 接口是通信输出信号接口。

三、硬件搭建

本任务搬运系统搭建包括两部分的安装，分别是 *XYZ* 模组的机械安装、电气安装。本任务主要说明电气安装。根据数字量 I/O 模块接口定义（见表 4-8）完成电气安装，设备可选用 NPN 或 PNP 型传感器，本项目限位开关实际选用 NPN 型。

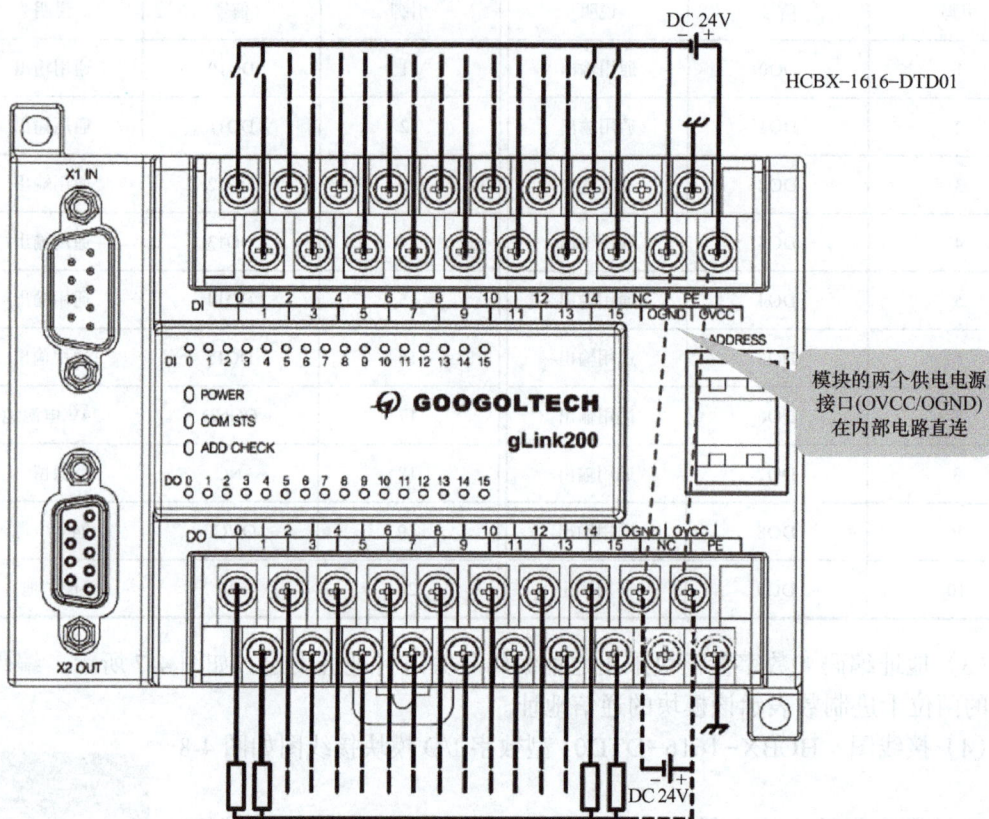

图 4-8   数字 I/O 模块接线图

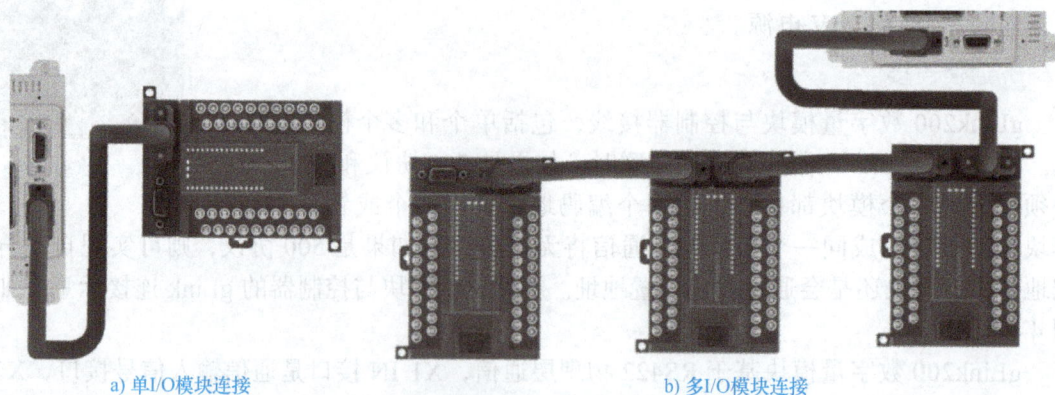

a) 单I/O模块连接   b) 多I/O模块连接

图 4-9   数字 I/O 模块与控制器的 gLink 连接示意图

伺服驱动器采用单相供电，完成伺服驱动器与伺服电动机的编码器连接、限位传感器连接及电动机连接，伺服驱动器与其他设备连接如图 4-10 所示。

搬运控制台架安装实物图如图 4-11 所示。

表 4-8　数字量 I/O 模块接口定义

输入端			输出端		
引脚	信号	说明	引脚	信号	说明
1	DI0	起动按钮	1	DO0	起动指示灯
2	DI1	停止按钮	2	DO1	停止指示灯
3	DI2	待用按钮 1	3	DO2	待用指示灯 1
4	DI3	待用按钮 2	4	DO3	待用指示灯 2
5	DI4	急停按钮	5	y-v	气阀电磁阀
6	x+	X 轴正限位			
7	x_0	X 轴原点			
8	x-	X 轴负限位			
9	y+	Y 轴正限位			
10	y_0	Y 轴原点			
11	y-	Y 轴负限位			
12	z+	Z 轴正限位			
13	z_0	Z 轴原点			
14	z-	Z 轴负限位			

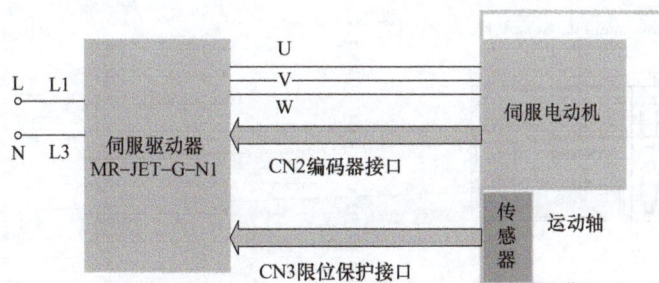

图 4-10　伺服驱动器与其他设备连接

图 4-11　搬运控制台架安装实物图

任务 4-2　数字量模块信号检测与控制

一、任务引入

使用 gLink200 数字量模块检测按钮动作，并点亮按钮指示灯，利用按钮控制电动机完成任务 3-1 的点位运动，使用起动和停止按钮。

二、任务准备

1. 数字量模块 I/O 接口

在 gLink200 系列模块中，300 协议和 500 协议的数字量模块及模拟量模块都是每个模块占用一个站地址，本任务只有一个 500 协议数字量模块，因此拨码地址默认为 00。

为了保证工作可靠，需要对模块的 I/O 接口进行测试。具体测试方式及步骤如下：

（1）MotionStudio 测试　HCBX-1616-DTD01 数字量模块的 X1 IN 接口与运动控制卡连接，启动 MotionStudio，进入电气调试界面。DO 信号测试如图 4-12 所示，单击 DO 信号，观察外部指示灯和相应负载动作，确定输出口是否与设计一致。

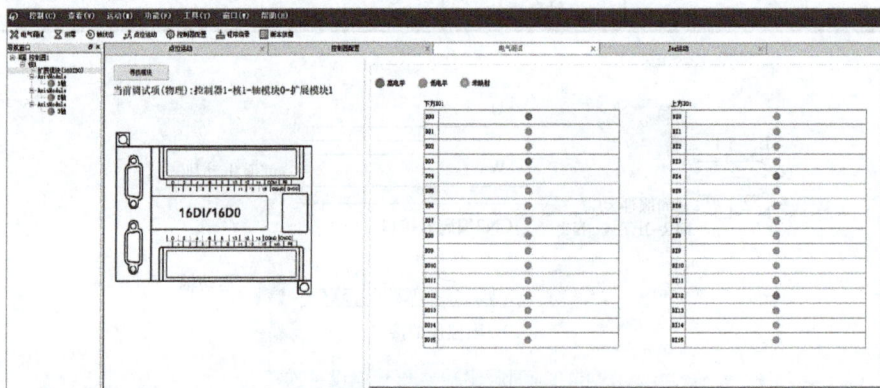

图 4-12　DO 信号测试

DI 信号测试如图 4-13 所示，按动外部按钮和测试限位传感器，观察 DI 信号变化，确定输入口是否与设计一致。

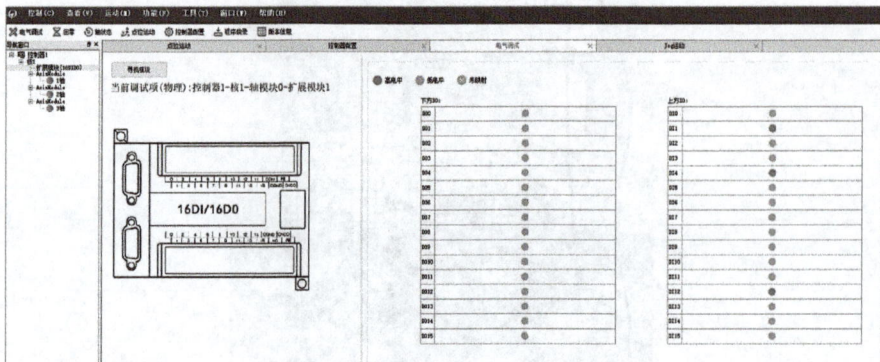

图 4-13　DI 信号测试

（2）Glink500Demo测试　如图4-14所示，在硬件连接正常的情况下，启动Glink500Demo程序，确保正确开卡。此时，修改DoValue值为00和06，外部按钮信号发生变化。

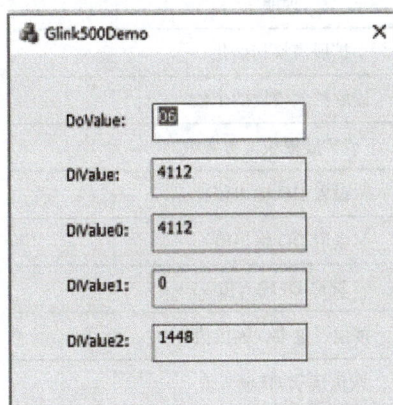

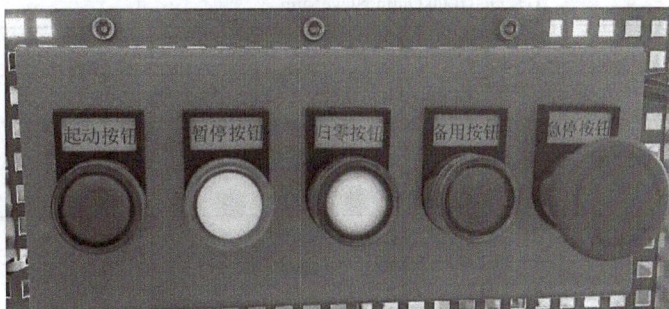

a) DoValue值为06

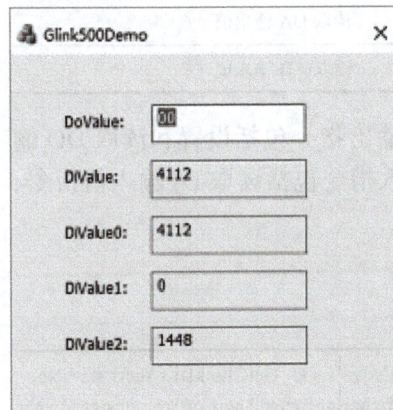

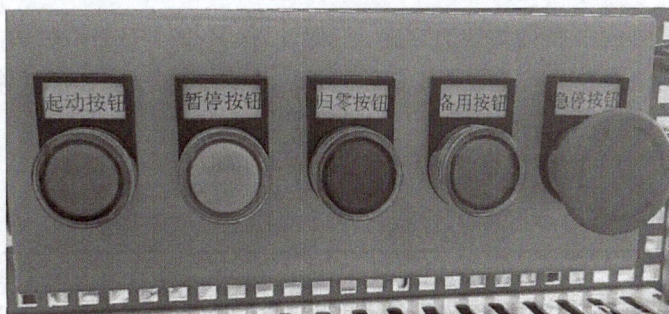

b) DoValue值为00

图 4-14　Glink500Demo 测试

设备数字量模块 I/O 表见表 4-9。

表 4-9　设备数字量模块 I/O 表

输入		输出	
地址	元件	地址	元件
DI0	起动按钮	DO0	起动指示灯
DI1	暂停按钮	DO1	暂停指示灯
DI4	急停按钮	DO4	吸盘电磁阀

2. 主要指令

与 GEN 控制器类似，配套有专用指令，包括 GLink 初始化、设置和读取 DO 值、读取 DI 值、设置和读取 DA 值、读取 AD 值、下载扩展模块配置参数、读取扩展模块个数等。扩展模块功能指令汇总表见表 4-10。

表 4-10　扩展模块功能指令汇总表

指令	说明
GT_GLinkInit	扩展模块初始化
GT_GetGLinkOnlineSlaveNum	读取扩展模块的个数
GT_SetGLinkModuleConfig	下载扩展模块配置参数
GT_SetGLinkDo	设置 DO 输出值
GT_GetGLinkDo	读取 DO 输出值
GT_GetGLinkDi	读取 DI 输入值
GT_SetGLinkDoBit	按位设置 DO 输出值
GT_GetGLinkDiBit	按位读取 DI 输入值
GT_SetGLinkAo	设置 DA 输出值
GT_GetGLinkAo	读取 DA 输出值
GT_GetGLinkAi	读取 AD 输入值

（1）扩展模块数字输入/输出指令　扩展模块数字量输出指令包括设置和读取 DO 输出值指令、按位设置 DO 输出值指令；扩展模块数字量输入指令包括读取 DI 输入值指令、按位读取 DI 输入值。

1）DI/DO 指令。DI/DO 设置与读取指令见表 4-11。

表 4-11　DI/DO 设置与读取指令

指令原型	GT_GetGLinkDo（short slaveNo, unsigned short offset, unsigned char *pData, unsigned short byteLength）	GT_SetGLinkDo（short slaveNo, unsigned short offset, unsigned char *pData, unsigned short byteLength）	GT_GetGLinkDi（short slaveNo, unsigned short offset, unsigned char *pData, unsigned short byteLength）
指令说明	读取数字量输出数值	设置数字量输出	读取数字量输入数值
指令参数	slaveNo：扩展模块站号，按照连接顺序自动分配：0～15		
	offset：字节偏移量		
	pData：读取（输出）的输出数值		
	byteLength：读取（输出）的字节长度		
使用举例	GT_GetGLinkDo（0, 0, &outval, 2）	GT_SetGLinkDo（2, 0, &outval, 2）	GT_GetGLinkDi（2, 0, &inval, 2）

2）DI/DO Bit 指令。DI/DO Bit（位）设置与读取指令见表 4-12。

（2）扩展模块模拟量输入/输出指令　扩展模块模拟量输入/输出指令包括设置和读取 DA 输出值指令、读取模拟量 AD 输入数值指令，扩展模块读取与设置模拟量数据指令见表 4-13。

表 4-12　DI/DO Bit（位）设置与读取指令

指令原型	GT_SetGLinkDoBit（short slaveNo, short doIndex, unsigned char value）	GT_GetGLinkDiBit（short slaveNo, short diIndex, unsigned char *pValue）
指令说明	按位设置数字量输出	按位读取数字量输入数值
指令参数	slaveNo：扩展模块站号，按照连接顺序自动分配：0 ～ 15	
	doIndex/diIndex：输出 / 输入索引号，从 0 开始计数	
	Value：输出的数值，0 或 1	pValue：读取的输入数值
使用举例	GT_SetGLinkDoBit（0，0，0x1）	GT_GetGLinkDiBit（0，0，pValue）

表 4-13　扩展模块读取与设置模拟量数据指令

指令原型	GT_GetGLinkAi（short slaveNo, unsigned short channel, short *pData, unsigned short count）	GT_GetGLinkAo（short slaveNo, unsigned short channel, short *pData, unsigned short count）	GT_SetGLinkAo（short slaveNo, unsigned short channel, short *pData, unsigned short count）
指令说明	读取模拟量输入数值	读取模拟量输出数值	设置模拟量输出
指令参数	slaveNo：扩展模块站号，按照连接顺序自动分配：0 ～ 15		
	channel：模拟量输入（出）起始通道号，从 0 开始计数		
	pData：读取（设置）模拟量输出（输入）对应的数字量数值，−32768 ～ 32767		
	count：读取模拟量输入（输出）的通道个数		
使用举例	GT_GetGLinkAi（3，0，inval，6）	GT_GetGLinkAo（1，0，outval1，6）	GT_SetGLinkAo（1，0，&outval，1）

（3）扩展模块其他指令　要使用扩展模块，需要对模块进行初始化，除此以外，当有多个模块，可以系统读取模块个数，以及下载扩展模块配置参数等，见表 4-14。

表 4-14　扩展模块其他指令

指令原型	GT_GLinkInit（short cardNum）	GT_SetGLinkModuleConfig（char *pFile）	GT_GetGLinkOnlineSlaveNum（unsigned char *pSlaveNum）
指令说明	扩展模块初始化	下载扩展模块配置参数	读取扩展模块个数
指令参数	cardNum	pFile	pSlaveNum
	卡号，目前只支持 0	配置文件名 GlinkCfg.txt	扩展模块的个数
使用举例	GT_GLinkInit（0）	GT_SetGLinkModuleConfig（GlinkCfg.txt）	GT_GetGLinkOnlineSlaveNum（pSlaveNum）

扩展模块初始化指令和下载扩展模块配置参数指令可以用于程序初始化。

三、任务实施

1. 任务实施流程

在硬件正常连接的情况下，任务实施步骤类似项目 3，只是增加扩展模块内容。

1）使用 EtherCATConfig 总线配置软件对系统网络结构进行 EtherCAT 总线配置，保存配置文件"Gecat.eni"，待用。

2）将 Gecat.eni 文件复制至 MotionStudio 运动控制器管理软件根目录下，然后打开 MotionStudio 软件对系统进行配置，并生成配置文件"Gecat.xml"，保存待用。

3）打开 VS，创建 MFC 应用，设计 MFC 任务界面。

4）进行程序设计，参照任务 3-1 和任务 3-2，初始化程序略做修改，流程如图 4-15 所示。

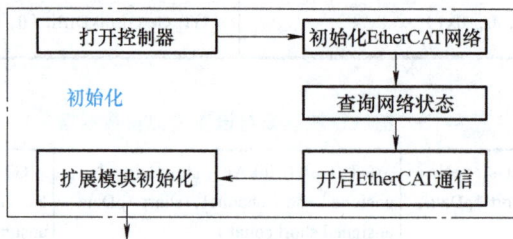

图 4-15　初始化程序流程

2. 项目创建

打开 VS，单击新建项目，选择创建 MFC 应用，修改项目名称，本例对原有任务 3-1"点位 0716"进行修改。

3. 界面设计

1）修改"开始运动"按钮控件，修改属性 Caption 为"关伺服使能"。

2）修改"停止运动"按钮控件，修改属性 Caption 为"关控制器"。

按钮控制点位运动界面如图 4-16 所示。

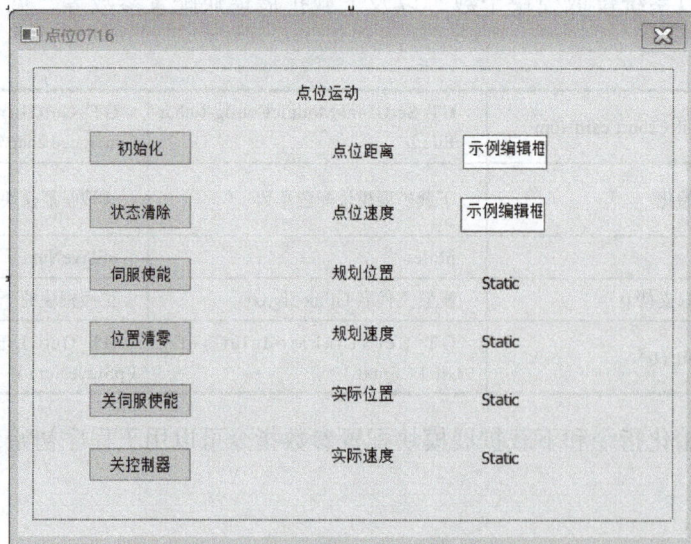

图 4-16　按钮控制点位运动界面

4. 添加变量

变量添加和添加消息 WM_TIMER 不变。

5. 编辑程序

（1）添加头文件　在解决方案资源管理器头文件中除添加 gts.h 头文件，还需要添加 gtgl500.h 头文件，如图 4-17 所示；同样，在程序中添加头文件代码及包含链接文件的声明。

图 4-17　添加头文件

```
#include "gts.h"                          // 控制器头文件
#include "gtgl500.h"                       // 扩展 I/O 模块头文件
#pragma comment（lib, "gts.lib"）           // 链接文件的声明
```

（2）声明全局变量　除字体类、运动指令返回值、内核、轴号、规划位置与速度、实际位置与速度、字符串数据结构等变量，增加输入按钮、输出信号及其中间变量等。

```
CFont cfont;                              // 字体类定义
short sRtn, rtn;                          // 定义返回值
short core = 1;                           // 内核
short Ax = 1;                             // 轴号
unsigned char inval, outval;              // 输入 / 输出数值变量
CString strTemp;                          // 字符串数据结构
double prfPos, prfVel, encPos, encVel;    // 目标与实际位置、速度
```

（3）定时器处理程序　在定时器 OnTimer 函数中，编辑代码除获取规划位置、规划速度、实际速度和实际位置等变量的实时变化外，需要完成按钮的实时扫描、信号及运动输出。在此只提供按钮及输出 I/O 信号处理代码，其他参见项目 3 内容。

```
UpdateData（TRUE）;
GT_GetGLinkDi（0, 0, &inval, 2）;           // 读取第一个扩展模块 16 路 DI 数值，实际低 8 位
                                          // 有效
//————起动按钮程序
if（（inval & 0x11）== 17）                 // DI 低 8 位与 0x11 进行位与，判断急停（DI4）
                                          // 及 DI0 信号
{
    GT_SetGLinkDoBit（0, 0, 0x01）;        // 设置第一个扩展模块第 1 路 DO 为 1（起动按钮指
                                          // 示灯）
    sRtn = GTN_AxisOn（core, Ax）;          // 开轴伺服使能
```

153

```
        sRtn = GTN_SetPrfPos（core，Ax，0）；    // 设置规划位置为 0
        sRtn = GTN_PrfTrap（core，Ax）；          // 点位运动模式
        TTrapPrm trap；
        sRtn = GTN_GetTrapPrm（core，Ax，&trap）；
        trap.acc = 1；
        trap.dec = 1；
        trap.smoothTime = 1；
        sRtn = GTN_SetTrapPrm（core，Ax，&trap）；      // 设置点位运动参数
        sRtn = GTN_SetPos（core，Ax，ePos）；           // 设置目标位置
        sRtn = GTN_SetVel（core，Ax，eVel）；           // 设置目标速度
        sRtn = GTN_Update（core，1 << （Ax – 1））；      // 起动点位运动
    }
    //———————停止按钮程序
    else if（（inval & 0x12）== 18）     // DI 低 8 位与 0x12 进行位与，判断急停（DI4）及 DI1 信号
    {
        GT_SetGLinkDoBit（0，0，0x00）；         // 按位设置第一个扩展模块第 1 路 DO 为 0（灭指示灯）
        GTN_Stop（core，1 << （Ax – 1），1 << （Ax – 1））；      // 运动停止
        GTN_AxisOff（core，Ax）；                              // 关闭轴使能
    }
    //———————等待结束程序
    else if（（inval& 0x10）==16）     // DI 低 8 位与 0x10 进行位与，判断起动按钮 DI0 是否为 0
    {
        do
        {
            sRtn = GTN_GetSts（1，Ax，&sts）； // 读取 Ax 轴的状态
        } while（sts & 0x400）；               // 等待 Ax 轴规划停止
        outval = 0x00；                       // 输出值赋值 0x00，清零
        GT_SetGLinkDo（0，0，&outval，2）；    // 设置第 1 个扩展模块对应低 8 路 DO 为 0x00

        GTN_Stop（core，1 << （Ax– 1），1 << （Ax – 1））； // 运动停止
        GTN_AxisOff（core，Ax）；                          // 关闭轴使能
    }
    UpdateData（0）；
```

其他包括对话框初始化函数、按钮控件事件处理函数等都采用与项目 3 的任务相同的方法。

6. 程序运行

生成解决方案，运行程序，弹出结果对话框，在对话框的点位距离和点位速度编辑框内填入相应数值 50000 和 50，从上到下依次单击初始化、清除状态、伺服使能和位置清零按钮，在硬件正常的情况下进行运行调试。

在按起动按钮的情况下，电动机进行点位运动，在此期间按停止按钮，能够停止运动；若按急停按钮，运动控制停止，重启起动按钮不能够继续点位运动，需要重启程序才能正常运行。运行界面如图 4-18 所示。

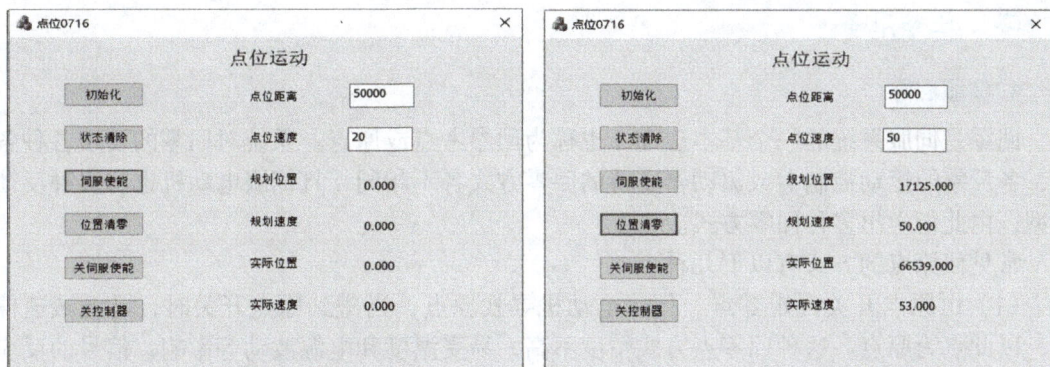

a) 运动起动界面　　　　　　　　　　　　　b) 工作运行界面

图 4-18　点位运动运行界面

四、任务评价

任务评价见表 4-15。

表 4-15　数字量模块信号检测与控制任务评价表

任务	训练内容与分值	训练要求	学生自评	教师评分
数字量模块信号检测与控制	数字量模块调试（10 分）	1. 调试工具正确使用 2. 查验信号正确性		
	界面设计（25 分）	1. 根据任务要求正确选择控件 2. 界面美观		
	程序设计（30 分）	1. 属性设置和变量定义合理 2. 程序流程清晰，可读性强 3. 任务功能完善		
	任务调试（25 分）	1. 任务功能完整 2. 调试操作熟练		
	职业素养与创新思维（10 分）	1. 积极思考、举一反三 2. 操作安全规范 3. 遵守纪律，遵守实验室管理制度		
	学生：　　　　　　　　教师：　　　　　　　　日期：			

任务 4-3　回零运动比较与调试

一、任务引入

搬运系统在起动后，为准确确定工件位置，需要明确知道参考点，可以在初次运动前完成回零运动，以保障每次运动的实际运动值为目标值。本任务使用若干不同方式完成回零工作。

二、任务准备

1. 伺服回零

回零是伺服系统的一个基本运动，也称为回参考点或原点。系统对回零的要求各种各样，各厂家的运动控制器或驱动器支持的回零方式各不相同，且伺服电动机也有多种反馈类型，由此衍生出多种回零方式。

常见回原点的方式有以下几种。

（1）由原点开关确定零点　伺服电动机寻找原点，当碰到原点开关时，马上减速停止，以此点为原点。这种回零点方式精度不高，易受温度和电源波动等影响，信号的反应时间每次都会有差别，加上回零点由高速突然减速停止，必然存在误差。

（2）由编码器 Z 相信号确定零点　对增量式编码器伺服电动机，当有 Z 相信号时，电动机马上减速停止。这种回零方式一般只应用在旋转轴，且要求回零速度不高，同样其精度也不高。

（3）由原点开关和编码器 Z 相共同确定零点　这种回零方式精度最高，先以第一段高速去找原点开关，有原点开关信号时，电动机马上以第二段速度寻找电动机的 Z 相信号。

2. 回零模式

不同伺服系统回零模式会有所差异，但基本都以原点开关、限位开关和编码器组合进行回零。运动轴限位与原点示意图如图 4-19 所示。

以固高伺服系统为例，其回零一般有 Index 回零、限位回零和 Home 回零几种基本方式，也可进行灵活组合。

1）以原点判断：包括 Home 回零、Home+Force 回零等，下面以 Home 回零为例说明。

如图 4-20 所示，电动机从所在初始位置以较高的速度往右运动，同时启动高速硬件捕获，当触发原点开关后，电动机会以较低的速度运动到捕获的位置处。Home 回零使用了高速硬件捕获，运控卡能在触发 Home 信号的瞬间记录轴的当前位置信息。应注意，不要让轴跑过原点开关位置时才启动 Home 捕获，这会导致捕获失败。

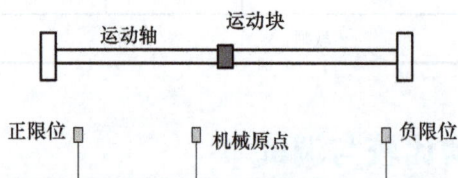

图 4-19　运动轴限位与原点示意图　　　图 4-20　Home 回零（机械原点回零）

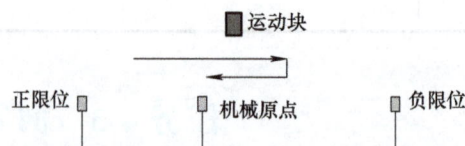

2）以 Index 及与 Home 组合判断：包括 Index 回零、Home+Index 回零等，下面以 Home+Index 回零为例说明。

如图 4-21 所示，电动机从所在初始位置以较高的速度往右运动，同时启动高速硬件捕获，当触发原点开关后，电动机会以较低的速度运动返回，再次触发原点开关后，在捕获到编码器的 Index 信号后，电动机运动到 Index 处的位置停止。该方式适合增量式编码器，Index 信号也就是常说的零位信号，也称 Z 信号，一般情况编码器转一圈这个信号只出现一次，用来记录脉冲数，常用于记录零点。

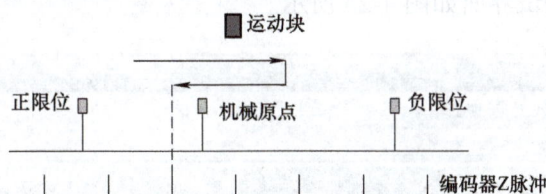

图 4-21　Home+Index 回零

3）以限位开关及与 Index、Home 组合的判断：包括限位回零、限位 +Home 回零和限位 +Home+Index 回零等，限位回零没有用到高速硬件捕获功能，适用于对回原点精度要求不高的场合。下面以限位 +Home 回零为例说明。

如图 4-22 所示，电动机从所在初始位置以较高的速度往右运动，如果碰到限位，则反方向运动，当触发原点开关，脱离原点后，电动机会以较低的速度往原点方向运动，再次触发原点后停止运动。这种回零模式回零形式统一，结合了限位回零和 Home 回零各自的优势。

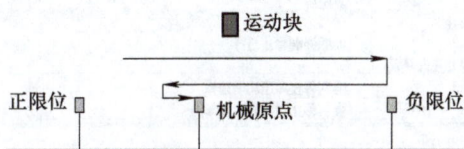

图 4-22　限位 +Home 回零

每一种回零方式都包含正向和负向两种方法，正向指规划位置为正数的方向，负向指规划位置为负数的方向。每一种回原点方式，都可以通过设置偏移量使得最终电动机停止的位置离原点位置有一个偏移量。

3. 主要参数

（1）零点偏置　原点回零用于寻找机械原点，并定位机械原点与机械零点的位置关系。完成原点回零后，电动机停止位置为机械原点（HomePosition）。通过设置零点偏置（home_offset）可以设定机械原点与机械零点（ZeroPosition）的关系：

$$零点偏置 = 机械原点 - 机械零点$$

（2）回零速度　回零速度包括搜索速度、定位速度，搜索速度可以设置为较高数值，防止回零时间过长，发生回零超时故障；定位速度主要搜索原点信号的速度，此速度应设置为较低速度，防止伺服高速停车时产生过冲，导致停止位置与设定机械原点有较大偏差。

（3）回零加减速　回零加减速在加速段与减速段均使用，特别对减速度合理使用能够提高回零精度。

4. 伺服驱动器参数设置

以三菱 MR-JET-40G-N1 伺服驱动器为例。

（1）连接伺服驱动器　使用调试线连接伺服驱动器的 CN5 端口，给伺服系统上电。

（2）开启调试工具　打开三菱 MR Configurator2，新建工程。

（3）调试参数　调试界面如图 4-23 所示。

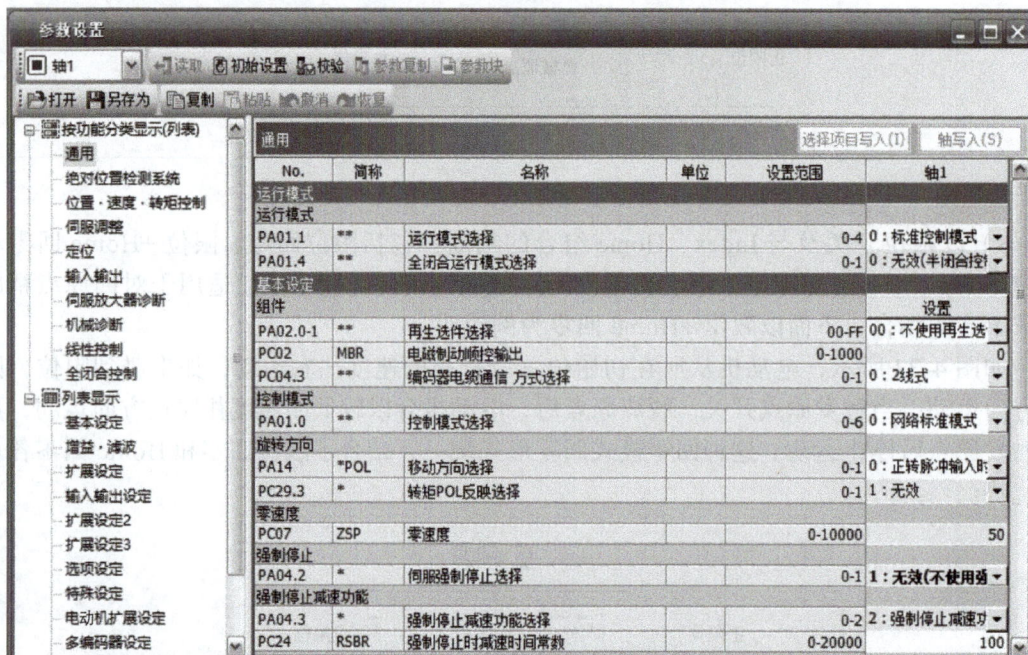

图 4-23　MR Configurator2 调试界面

1）基本设定。伺服驱动器主要基本设定参数见表 4-16。

表 4-16　伺服驱动器主要基本设定参数

序号	参数代码	名称	设定值	说明
1	PA01	运行模式	0000 3000	网络的自动选择，标准控制模式
2	PA02	再生选件	0000 0000	无再生选件
3	PA03	绝对位置检测	0000 0000	增量式系统
4	PA04	功能选择 A-1	0000 2100	不使用 EM2/EM1
5	PA06	电子齿轮分子	65536	CMX=65536
6	PA07	电子齿轮分母	1125	CDV=1125
7	PA08	自动调谐模式	0000 0001	自动调谐模式 1
8	PA10	到位范围	1600	初始值：100 pulse
9	PA14	移动方向选择	0	0：CCW 正；1：CCW 负
10	PA17/18	伺服电动机设定	0000 0000	用于线性伺服电动机设定
11	PA19	参数写入禁止	0000 00AB	AB：未禁止
12	PA21	功能选择 A-3	0000 0001	1：一键式调整
13	PA24	功能选择 A-4	0000 0000	振动抑制模式选择，0：标准模式

注意： 对伺服电动机，CCW 和 CW 转动方向定义如图 4-24 所示。

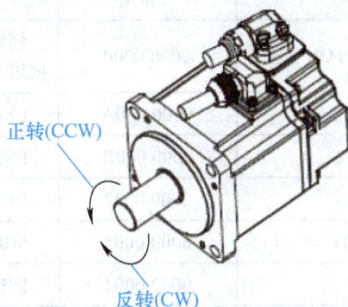

图 4-24　伺服电动机转动方向定义

2）增益与滤波。伺服驱动器主要增益与滤波设定参数见表 4-17。

表 4-17　伺服驱动器主要增益与滤波设定参数

序号	参数代码	名称	设定值	说明
1	PB06	负载惯量比/负载质量比	1.93	初始值：7 倍
2	PB07	模型控制增益	19	初始值：15rad/s
3	PB08	位置控制增益	49	初始值：37rad/s
4	PB09	速度控制增益	419	初始值：823rad/s
5	PB17	轴共振抑制滤波	0000 012B	陷波深度 −14dB

3）扩展设定。伺服驱动器主要扩展设定参数见表 4-18。

表 4-18　伺服驱动器主要扩展设定参数

序号	参数代码	名称	设定值	说明
1	PC04	功能选择 C-1	0000 0000	编码器电缆通信方式选择：2 线式
2	PC05	功能选择 C-2	0000 0000	无电动机运行无效
3	PC06	功能选择 C-3	0000 0000	到位范围单位选择：rev 或 mm
4	PC19	功能选择 C-6	0000 0001	编码器输出脉冲选择，A 相反转（CW）超前 90°
5	PC29	功能选择 C-B	0010 1000	
6	PC76	功能选择 C-E	0000 1001	POL 反映选择：自动 输入软元件 LSP/LSN：OFF 为 1[1]
7	PC79	功能选择 C-G	0000 0000	返回输入软元件的 ON/OFF 状态[2]

[1]　MR-JET-40G-N1 的 LSP/LSN 默认常闭连接，项目选择常开传感器。

[2]　Digital inputs 为 EtherCAT 时变为 60FDh 的对象。

4）输入/输出设定。

伺服驱动器主要输入/输出设定参数见表 4-19。

159

表 4-19　伺服驱动器主要输入 / 输出设定参数

序号	参数代码	名称	设定值	说明
1	PD01	输入信号自动 ON 选择 1	0000 0000	伺服 ON、LSP/LSN 等均通过外部输入信号使用
2	PD03	DI1	0000 000A	LSP
3	PD04	DI2	0000 000B	LSN
4	PD05	DI3	0000 0022	DOG
5	PD07	DO1	0000 0005	MBR
6	PD08	DO2	0000 0004	INP
7	PD09	DO3	0000 0003	ALM
8	PD12	功能选择 D-1	0000 0101	伺服电动机热敏电阻无效
9	PD13	功能选择 D-2	0000 0000	INP（到位）的输出条件：偏差脉冲＜到位范围
10	PD14	功能选择 D-3	0000 0000	发生警告时的输出软元件
11	PD41	功能选择 D-4	0000 0000	限位开关始终有效，从伺服放大器输入（LSP/LSN/DOG）
12	PD60	DI 引脚极性选择	0000 0007	DI 引脚极性选择 1、2、3：0V 输入时 ON[①]

① LSP/LSN/DOG 传感器实际选择常开型。

5）定位控制。伺服驱动器主要定位控制设定参数见表 4-20。

表 4-20　伺服驱动器主要定位控制设定参数

序号	参数代码	名称	设定值	说明
1	PT01	指令模式选择	0000 0310	位置数据的单位：3—pulse 速度 / 加减速度单位：指令单位 /s 和指令单位 /s^2
2	PT02	功能选择 T-1	0000 0001	增量系统中绝对值指令方式时 SON OFF、EM2 OFF 有效
3	PT07	原点移位量	0	初始值 0
4	PT08	原点复位位置数据	0	初始值 0
5	PT09	近点狗后移动量	1000	初始值 1000
6	PT15	软件限位 +	0	设定软件限位的地址递增侧
7	PT17	软件限位 -	0	设定软件限位的地址递减侧
8	PT29	功能选择 T-3	0000 0001	软元件输入极性：1—ON 时检测近点狗
9	PT45	原点复位方式	27	方式 27：地址减少方向，反转（CW）或负方向

其他参数查阅手册，本项目具体伺服驱动器参数设置见附录 C。

5. 主要指令

回零主要配套专用指令，包括切换 EtherCAT 轴回零模式、设置 EtherCAT 轴回零参数、启动和停止 EtherCAT 轴回零、查询 EtherCAT 轴回零状态等。汇总表见表 4-21。

表 4-21　回零主要指令汇总表

指令	说明
GTN_SetHomingMode	切换 EtherCAT 轴的回零模式
GTN_SetEcatHomingPrm	设置 EtherCAT 轴的回零参数
GTN_StartEcatHoming	启动 EtherCAT 轴回零
GTN_StopEcatHoming	停止 EtherCAT 轴回零
GTN_GetEcatHomingStatus	查询 EtherCAT 轴回零状态

（1）切换 EtherCAT 轴的回零模式　切换 EtherCAT 轴的回零模式指令格式见表 4-22。

表 4-22　轴回零模式切换指令

指令原型	short GTN_SetHomingMode（short core，short axis，short mode）
指令说明	切换 EtherCAT 轴的回零模式
指令参数	core：内核，正整数，常规参数设为 1
	axis：轴号
	mode：6—回零模式；8—周期同步位置模式
使用举例	GTN_SetHomingMode（1，1，6）

（2）设置 EtherCAT 轴的回零参数　设置 EtherCAT 轴的回零参数指令格式见表 4-23。

表 4-23　设置轴回零参数

指令原型	short GTN_SetEcatHomingPrm（short core，short axis，short method，double speed1，double speed2，double acc，long offset，unsigned short probeFunction）
指令说明	设置 EtherCAT 轴的回零参数
指令参数	core：内核，正整数，常规参数设为 1
	axis：轴号
	method：回零方式，参见手册
	speed1：搜索开关速度，单位：驱动器设置的用户速度单位
	speed2：搜索 index 标识速度，单位：驱动器设置的用户速度单位
	acc：搜索加速度，单位：驱动器设置的用户加速度单位
	offset：原点偏移量，单位：驱动器设置的用户位置单位
	probeFunction：探针功能
使用举例	GTN_SetEcatHomingPrm（1，1，27，5000，3000，100000，0，0）

（3）启动 EtherCAT 轴回零　启动 EtherCAT 轴回零指令格式见表 4-24。

（4）查询 EtherCAT 轴回零状态　查询 EtherCAT 轴回零状态指令格式见表 4-25。

（5）停止 EtherCAT 轴回零　停止 EtherCAT 轴回零指令格式见表 4-26。

指令原型	short GTN_StartEcatHoming（short core，short axis）
指令说明	启动 EtherCAT 轴回零
指令参数	core：内核，正整数，常规参数设为 1
	axis：轴号
使用举例	GTN_StartEcatHoming（1，1）

表 4-25 回零状态查询指令

指令原型	short GTN_GetEcatHomingStatus（short core，short axis，unsigned short *pHomingStatus）
指令说明	查询 EtherCAT 轴回零状态
指令参数	core：内核，正整数，常规参数设为 1
	axis：轴号
	pHomingStatus：回零过程的状态值，若返回值为 1：检查相应轴在 Gecat 配置文件中是否已经将相关对象（以 GTHD 为例，6041h）配置为 PDO

BIT	状态
0	0：正在回零 1：回零完成
1	0：无意义 1：回零成功完成
2	0：无意义 1：回零过程出错

使用举例	GTN_GetEcatHomingStatus（1，AXIS，&sHomeSts）（short sHomeSts；）

表 4-26 停止回零指令

指令原型	short GTN_StopEcatHoming（short core，short axis）
指令说明	停止 EtherCAT 轴回零
指令参数	core：内核，正整数，常规参数设为 1
	axis：轴号
使用举例	GTN_StopEcatHoming（1，1）

三、任务实施

1. 任务实施流程

在硬件正常连接的情况下，任务实施主要有以下几个步骤。

1）配置伺服驱动器，参数见任务准备第 4 部分：伺服驱动器参数设置，修改后重新上电待用。

2）使用 MotionStudio 软件配置运动轴，创建 XML 文件 "Gecat.xml"，保存待用。

3）打开 VS，创建 MFC 应用，设计 MFC 任务界面。

4）进行程序设计，回零程序流程如图 4-25 所示。

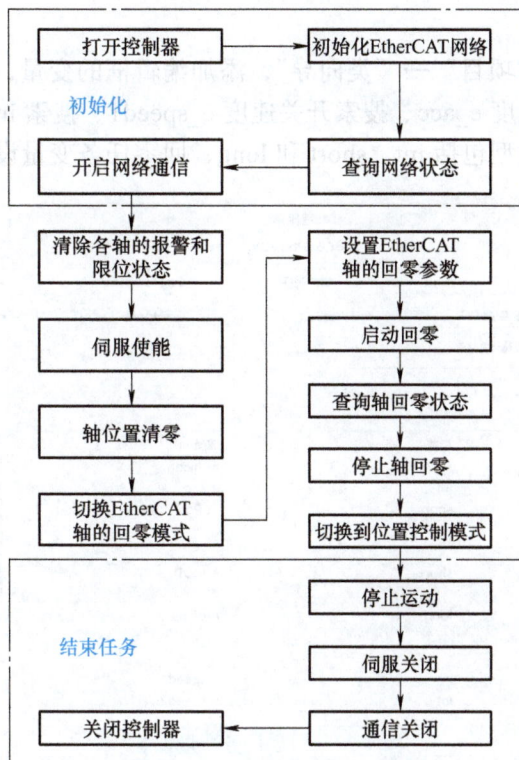

图 4-25　回零程序流程

2. 项目创建

创建 MFC 应用程序，修改项目名称，本例改为"Go Home"，单击"Next"，然后选择"基于对话框"，最后单击"完成"按钮。

3. 界面设计

同样添加按钮控件、静态文本框和编辑框，回零界面如图 4-26 所示，方法参照任务 3-1。

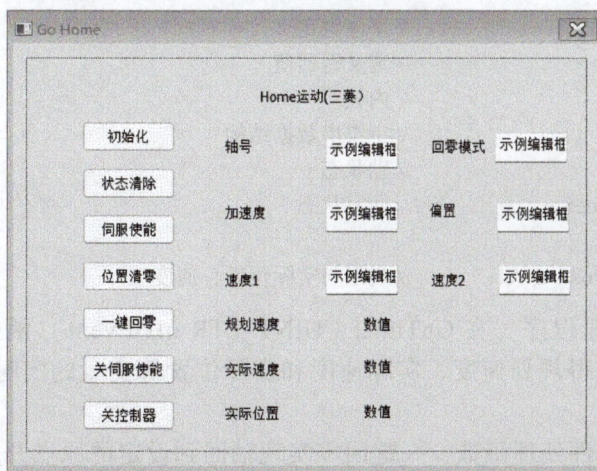

图 4-26　回零界面

163

4. 添加变量

1）打开工具栏的"项目"→"类向导"，添加编辑框的变量，分别为运动轴 m_Pos、回零模式 e_MOD、加速度 e_acc、搜索开关速度 e_speed1、搜索 index 标识速度 e_speed2 和偏置 e_offset，变量类型包括 int、short 和 long，回零任务变量设置如图 4-27 所示。

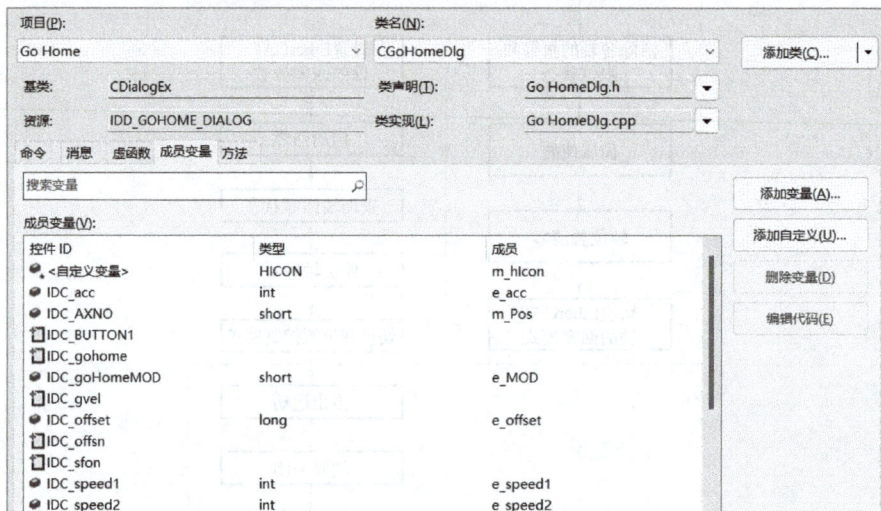

图 4-27 回零任务变量设置

2）同任务 3-1，在消息栏添加消息 WM_TIMER，生成 OnTimer 处理程序。

5. 编辑程序

复制文件"Gecat.xml"至项目 Debug 和 Go Home 文件夹内。其他包括对话框初始化函数 OnInitDialog（）中添加字体设置代码，初始化按钮、状态清除按钮、位置清零按钮、伺服使能按钮和关控制器按钮等函数都采用与任务 3-3 相同的方法，其他程序代码如下。

（1）声明全局变量 声明变量与任务 3-1 类似，主要包括运动指令返回值、内核、规划速度、实际位置与速度、字符串数据结构等。

```
CFont cfont;                          // 字体类定义
short sRtn;                           // 定义返回值
short core = 1;                       // 内核
CString str;                          // 字符串数据结构
long lAxisStatus;                     // 轴状态
unsigned short sHomeSts;              // 回零状态
bool bStop = false;
double   ghVel, sjPos, sjVel;         // 规划与实际位置、速度
```

（2）定时器处理程序 在 OnTimer（UINT_PTR nIDEvent）函数中，编辑代码根据变量进行调整，获得规划速度、实际速度和实际位置等变量的实时变化。基本与任务 3-3 相同。

（3）按钮控件事件处理函数 一键回零实现轴回到设定的原点开关位置的运动控制，设计流程包括回零模式设置、参数设定、起动和停止回零等。双击开始一键回零按钮控

件，进入按钮控件事件处理函数，添加代码，函数内容如下：

```
UpdateData（TRUE）；                               // 将控件中的数据值更新到相应的变量
sRnt = GTN_SetHomingMode（1, m_Pos, 6）；        // 设置轴回零模式
sRnt = GTN_SetEcatHomingPrm（core, m_Pos, e_MOD, e_speed1, e_speed2, e_acc, e_offset, 0）；
                                                  // 设置轴回零参数
sRnt = GTN_StartEcatHoming（1, m_Pos）；         // 起动回零
do {
    sRnt = GTN_GetEcatHomingStatus（1, m_Pos, &sHomeSts）；
        if（bStop）                              // 中断、停止回零
        {
        sRnt = GTN_StopEcatHoming（1, m_Pos）；   // 停止回零
            break；
        }
    } while（3!= sHomeSts）；                      // 等待搜索原点完成
sRnt = GTN_ZeroPos（core, 1, 3）；
sRnt = GTN_ClrSts（core, 1, 3）；
sRnt = GTN_SetHomingMode（1, m_Pos, 8）；        // 切换到位置控制模式
UpdateData（0）；
```

6. 程序运行

生成解决方案，运行程序，弹出结果对话框，在对话框的编辑框内填入相应数值，依次单击初始化、状态清除、位置清零和伺服使能按钮，按一键回零按钮，在硬件正常的情况下，轴1能够正常进行回零运动，此时观察轴对应运动位置变化。

从运动轨迹和实际停止位置的变化观察是否与实际原点位置一致，如果一致，说明程序设计正确；如果轨迹不一致，检查程序是否有误。在此回零运动中，要注意速度设置，以及偏置量与实际位置的关系。程序按回零任务要求正常运行，如图 4-28 所示。注意在设定速度1时速度值调高，而在速度2时速度值调低，此处速度与加速度未使用电子齿轮比，因此数据值较大，具体电子齿轮比使用见任务 4-4。

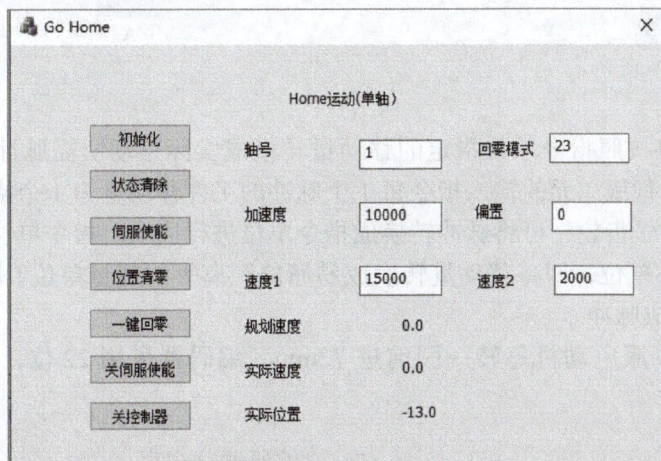

图 4-28 回零任务运行

165

四、任务评价

任务评价见表4-27。

表4-27　回零运动比较与调试任务评价表

任务	训练内容与分值	训练要求	学生自评	教师评分
回零运动比较与调试	限位传感器调试（10分）	1. 传感器正确使用 2. 查验信号正确性		
	界面设计（25分）	1. 根据任务要求正确选择控件 2. 界面美观		
	程序设计（30分）	1. 属性设置和变量定义合理 2. 程序流程清晰，可读性强 3. 任务功能完善		
	任务调试（25分）	1. 任务功能完整 2. 调试操作熟练		
	职业素养与创新思维（10分）	1. 积极思考、举一反三 2. 操作安全规范 3. 遵守纪律，遵守实验室管理制度		
	学生：　　　　　教师：　　　　　日期：			

任务4-4　搬运系统设计与调试

一、任务引入

有一堆物料，需要通过搬运系统从 A 搬运至 B 并按一定要求堆放，为准确确定工件位置，根据回零后的原点测算物料在 A 和 B 的坐标位置。物料摆放形式如图 4-29 所示。

二、任务准备

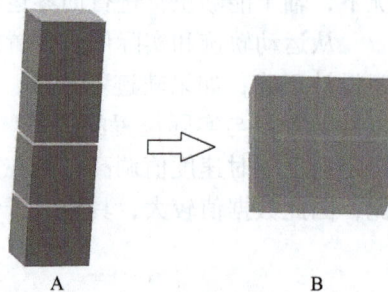

图 4-29　物料摆放形式

1. 电子齿轮比

电子齿轮是将按照指令单位指定的移动量转换成实际移动所需脉冲数的功能。根据电子齿轮功能，对伺服单元的输入指令每 1 个脉冲的工件移动量为 1 个指令单位。即如果使用伺服单元的电子齿轮，可将脉冲转换成指令单位进行读取。指令单位是指使负载移动的位置数据的最小单位，即将移动量转换成易懂的距离等物理量单位 [例如，μm 及（°）等]，而不是转换成脉冲。

已知实验台伺服电动机每转一圈前进 72mm，编码器采用 22 位，根据电子齿轮比定义：

$$电子齿轮比 = \frac{C_{MX}}{C_{DV}} = \frac{编码器分辨率}{轴一圈移动量} \qquad (4\text{-}1)$$

编码器分辨率 $=2^{22}$ 个脉冲，一圈移动量 $=72000\mu m$，代入简化后 $C_{MX}=65536$，$C_{DV}=1125$，配置后每移动 1 个脉冲对应 $1\mu m$。

2. 任务分析

4 个物料选取长为 L、宽为 B、高为 H（单位为 cm）的立方体，以 3 轴原点作为坐标原点，假设 A 中心点坐标为 (A_X, A_Y, A_Z)，B 上表面的中心点为 (B_X, B_Y, B_Z)。则可以求得 A 处各物料的取料点为 (A_X, A_Y, A_Z+2H)，(A_X, A_Y, A_Z+H)，(A_X, A_Y, A_Z)，(A_X, A_Y, A_Z-H)；求得 B 处物料的摆放点为 $(B_X+L/2, B_Y-B/2, B_Z)$，$(B_X+L/2, B_Y+B/2, B_Z)$，$(B_X-L/2, B_Y-B/2, B_Z)$，$(B_X-L/2, B_Y+B/2, B_Z)$。

以此为例，若 4 个物料为 4cm×4cm×4cm 的立方体，已知 A 中心点坐标为（-25，10，-16），B 的上表面中心点为（25，12，-20），搬运坐标俯视图如图 4-30 所示。

代入可计算出 A 各物料上表面中心点的坐标（-25，10，-20）、（-25，10，-16）、（-25，10，-12）、（-25，10，-8），同样计算出 B 各物料上表面中心点坐标（23，10，-20）、（23，14，-20）、（27，10，-20）、（27，14，-20），在此，B 处未考虑物料间隙距离，采用吸盘作业忽略。

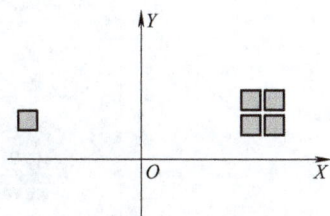

图 4-30　搬运坐标俯视图

3. 轴状态读取指令

在部分场合需要等待轴规划停止，可以使用轴状态读取指令从控制器的运动状态寄存器中读取轴状态，以此判断轴对应状态，从而执行下一个运动。当调用 GTN_GetSts 指令时，将返回一个 32 位的轴状态字。指令格式见表 4-28。

表 4-28　轴状态读取指令

指令原型	short GTN_GetSts（short core, short axis, long *pSts, short count=1, unsigned long *pClock=NULL）
指令说明	读取轴状态
指令参数	core：内核，正整数，常规参数设为 1
	axis：轴号
	pSts：32 位轴状态字，详细定义参见附录 B
	count：读取的轴数，默认为 1，正整数 一次最多可以读取 8 路
	pClock：读取控制器时钟，默认值为 NULL，即不用读取控制器时钟
使用举例	GTN_GetSts（1, AXIS, &sts）

三、任务实施

1. 任务实施流程

任务实施主要有以下几个步骤。

1）参照任务 4-3，连接好伺服系统、I/O 模块及控制器，配置好伺服驱动器参数。

2）打开 VS，创建 MFC 应用，设计 MFC 任务界面。

3）程序设计：初始化控制器、总线网络→清除状态、位置清零和伺服使能配置→运动控制→停止并结束任务。

4）生成解决方案。

5）将任务 4-3 创建的 XML 文件"Gecat.xml"存入相应文件夹。

6）设备上电，运行执行文件，调试设备。

2. 项目创建

创建 MFC 应用程序，修改项目名称，本例改为"Handing"，单击"Next"，然后选择"基于对话框"，最后单击"完成"按钮。

3. 界面设计

同样添加按钮控件、静态文本框和编辑框，搬运控制界面如图 4-31 所示，方法参照任务 3-1。

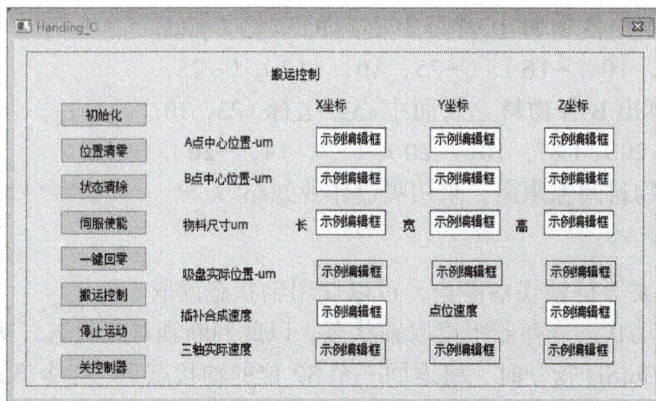

图 4-31　搬运控制界面

4. 添加变量

方法参照任务 3-4、任务 4-2 和任务 4-3，建立相关位置、速度变量，采用 int、long 变量类型。

同任务 3-1，在消息栏添加消息 WM_TIMER，生成 OnTimer 处理程序。

5. 编辑程序

常规程序代码，包括 OnInitDialog（）函数中添加字体设置代码，初始化按钮、状态清除按钮、位置清零按钮、伺服使能按钮、停止运动按钮和关控制器按钮等函数都采用与任务 3-3 相同的方法，其他程序代码如下。

（1）声明全局变量　声明变量与任务 3-1 类似，主要包括运动指令返回值、内核、规划速度、实际位置与速度、字符串数据结构等。

（2）定时器处理程序　在 OnTimer（UINT_PTR nIDEvent）函数中，编辑代码根据变量进行调整，获得实际速度、实际位置等变量的实时变化。基本与任务 3-3 相同。

（3）按钮控件事件处理函数

1）一键回零按钮。根据任务 4-3 可以完成 1 轴回零，本任务需要对 3 个轴进行回零，采用相同回零方式。

一键回零实现 3 个轴回到设定的原点开关位置的运动控制，回零模式设置、参数设定、起动和停止回零参照任务 4-3。双击开始一键回零按钮控件，进入按钮控件事件处理函数，添加代码，函数内容如下：

```
UpdateData（TRUE）;                              // 将控件中的数据值更新到相应的变量
    int i;
    for（i = 1; i<4; i++）
    {
    sRnt = GTN_SetHomingMode（1, i, 6）;           // 设置轴回零模式
    sRnt = GTN_SetEcatHomingPrm（core, i, 23, 1000, 200, 100, 0, 0）; // 设置轴回零参数
    sRnt = GTN_StartEcatHoming（1, i）;            // 起动回零
    do {
        sRnt = GTN_GetEcatHomingStatus（1, i, &sHomeSts）;
        if（bStop）                               // 中断、停止回零
        {
            sRnt = GTN_StopEcatHoming（1, i）;     // 停止回零
            break;
        }
    } while（3!= sHomeSts）;                       // 等待搜索原点完成
    sRnt = GTN_ZeroPos（core, 4）;
    sRnt = GTN_ClrSts（core, 4）;
    sRnt = GTN_SetHomingMode（1, i, 8）;           // 切换到位置控制模式
    }
    UpdateData（0）;
```

2）搬运控制按钮。搬运控制可以采用点位运动和插补运动相结合，参照任务 3-1、任务 3-4 和任务 4-2，对 3 轴运动进行控制，并与 I/O 模块结合，实现吸盘的动作控制，包括运动模式设置、参数设定和读取、起动运动等。双击开始搬运控制按钮控件，进入按钮控件事件处理函数，添加代码，函数内容如下：

```
UpdateData（TRUE）;                   // 将控件中的数据值更新到相应的变量
/* 建立工件坐标系 */
TCrdPrm crdPrm;                       // 结构体变量，该结构体定义了坐标系
TTrapPrm trap;                        // 定义点位运动参数结构体变量
int Za = 0, i=0;
unsigned char outval;
memset（&crdPrm, 0, sizeof（crdPrm））;  // 把 crdPrm 中所有变量清零，常用来初始化，是对
                                      // 较大的结构体或数组进行清零操作的一种快速方法
crdPrm.dimension = 2;                // 坐标系为二维坐标系
crdPrm.synVelMax = 20;               // 最大合成速度：20pulse/ms
crdPrm.synAccMax = 1;                // 最大加速度：1pulse/ms^2
crdPrm.evenTime = 50;                // 最小匀速时间：50ms
crdPrm.profile[0] = 0;               // 规划器 1
crdPrm.profile[1] = 2;               // 规划器 2 对应到 Y 轴 /2
crdPrm.profile[2] = 1;               // 规划器 3 对应到 X 轴 /1
crdPrm.setOriginFlag = 1;            // 表示需要指定坐标系的原点坐标的规划位置
crdPrm.originPos[0] = 100;           // 坐标系的原点坐标的规划位置为（100，100）
```

```
crdPrm.originPos[1] = 100;
sRtn = GTN_SetCrdPrm（core，1，&crdPrm）; // 建立 1 号坐标系，设置坐标系参数
/* 物料 1*/
/* 向缓存区写入插补数据 */
// 移动至物料 1 正上方
sRtn = GTN_CrdClear（core，1，0）;
Za=e_Az–（1-2）*e_crdZa;
sRtn = GTN_LnXY（core，1，e_Ax，e_Ay，50，10，0，0）;
// 1 号坐标系，终点（e_Ax，e_Ay），在规定合成速度 50 和加速度 10、终点速度 0 的情况下，
// 向坐标系 1 的 FIFO0 缓存区传递该直线插补数据
sRtn = GTN_CrdStart（1，1，0）;           // 起动坐标系 1 的 FIFO0 的插补运动
do
{
    // 查询坐标系 1 的 FIFO 插补运动状态
    // 坐标系 1，读取状态 run，读取已完成的段数
    sRtn = GTN_CrdStatus（1，1，&run，&segment，0）;
}while（run == 1）;                      // 坐标系在运动，直到查询到的 run 值为 1
// 下降至物料 1 上表面
sRtn = GTN_SetPrfPos（core，3，0）        // 设置内核为 core、轴号为 3 的规划位置为 0
sRtn = GTN_PrfTrap（core，3）;           // 设置内核为 core、轴号为 3 的点位运动模式
sRtn = GTN_GetTrapPrm（core，3，&trap）; // 读取内核为 core、轴号为 3 的点位运动参数
trap.acc = 0.5;                         // 加速度
trap.dec = 0.5;                         // 减速度
trap.smoothTime = 10;                   // 平滑时间
// 将前面设置的加 / 减速度等参数写入对应轴点位运动参数
sRtn = GTN_SetTrapPrm（core，3，&trap）;
sRtn = GTN_SetPos（core，3，Za）;        // 设置内核为 core、轴号为 3 的运动目标位置
sRtn = GTN_SetVel（core，3，e_Vel）;     // 设置内核为 core、轴号为 3 的运动目标速度
sRtn = GTN_Update（core，1 << (3 – 1)）; // 起动内核为 core、轴号为 3 的运动
do
{
    sRtn = GTN_GetSts（1，AXIS，&sts）;   // 读取 AXIS 轴的状态
}while（sts&0x400）;                     // 等待 AXIS 轴规划停止

// 起动吸盘
outval=0x0010;
GT_SetGLinkDo（0，0，&outval，2）;        // 设置第 1 个扩展模块 16 路 DO 为 0x0010
Sleep（1000）;                           // 等待 1000ms

// 回升物料上方一定位置
sRtn = GTN_SetPos（core，3，–Za）;
sRtn = GTN_SetVel（core，3，e_Vel）;
sRtn = GTN_Update（core，1 << (3 – 1)）;
do
{   sRtn = GTN_GetSts（1，3，&sts）;        }while（sts&0x400）;
```

```
// 移至物料将堆放位置的正上方
sRtn = GTN_CrdClear（core，1，0）;
Zb=e_Bz;
Xb=e_Bx-e_crdXb/2;
Yb= e_By-e_crdYb/2;
sRtn = GTN_LnXY（core，1，Xb，Yb，15，1，0，0）;
sRtn = GTN_CrdStart（1，1，0）;
do
{    sRtn = GTN_CrdStatus（1，1，&run，&segment，0）;          }while（run == 1）;
// 移至物料将堆放位置表面
sRtn = GTN_SetPos（core，3，Zb）;
sRtn = GTN_SetVel（core，3，e_Vel）;
sRtn = GTN_Update（core，1 << （3 − 1））;
do
{    sRtn = GTN_GetSts（1，AXIS，&sts）;    }while（sts&0x400）;


// 释放吸盘
outval=0x0000;
GT_SetGLinkDo（0，0，&outval，2）;              // 设置第 1 个扩展模块 16 路 DO 为 0x0000
Sleep（1000）;


// 移至物料将堆放位置表面
sRtn = GTN_SetPos（core，3，−Zb）;              // 设置内核为 core、轴号为 3 的运动目标位置
sRtn = GTN_SetVel（core，3，e_Vel）;
sRtn = GTN_Update（core，1 << （3 − 1））;       // 起动轴运动
do
{    sRtn = GTN_GetSts（1，AXIS，&sts）;    }while（sts&0x400）;
// 设备回到原点
sRtn = GTN_LnXY（core，1，0，0，15，1，0，0）;
sRtn = GTN_CrdStart（1，1，0）;
```

用类似方式自行完成物料 2、3、4 的程序，最终能实现物料摆放。

6. 程序运行

生成解决方案，运行程序，弹出结果对话框，在对话框的编辑框内填入相应数值，依次单击按钮，完成初始化、状态清除、位置清零和伺服使能，按一键回零按钮，在硬件正常的情况下，轴 1、2、3 能够正常进行回零运动，此时观察轴对应运动位置变化。

3 个轴回零位正常后，按搬运控制按钮，观察轴运动轨迹，确定是否能够到达指定位置，对位置偏差结合实际微调坐标及程序。同时观察吸盘动作是否与工作要求一致，不一致则检测调整程序。在此搬运控制中，要注意速度设置，并关注位置变化，避免过于靠近正负限位。程序按任务要求正常运行，搬运控制运行如图 4-32 所示。

四、任务评价

任务评价见表 4-29。

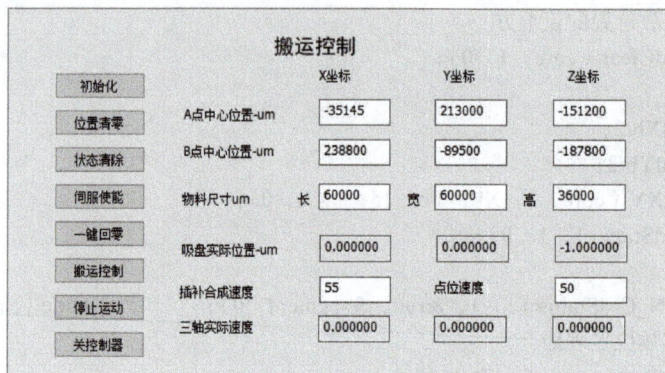

图 4-32 搬运控制运行

表 4-29 搬运系统设计与调试任务评价表

任务	训练内容与分值	训练要求	学生自评	教师评分
搬运系统设计与调试	搬运点示教（10 分）	1. 示教方法正确 2. 示教点正确		
	界面设计（25 分）	1. 根据任务要求正确选择控件 2. 界面美观		
	程序设计（30 分）	1. 属性设置和变量定义合理 2. 程序流程清晰，可读性强 3. 任务功能完善		
	任务调试（25 分）	1. 任务功能完整 2. 调试操作熟练		
	职业素养与创新思维（10 分）	1. 积极思考、举一反三 2. 操作安全规范 3. 遵守纪律，遵守实验室管理制度		
	学生：	教师：		日期：

拓展：搬运控制 PLC 系统

一、设备及任务

1. 设备选型

设备选用 3 轴伺服系统，主要设备见表 4-30。

表 4-30 设备选型

序号	设备名称	型号	数量	说明
1	伺服驱动器	MR-JET-40G-N1	3	带 EtherCAT 总线
2	伺服电动机	HG-KNS 43J	3	旋转电动机
3	PLC	汇川 H5U-1614MTD	1	带 EtherCAT 总线
4	3 坐标系统	自制	1	3 坐标机架

2. 任务要求

在很多工业现场，需要进行物料的搬运作业。比较复杂的搬运作业一般采用工业机器人完成，但对于一些简单的搬运作业，为了降低成本，通常采用自制的桁架机器人来完成作业，搬运控制 HMI 仿真界面如图 4-33 所示。用 PLC 和伺服驱动器进行控制，可以达到比较理想的效果。可以根据需要设计成 2、3 轴搬运系统。

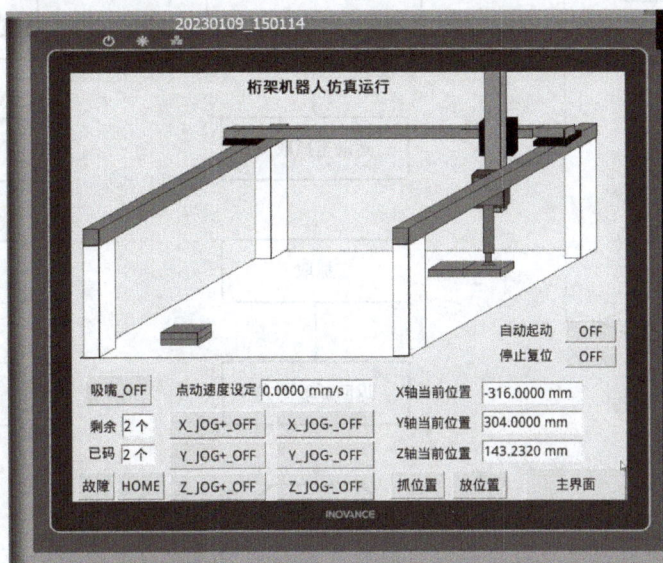

图 4-33　搬运控制 HMI 仿真界面

本任务为一输送线送来的四块叠在一起的物料，使用桁架机器人把它们搬运到备料仓库中，物料的抓取和放置位置需要现场手动调试，抓取点为最上一块的中心点，其他的抓取位置根据物料的厚度进行计算得到，放置点为第 1 块的中心位置，其他位置根据物料长宽进行计算，如图 4-34 所示。

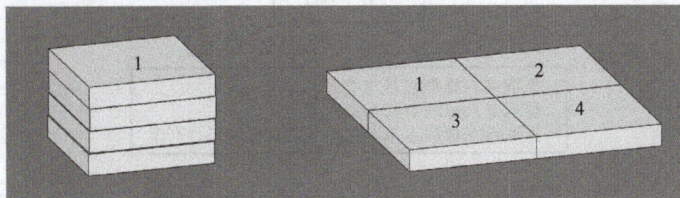

图 4-34　物料搬运图示

二、控制流程及程序设计

1. 控制流程

依据物料搬运的过程，大致流程为初始化→搬运→回原点，其中搬运包括抓取与放置，因为物料是堆放在一起的，需要有个码垛过程，因此物料抓取和放置的坐标点是变化的，需要对物料坐标实时进行计数。搬运总体流程及抓取和放置子程序流程图如图 4-35 所示。

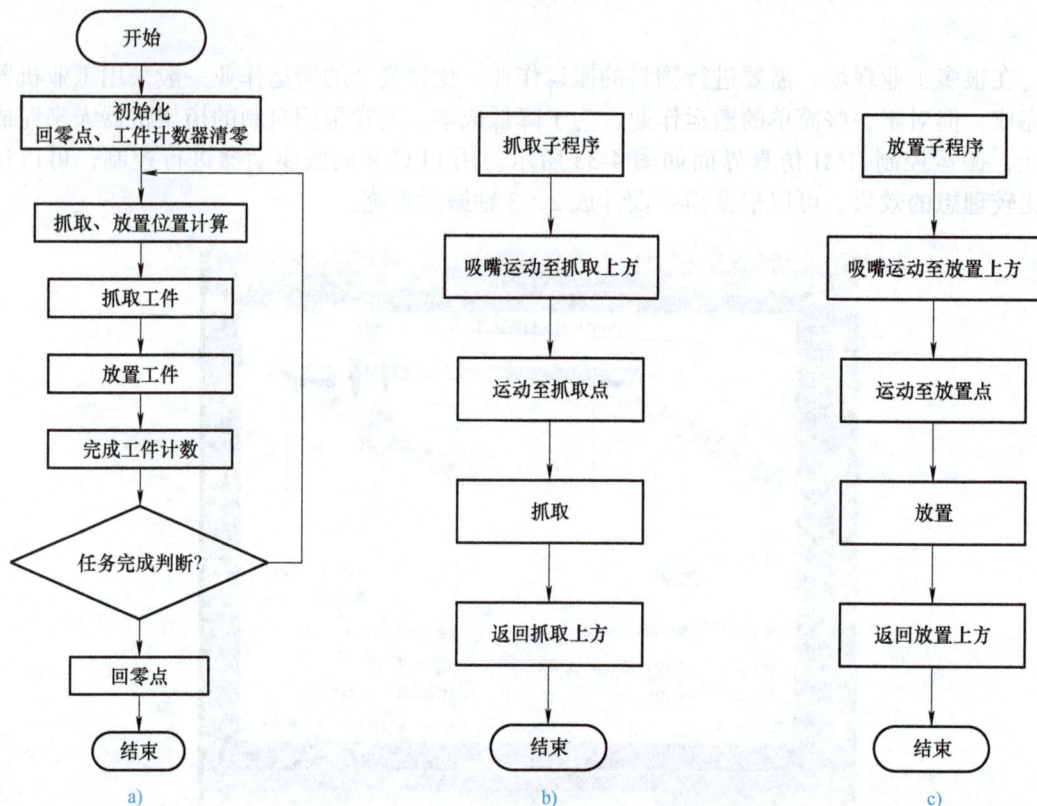

图 4-35　搬运总体流程及抓取和放置子程序流程图

　　抓取子程序和放置子程序基本动作相仿，均是先运动到平台上方，再移动至工作点，而后进行抓取或放置动作，然后返回平台上方。

　　抓取和放置位置计算参照任务 4-4 搬运系统设计与调试部分，计算子程序如图 4-36 所示。

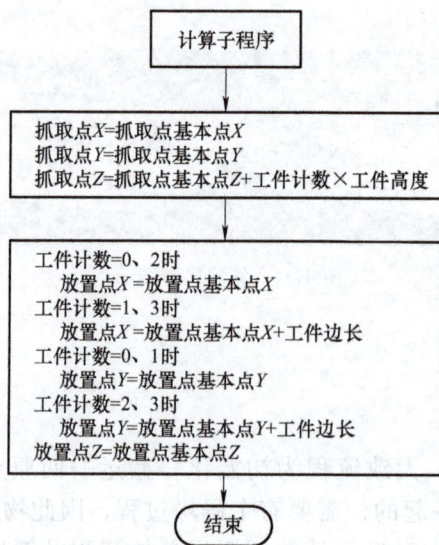

图 4-36　计算子程序

2. 程序设计

搬运系统一般对系统空间轨迹要求不高，可以设计成 3 轴独立运动控制系统，也可以用轴组控制。

（1）各轴独立控制　如采用单轴控制方法，各轴均采用一条定位控制指令，图 4-37 为单轴定位控制设置。图 4-38 为轴集中驱动控制。

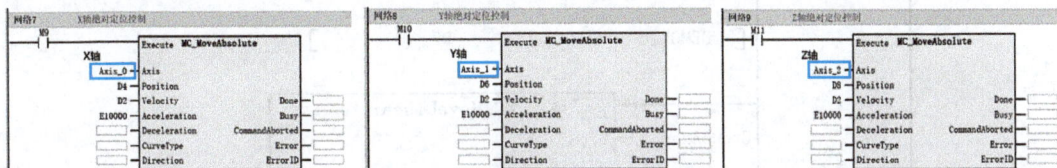

图 4-37　单轴定位控制设置

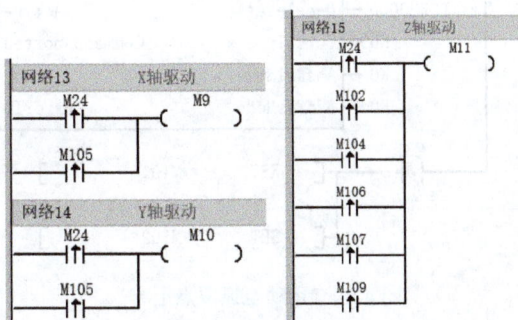

图 4-38　轴集中驱动控制

（2）轴组控制　目前大部分 PLC 提供多轴的插补控制，汇川 H5U 提供轴组控制。本任务可以采用轴组方法，通过轴组设置，控制时只要一条 MC_MoveLinear 指令即可完成运动，轴组配置如图 4-39 所示，方法参照项目 3 拓展内容。

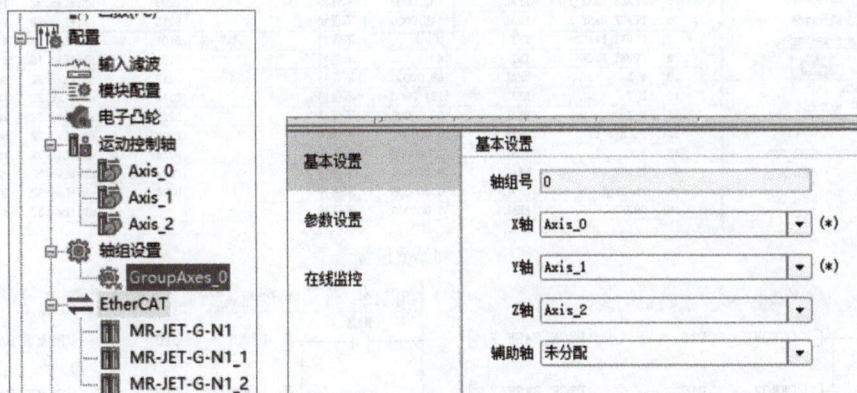

图 4-39　轴组配置

使用 DEMOV 指令为坐标点赋值，再使用直线插补运动至抓取点上方，如图 4-40 所示。

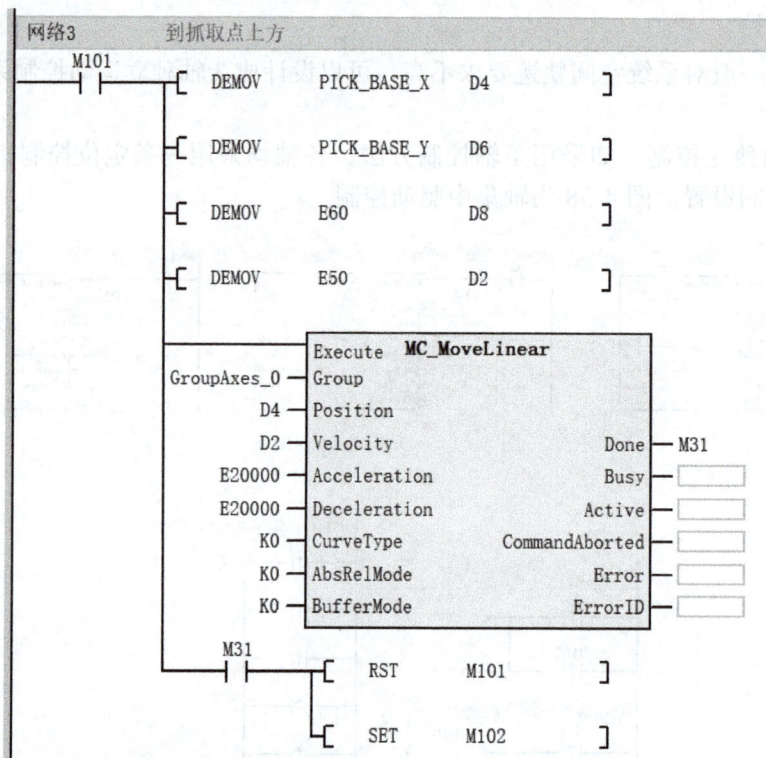

图 4-40　运动至抓取点上方

关联抓取位置和放置位置坐标，如图 4-41 所示。

a) 变量初始值设置

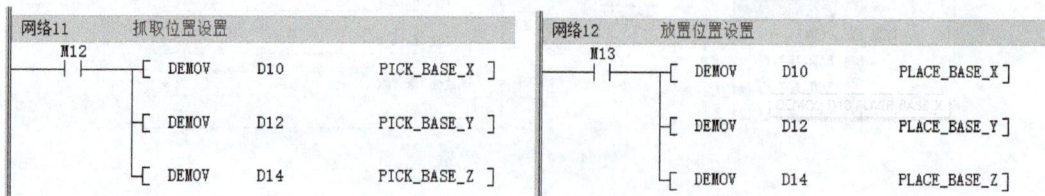

b) 抓放位置程序参考

图 4-41　关联抓取位置和放置位置坐标

三、运行调试

人机界面所需的脚本和相对调试已经完成，编程时只要按表4-31所给的寄存器进行关联就可正常控制和显示。桁架机器人人机界面主要变量见表4-31。

表 4-31 桁架机器人人机界面主要变量

序号	寄存器编号	数据类型	位数	功能	HMI
1	M1	BOOL	1	复位控制	√
2	M2	BOOL	1	回零控制	√
3	M3	BOOL	1	X轴正向点动	√
4	M4	BOOL	1	X轴反向点动	√
5	M5	BOOL	1	Y轴正向点动	√
6	M6	BOOL	1	Y轴反向点动	√
7	M7	BOOL	1	Z轴正向点动	√
8	M8	BOOL	1	Z轴反向点动	√
9	M9	BOOL	1	X轴绝对定位控制	×
10	M10	BOOL	1	Y轴绝对定位控制	×
11	M11	BOOL	1	Z轴绝对定位控制	×
12	M12	BOOL	1	抓位置确认	√
13	M13	BOOL	1	放位置确认	√
14	M21	BOOL	1	自动起动	√
15	M20	BOOL	1	自动停止	√
16	D0	REAL	32	点动位移	√
17	D2	REAL	32	自动运动速度	×
18	D4	REAL	32	X轴绝对目标位置	√
19	D6	REAL	32	Y轴绝对目标位置	√
20	D8	REAL	32	Z轴绝对目标位置	√
21	D10	REAL	32	X轴当前位置	√
22	D12	REAL	32	Y轴当前位置	√
23	D14	REAL	32	Z轴当前位置	√
24	D100	INT	16	剩余个数	√
25	D101	INT	16	已码计数	√
26	M1000	BOOL	1	轴使能标志	√

1. 无真实设备在触摸屏调试校点过程

将PLC与触摸屏关联，PLC程序下载后，起动触摸屏及PLC仿真运行。

此时，在触摸屏界面设置抓取位置和放置位置，设定剩余块数和已码块数。按 Home 键，使得设备先回零，然后按自动起动按钮，观察触摸屏搬运系统是否正常搬运，剩余数量和已码数量是否与画面一致，触摸屏仿真调试界面如图4-42所示。

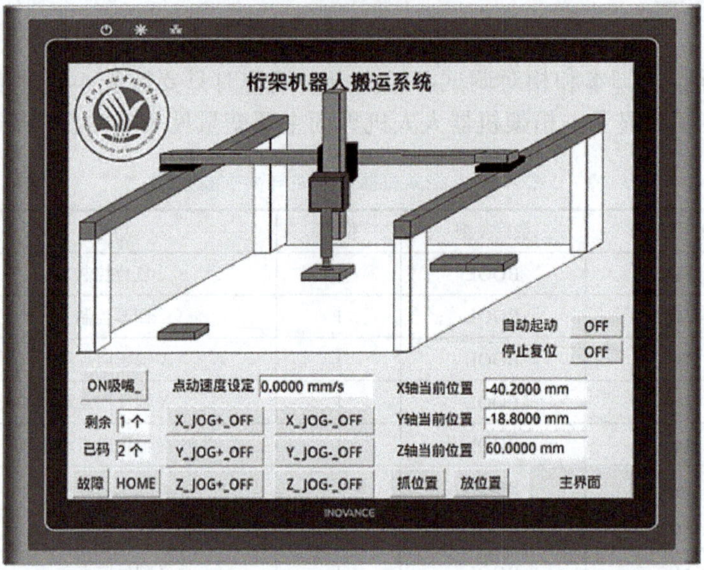

图 4-42　触摸屏仿真调试界面

2. 真实设备校点调试

　　实际设备调试过程，注意在接近目标位置时把速度调小，不要发生碰撞。对于抓取和放置点可以通过示教形式进行数据读取，其中吸嘴上有弹簧可伸缩，在接触到目标时稍微压下一点即可。在移动到抓取点时，观察真空工作情况，吸住物料后，移动至放置点放置工件。

　　也可以进行虚实同步，把触摸屏的物料块位置根据实际的抓取位置和放置位置移动至目标即可。

实战练习

4-1　参照任务 4-2，使用外部 I/O 模块进行 Jog 运动起停控制。

4-2　参照任务 4-4，将图 4-43 所示右侧分散的 4 个物料堆放成左侧叠放形式。

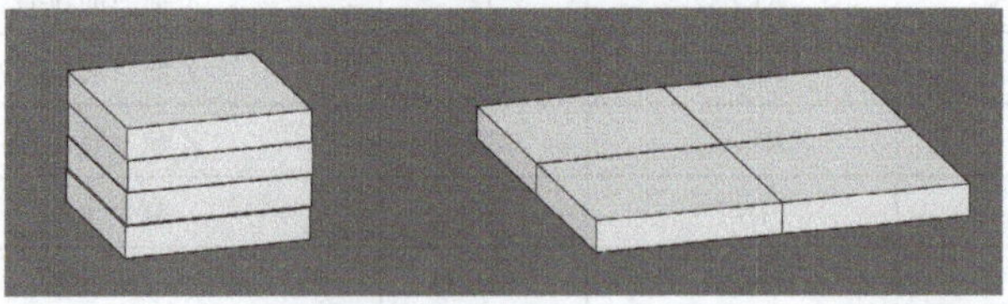

图 4-43　练习 4-2 堆放示意图

　　4-3　假设物料堆放点为 A 和 B，需要将两地的物料堆放至 C 点，A 和 B 各有 4 个物料，且上下叠放，在 C 点叠放时，A 点物料叠放在下层，B 点物料叠放在上层。

拓展练习

4-1　使用 PLC 完成实战练习 4-2。

4-2　使用 PLC 完成实战练习 4-3。

项目 5

打标系统设计与装调

知识目标:

1. 认识激光技术及其应用。
2. 掌握打标系统的基本组成。
3. 掌握电子凸轮运动的概念。

能力目标:

1. 能根据打标对象选择和使用相应激光器。
2. 能根据项目要求完成激光打标装置的安装与连线。
3. 能根据任务要求完成激光打标、飞剪任务的程序设计和调试。

素质目标:

1. 能够积极思考,举一反三,探索解决问题的多种方式。
2. 能够重视团队分工,培养尊重别人和自己的劳动成果等职业素养。
3. 培养良好的职业道德、职业修养。

项目引入

使用打标装置,完成如图 5-1 所示图案的绘制。

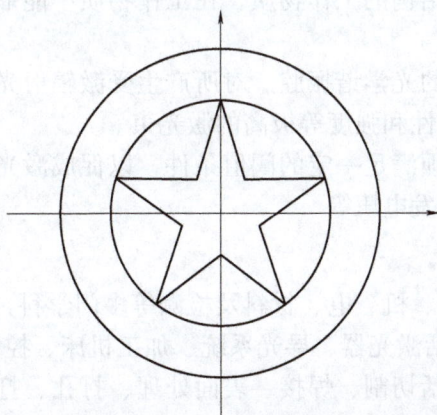

图 5-1　打标图案

整套设备可以利用伺服运动控制进行轨迹运行，并配套外围扩展 I/O 模块，完成激光器的输出控制。

任务 5-1　硬件系统搭建

在生产中，依据国家相关规定或企业自身管理需要，在产品上标注文字、图片等，如生产日期、有效期和产品编号等。这个过程被称为打标。激光打标是激光加工重要的应用领域之一。它是利用高能量密度的激光对工件进行局部照射，使表层材料汽化或发生颜色变化的化学反应，从而留下永久性标记的一种打标方法。激光打标可以打出各种文字、符号和图案等，字符大小可以从毫米到微米量级，这对产品的防伪有特殊的意义。

一、激光系统

1. 激光

"激光"（LASER）一词是受激辐射光放大的意思，本质上属于一种光。激光与普通光相比，单色性强（辐射源的能量分布在一个相当窄的频谱范围）、方向性好（辐射光束的准直性好）且亮度高（激光器在很窄的一个立体角内发光）。

激光是一种受激辐射，当原子中的电子处于高能级时，若外来光子的频率恰好满足下式：

$$\nu = \frac{E_2 - E_1}{h} \tag{5-1}$$

则电子就会在外来光子的诱发下向低能级跃迁，并发出一个与外来光子一模一样的光子。光子能级如图 5-2 所示。

在受激辐射中，一个光子可以产生两个频率、相位、偏振方向和传播方向完全相同的光子，如果这两个光子再引起其他原子产生受激辐射，就会得到更多特征完全相同的光子，即形成"光放大"。

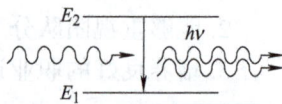

图 5-2　光子能级示意图

产生激光的必要条件如下。

1）选择具有适当能级结构的工作物质，在工作物质中能形成粒子数反转，为受激辐射的发生创造条件。

2）选择一个适当结构的光学谐振腔。对所产生受激辐射光束的方向、频率等加以选择，从而产生单向性、单色性和强度等极高的激光束。

3）外部的工作环境必须满足一定的阈值条件，以促成激光的产生，如工作物质的混合比、气压、激发条件和激发电压等。

2. 激光技术应用

激光技术的应用涉及光、机、电、材料及检测等多门学科，主要分为以下几类：

1）激光加工系统，包括激光器、导光系统、加工机床、控制系统及检测系统。

2）激光加工工艺，包括切割、焊接、表面处理、打孔、打标、划线和微调等各种加工工艺。

3）激光热处理。在汽车工业中应用广泛，如缸套、曲轴、活塞环、换向器和齿轮等零部件的热处理，同时在航空航天、机床行业和其他机械行业也应用广泛。目前使用的激光器多以 YAG 激光器、CO_2 激光器为主。

4）激光快速成型。将激光加工技术和计算机数控技术及柔性制造技术相结合形成，多用于模具和模型行业。使用的激光器多以 YAG 激光器、CO_2 激光器为主。

5）激光涂敷。在航空航天、模具及机电行业应用广泛。使用的激光器多以大功率 YAG 激光器、CO_2 激光器为主。

6）激光化学。传统的化学过程，一般是把反应物混合在一起，然后往往需要加热（甚至加压）。加热会增加分子能量而产生不规则运动，这些不规则运动破坏或产生的键，有时会阻碍预期的化学反应进行。因为激光携带着高度集中而均匀的能量，可精确地打在分子键上，触发某种预期的反应。

7）激光医疗。包括激光诊断与激光治疗，前者是以激光作为信息载体，后者则以激光作为能量载体。多年来，激光技术已成为临床治疗的有效手段，成为发展医学诊断的关键技术，它解决了医学中的许多难题，为医学的发展做出了贡献。目前，激光医疗包括光动力疗法治癌，激光治疗心血管疾病，准分子激光角膜成形术，激光治疗前列腺良性增生，激光美容术，激光纤维内窥镜手术，激光腹腔镜手术，激光胸腔镜手术，激光关节镜手术，激光碎石术，激光外科手术，激光在吻合术上的应用，激光在口腔、颌面外科及牙科方面的应用；弱激光疗法等。

8）超快超强激光。超快超强激光主要以飞秒激光的研究与应用为主，作为一种独特的科学研究工具和手段，飞秒激光的主要应用可以概括为三个方面，即飞秒激光在超快领域内的应用、在超强领域内的应用和在超微细加工中的应用。

9）激光武器。激光测距仪是激光在军事上应用的起点，将其应用到火炮系统，大大提高了火炮射击精度。激光雷达相比于无线电雷达，由于激光发散角小，方向性好，因此其测量精度大幅度提高。还有精确的激光制导导弹。除此以外，高能的激光还可以对远距离目标进行精确射击或用于防御导弹等武器上。目前各国都在研制激光武器系统。2020年，美国对一款激光武器进行测试，其对于低空来袭的导弹和无人机拥有近乎完美的拦截效果。

10）激光全息技术。全息术即全息照相术，是记录波动（包括机械波、电磁波和光波）干扰的振幅和位相分布，以及使之再现的专门技术。它广泛地用作三维光学的成像，也可用于声波（声全息）和射频波。目前市场上已有激光全息立体投影机，投影效果有了很大提升。

11）光通信。激光具有很好的相干性，因而像以往的电磁波（收音机、电视等）一样可以用来作为传递信息的载波。由激光"携带"的信息（包括语言、文字、图像和符号等）通过一定的传输通道（大气、光纤等）送到接收器，再由光接收器鉴别并还原成原来的信息。

3. 激光器

激光器就是能发射激光的装置。1954 年制成了第一台微波量子放大器，获得了高度相干的微波束。1958 年，A.L.Schawlow 和 C.Hard Townes 把微波量子放大器原理推广应用到光频范围，1960年，T.H.Maiman等人制成了第一台红宝石激光器。1961年，A.Javan等人制成了氦氖激光器。1962年，R.N.Hall等人创制了砷化镓半导体激光器。

目前激光器的种类很多。

按工作物质的性质分类，大体可以分为气体激光器、固体激光器和液体激光器，也有些分为气体激光器、固体激光器、半导体激光器和染料激光器4大类。

按工作方式区分，又可分为连续型和脉冲型等。其中每一类激光器又包含了许多不同类型。

按激光器的能量输出又可以分为大功率激光器和小功率激光器。大功率激光器的输出功率可达到兆瓦量级，而小功率激光器的输出功率仅有几毫瓦。

本项目激光器主要用于物料表面烧刻，所用功率不高，因此只要配备适中功率激光器。表5-1是各种材质激光器应用功率选择表。

表 5-1　各种材质激光器应用功率选择表

序号	材料	雕刻功率 /W	雕刻速度 mm/s	切割功率 /W	切割速度 mm/s
1	皮具	10 ～ 30	260 ～ 350	15 ～ 65	5 ～ 20
2	纸张	10 左右	300 以上	5 ～ 15	20 左右
3	布料	10 左右	300 左右	5 ～ 20	10 ～ 40
4	木板	10 左右	300 左右	15 ～ 80	5 ～ 20
5	大理石	15 左右	300 左右	—	—
6	亚克力	10 ～ 20	200 ～ 300	40	10 ～ 20
7	刻章	20 ～ 25	150 ～ 300		
8	玻璃	10 左右	180 ～ 300		

本项目激光器可以选择 5 ～ 10W 激光器，实际选用 5.5W 激光器，激光模组参数表见表 5-2。

表 5-2　激光模组参数表

参数项	参数值	参数项	参数值
输入电压	DC 12V	输出电压	5V
激光颜色	蓝色	输出电流	4.8A（max）
外壳材质	铝合金 + 亚克力	安装孔位置尺寸	40mm × 40mm × 110mm

二、硬件搭建

激光打标系统搭建包括三部分的安装，分别是 *XYZ* 模组的机械安装、激光器的安装及电气安装。任务 4-1 已经完成了相关 *XYZ* 模组的机械安装，本任务主要完成激光器的安装调试。

1. 激光模组组成

激光模组主要由两部分组成：激光器和驱动板。激光器采用纯铜件导热，镜头采用专业工业级光学镜头。激光模组实物如图 5-3 所示。

图 5-3　激光模组实物

2. 安装

（1）模组固定　激光器与驱动板配有安装孔，可以根据现有设备或根据尺寸开孔安装，如图 5-4 所示。

（2）设备连接　激光器与驱动器之间由接插件直接连接，驱动器主要接口结构如图 5-5 所示。根据任务使用要求，将驱动器接上 DC 12V 电源，驱动器的 PWM 输出 2 端与激光器相连，驱动器 KZ IN 端与 I/O 模块输出相连，激光模组接线如图 5-6 所示。

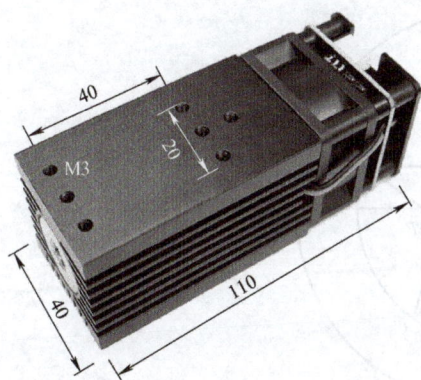

图 5-4　激光器安装孔位置尺寸

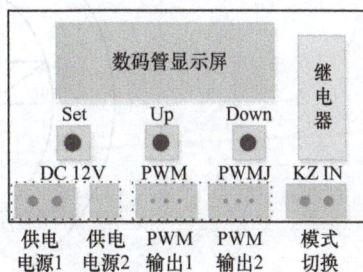

图 5-5　驱动器主要接口结构图

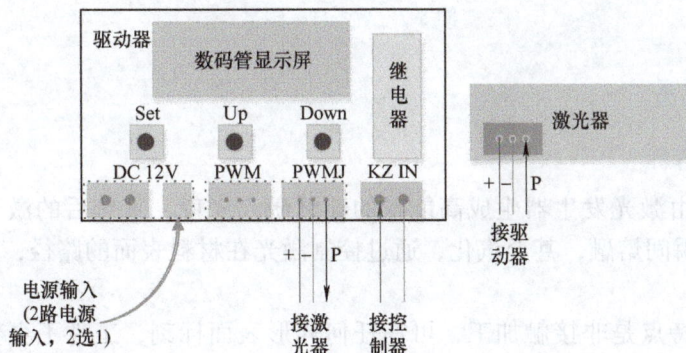

图 5-6　激光模组接线示意图

3. 调试

激光模组配有三个按键 Set、Up 和 Down，通过三个按键的使用，可以切换使用频率和占空比等数据。

（1）Set 键　短按该键能够切换显示 4 个参数值（FR1：PWM1 频率；dU1：PWM1 占空比；FR2：PWM2 频率；dU2：PWM2 占空比）。

（2）Up 键、Down 键　修改当前参数值大小（长按可以快加或快减）。根据需要可以设置三种范围的频率：1 ～ 999Hz、0.1 ～ 99.9kHz、1 ～ 150kHz。

在继电器工作时，驱动器以 PWM2 的频率和占空比工作。

任务 5-2　平面激光打标

一、任务引入

完成图 5-7 所示图案的激光打标，五角星直径为 100mm，外圆直径为 140mm，使用运动控制伺服系统完成该平面激光打标工作。

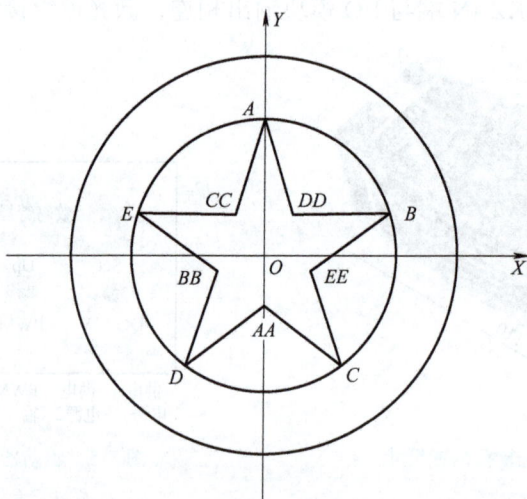

图 5-7　激光打标图案

二、任务准备

1. 平面激光打标

激光打标是由激光发生器生成高能量的连续激光光束，聚焦后的激光作用于承印材料，使表面材料瞬间熔融，甚至汽化，通过控制激光在材料表面的路径，从而形成需要的图文标记。

激光打标的特点是非接触加工，可在任何异形表面标刻，工件不会变形和产生内应力，适于金属、塑料、玻璃、陶瓷、木材和皮革等材料的标记。

激光几乎可对所有零件（如活塞、活塞环、气门、阀座、五金工具、卫生洁具和电子元器件等）进行打标，且标记耐磨，生产工艺易实现自动化，被标记部件变形小。

激光打标机采用扫描法打标，即将激光束入射到两反射镜上，利用计算机控制扫描电动机带动反射镜分别沿 X、Y 轴转动，激光束聚焦后落到被标记的工件上，从而形成了激光标记的痕迹。

平面激光打标是最常见的激光打标方式，顾名思义就是在同一个平面进行打标工作。

2. 五角星轨迹与坐标

结合图 5-7，五角星形状轨迹由 A–DD–B–EE–C–AA–D–BB–E–CC–A 构成，可以采用数学建模构建五角星轨迹方程，也可以由外五星 $ABCDE$ 和内五星 $AABBCCDDEE$ 十个坐标点确定五角星轨迹。本文采用坐标点定轨迹，有兴趣也可以查阅相关资料使用五角星轨迹方程进行确定。

假设五角星外五角点构成的外圆半径为 R，内五角点构成的内圆半径为 r。结合辅助线，五角星各角计算如图 5-8 所示，已知五角星每个外角为 36°，即 $\angle CCADD = 36°$，每个内角为 108° 即 $\angle ADDB = 108°$，内外五角点相邻两点与原点夹角均为 72°。

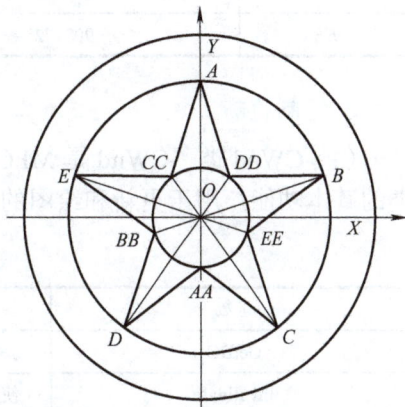

图 5-8　五角星各角计算辅助线图

以 A 点为基准点，可以求出 BO 连线和 X 轴夹角及坐标点：

$$\angle BOX = 90° - 72° = 18° \tag{5-2}$$

代入 $(R\cos\theta, R\sin\theta)$ 即可求得点坐标值。

同样可以求得其他各点夹角及坐标点，可以获得外五角的 5 个点坐标值见表 5-3。

表 5-3　外五角点坐标

外五角	与原点连线和 X 轴夹角	X 轴坐标	Y 轴坐标
A	90°	$R\cos90°$	$R\sin90°$
B	90°−72°=18°	$R\cos18°$	$R\sin18°$
C	90°−72°×2=−54°	$R\cos(-54°)$	$R\sin(-54°)$
D	90°+72°×2=180°+54°	$-R\cos54°$	$-R\sin54°$
E	90°+72°=180°−18°	$-R\cos(-18°)$	$-R\sin(-18°)$

若五角星外圆半径 R 为 1，则可求出内圆半径 r：

$$r = \frac{1+(\tan18°)^2}{3-(\tan18°)^2} \approx 0.381966 \tag{5-3}$$

同样，以 AA 为内五角基准点，可以求出其他内五角点与 O 点连线和 X 轴夹角。因此，可以得到内五角点坐标，见表 5-4。

表 5-4　内五角点坐标

内五角	与原点连线和 X 轴夹角	X 轴坐标	Y 轴坐标
AA	−90°	$r\cos(-90°)$	$r\sin(-90°)$
BB	270°−72°=180°+18°	$-r\cos18°$	$-r\sin18°$

（续）

内五角	与原点连线和 X 轴夹角	X 轴坐标	Y 轴坐标
CC	$270°-72°\times2=180°-54°$	$-r\cos54°$	$r\sin54°$
DD	$-90°+72°\times2=54°$	$r\cos54°$	$r\sin54°$
EE	$-90°+72°=-18°$	$r\cos18°$	$-r\sin18°$

3. 绘制轨迹

（1）CWnd 类　CWnd 是 MFC 窗口类的基类，提供了 Microsoft 基础类库中所有窗口类的基本功能。用于更新和绘图的函数汇总见表 5-5。

表 5-5　更新和绘图函数汇总

函数	功能
GetDC	获得客户区的设备环境
Invalidate	使整个工作区无效
InvalidateRect	通过将给定矩形添加到当前更新区域，使该矩形内的工作区无效
InvalidateRgn	通过将给定区域添加到当前更新区域，使该区域内的工作区无效
UpdateWindow	更新工作区

对于通用设备上下文，GetDC 会在每次检索上下文时为其分配默认属性。Invalidate、InvalidateRect 和 InvalidateRgn 主要使得特定工作区无效，用于 MFC 一定区域内图像清除，避免下次绘图图像的叠加。UpdateWindow 用于工作区更新，MFC 中绘制图像需要更新相应工作区。

（2）CDC 类　CDC 类定义的是设备上下文对象的类。CDC 对象提供处理显示器或打印机等设备上下文的成员函数，以及处理与窗口客户区对应的显示上下文的成员。通过 CDC 对象的成员函数可以进行所有的绘图。它为获取和设置绘图属性、映射，处理视点、窗口扩展、转换坐标，处理区域、剪贴、绘制直线及绘制简单椭圆和多边形等形状提供了成员函数。

CDC 类有很多成员函数，本文主要介绍用于绘图的成员函数，包括绘制直线、椭圆和多边形等的成员函数。

1）坐标点的像素设置指定颜色。坐标点像素函数见表 5-6，例如，SetPixel（600，400，RGB（255，0，0）），即设置（600，400）坐标点的颜色为三基色 RGB（255，0，0）。

表 5-6　坐标点像素函数

函数	功能
SetPixel（int x，int y，COLORREF crColor）	x、y 为点的逻辑 X、Y 坐标；参数 crColor 是为点设置的颜色
SetPixel（POINT point，COLORREF crColor）	point 指定点的逻辑 X、Y 坐标，可以为其传入 POINT 结构体变量

2）当前点移动到指定位置。点移动指令见表 5-7，指令用于将当前坐标点移动到指定

位置，例如，MoveTo（600，400）即移动至（600，400）坐标点。

表 5-7　点移动指令

函数	功能
MoveTo（int x，int y）	x、y 为点的逻辑 X、Y 坐标
MoveTo（POINT point）	point 指定点的逻辑 X、Y 坐标

3）绘制直线。绘制一条从当前点到指定点（不包括指定点）的直线。直线绘制指令见表 5-8。

表 5-8　直线绘制指令

函数	功能
LineTo（int x，int y）	x、y 为点的逻辑 X、Y 坐标
LineTo（POINT point）	point 指定点的逻辑 X、Y 坐标

一般绘制直线时，需要先定义 CDC *pDC，然后可以先调用 MoveTo 函数移动当前点到某个位置，最后调用 LineTo 画直线。例如，

CDC *pDC = GetDC（）；
pDC → MoveTo（0，100）；
pDC → LineTo（200，100）；

这样就绘制出（0，100）到（200，100）的直线，如图 5-9 所示。

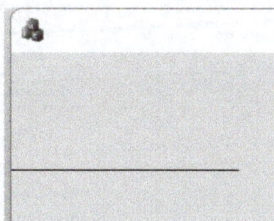

图 5-9　直线绘制

4）绘制椭圆。绘制一个椭圆，确定椭圆矩形对角点。椭圆绘制指令见表 5-9。

表 5-9　椭圆绘制指令

函数	功能
Ellipse（int x1，int y1，int x2，int y2）	x1、y1 为指定椭圆的外接矩形左上角 X 和 Y 坐标；x2、y2 为指定椭圆的外接矩形右下角的 X 和 Y 坐标
Ellipse（LPCRECT lpRect）	lpRect 为指定椭圆的外接矩形，可以传入 CRect 对象或 RECT 结构体变量的指针

一般绘制椭圆或圆可以由椭圆的外接矩形或正方形对角点来确定。例如，

CDC *pDC = GetDC（）；
pDC → Ellipse（200，200，350，300）；
pDC → Ellipse（200，300，300，400）；

就是绘制长 150、宽 100 的椭圆和长宽为 100 的圆，如图 5-10 所示。

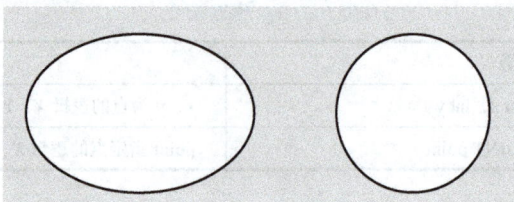

图 5-10   椭圆绘制

5）绘制多边形。根据指定的多边形顶点绘制多边形，两者有一定区别，一个是线，一个是形状。绘制多边形指令见表 5-10。

表 5-10   绘制多边形指令

函数	功能
Polyline（LPPOINT lpPoints，int nCount）	lpPoints 为指向一个 POINT 结构体变量数组或 CPoint 对象数组的指针，代表了多边形顶点的坐标；nCount 为数组中点的个数，至少为 2
Polygon（LPPOINT lpPoints，int nCount）	

一般绘制多边形前先根据多边形边数定义顶点数组，然后调用多边形函数。例如，

InvalidateRgn（NULL）；
UpdateWindow（）；
CPoint pts[6]，ptsg[5]；
CDC *pDC = GetDC（）；
ptsg[0].x=pts[0].x = 200；
ptsg[0].y = pts[0].y = 100；
ptsg[1].x=pts[1].x = 400；
ptsg[1].y = pts[1].y = 100；
ptsg[2].x=pts[2].x = 500；
ptsg[2].y = pts[2].y = 200；
ptsg[3].x=pts[3].x = 400；
ptsg[3].y = pts[3].y = 300；
ptsg[4].x=pts[4].x = 200；
ptsg[4].y = pts[4].y = 300；
pts[5].x = 200；
pts[5].y = 100；
pDC → Polyline（pts，6）；
若将 Polyline 换成 Polygon，函数改成：
pDC → Polygon（ptsg，5）；

参考图 5-11 和图 5-12，读者自行找出它们的不同点。

三、任务实施

1. 任务实施流程

任务实施主要有以下几个步骤。

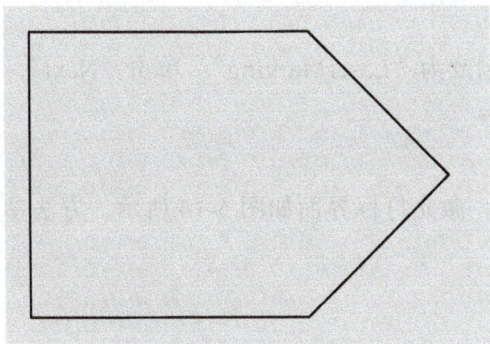

图 5-11　多边形（边线）

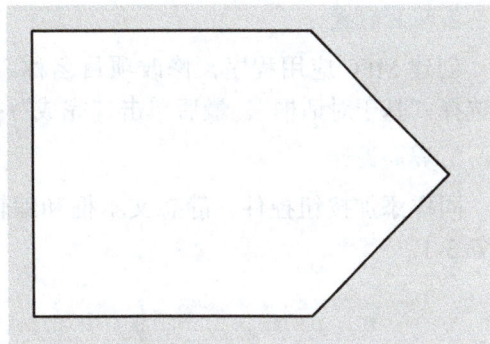

图 5-12　多边形（形状）

1）连接好伺服系统、I/O 模块、控制器及激光打标装置，配置伺服驱动器参数，修改后重新上电待用。

2）打开 VS，创建 MFC 应用，设计 MFC 任务界面。

3）程序设计：基本流程包括初始化控制器、总线网络和扩展模块→清除状态、位置清零和伺服使能配置→绘制运动轨迹→起动运动及激光打标控制→停止并结束任务。激光打标程序流程如图 5-13 所示。

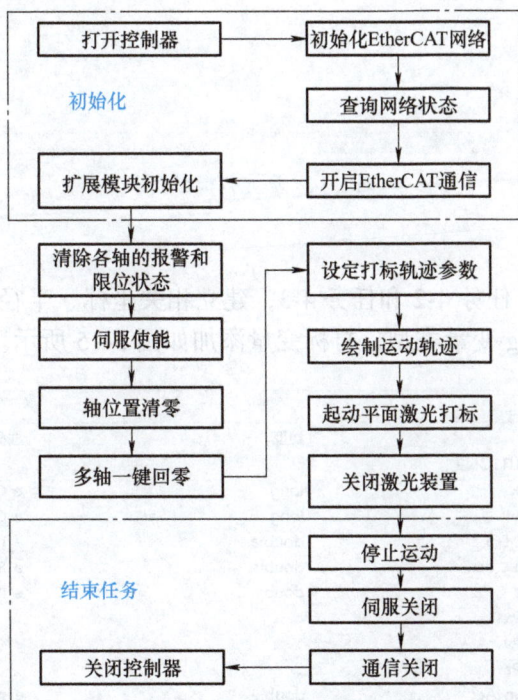

图 5-13　激光打标程序流程

4）生成解决方案。

5）将相应运动轴使用 MotionStudio 创建 XML 文件"Gecat.xml"，并存入相应项目文件夹。

6）设备上电，运行执行文件，调试设备。

189

2. 项目创建

创建 MFC 应用程序，修改项目名称，本例改为"LaserMarking"，单击"Next"，然后选择"基于对话框"，最后单击"完成"按钮。

3. 界面设计

同样添加按钮控件、静态文本框和编辑框，激光打标界面如图 5-14 所示，方法参照任务 3-1。

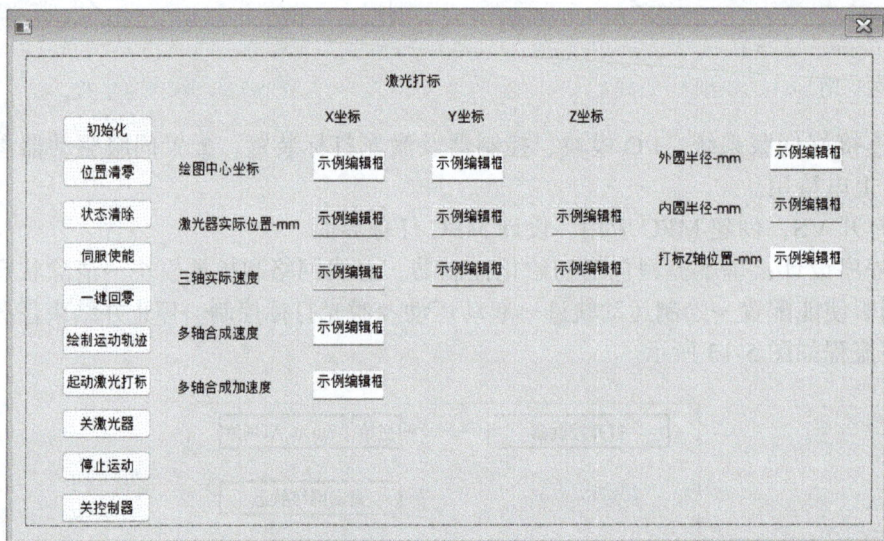

图 5-14　激光打标界面

4. 添加变量

方法参照任务 3-4、任务 4-2 和任务 4-3，建立相关坐标、半径、位置、速度和加速度变量，采用 double、long 变量类型，打标变量添加如图 5-15 所示。

图 5-15　打标变量添加

同任务 3-1，在消息栏添加消息 WM_TIMER，生成 OnTimer 处理程序。

5. 编辑程序

常规程序代码，包括 OnInitDialog（）函数中添加字体设置代码，初始化按钮、状态清除按钮、位置清零按钮、伺服使能按钮、停止运动按钮和关控制器按钮等函数都采用与任务 3-3 相同的方法，其他程序代码如下。

（1）声明全局变量 声明变量与任务 3-1 类似，主要包括运动指令返回值、内核、规划速度、实际位置与速度、字符串数据结构等。定义并计算五角星内外点半径比值：

double r =（1+pow（tan（0.314159265），2））/（3−pow（tan（0.314159265），2））;

（2）定时器处理程序 在 OnTimer（UINT_PTR nIDEvent）函数中，编辑代码根据变量进行调整，获得实际速度、实际位置等变量的实时变化。基本与任务 3-3 相同。

（3）按钮控件事件处理函数

1）一键回零按钮。一键回零程序可以参照任务 4-4，考虑到回零效率，本任务采用 3 轴同时回零形式，在原有程序基础上进行修改。

一键回零实现 3 个轴回到设定的原点开关位置的运动控制，回零模式设置、参数设定、起动和停止回零参照任务 4-4。双击开始一键回零按钮控件，进入按钮控件事件处理函数，添加代码，函数内容如下：

```
UpdateData（1）;
    short i;
    for（i = 1; i <= 3; i++）                     // 3 轴回零
    {
        sRtn = GTN_SetHomingMode（1, i, 6）;        // 设置轴回零模式
        sRtn = GTN_SetEcatHomingPrm（core, i, MOD, speed1, speed2, acc1, 0, 0）;
        sRtn = GTN_StartEcatHoming（1, i）;          // 回零
        sRtn = GTN_GetEcatHomingStatus（1, i, &sHomeSts[i–1]）;
    }
    if（（sHomeSts[0] == 3）&&（sHomeSts[1] == 3）&&（sHomeSts[2] == 3））
    {
        sRtn = GTN_ZeroPos（core, 1, 3）;
        sRtn = GTN_ClrSts（core, 1, 3）;
        for（i = 1; i <= 3; i++）
        {
            sRtn = GTN_SetHomingMode（1, i, 8）;  // 切换到位置控制模式
        }
    }
UpdateData（0）;
```

2）绘制运动轨迹。绘制运动轨迹主要确认绘制轨迹与实际运动轨迹一致，使用相应的 CWnd 和 CDC 类函数，包括五角星、圆及绘图函数等。

① 五角星函数 DrawPentagram（double radius）。

void CLaserMarkingDlg::DrawPentagram（double radius）
{

```
        CPoint pts[5]，ptsr[5]；        // 外五角点和内五角点数组
        CDC *pDC = GetDC()；           // 创建画笔工具
        for（int i = 0；i < 5；i++）
        {
            pts[i].x=（long）（Cx+radius*cos（（i*72+90）*3.14159265/180））；// 外五角点坐标 X
            pts[i].y=（long）（Cy–radius*sin（（i*72+90）*3.14159265/180））；// 外五角点坐标 Y
            ptsr[i].x=（long）（Cx+radius*r*cos（（i*72+126）*3.14159265/180））；// 内五角点坐标 X
            ptsr[i].y=（long）（Cy–radius*r*sin（（i*72+126）*3.14159265/180））；  // 内五角点坐标 Y
        }
        pDC → MoveTo（pts[0]）；          // 把当前位置移到指定的点（起点）
        for（int i = 0；i < 5；i++）
        {
            pDC → LineTo（ptsr[i]）；      // 从当前位置画一条线到指定的点（内角点）
            pDC → LineTo（pts[i+1]）；     // 从当前位置画一条线到指定的点（外角点）
        }
        pDC → LineTo（pts[0]）；          // 画一条线到终点（也是起点）
}
```

② 圆函数 DrawCircle（double radius）。

```
void CLaserMarkingDlg::DrawCircle（double radius）
{
        CDC *pDC = GetDC()；           // 创建画笔工具
        int px = Cx，py = Cy；          // 圆心坐标
        pDC → Ellipse（px–radius，py+ radius，px + radius，py – radius）；
}
```

该绘图方法较为简单，但圆内有填充，如果不想要填充可以采用其他方法，可自行查找。本文提供一种描点法供参考。

```
void CLaserMarkingDlg::DrawCircle（double radius）
{
        CDC *pDC = GetDC()；           // 创建画笔工具
        int x，y，px = Cx，py = Cy；
        double d；
        x = 0；y = radius；d = 1.25 – radius；
        pDC → SetPixel（x + px，y + py，RGB（255，0，0））；// 给像素点着色
        while（x <= y）                 // 第一象限的 45° ～ 90° 区域
        {
            if（d < 0）
                d += 2 * x + 3；
            else
        { d += 2 *（x – y）+ 5；y--；}
            x++；
            // 描点 8 个，将一个圆分成 8 个区
            pDC → SetPixel（（x + px），（y + py），RGB（255，0，0））；
            pDC → SetPixel（（–x + px），（y + py），RGB（255，0，0））；
```

```
            pDC → SetPixel（（x + px），（-y + py），RGB（255，0，0））；
            pDC → SetPixel（（-x + px），（-y + py），RGB（255，0，0））；
            pDC → SetPixel（（y + px），（x + py），RGB（255，0，0））；
            pDC → SetPixel（（y + px），（-x + py），RGB（255，0，0））；
            pDC → SetPixel（（-y + px），（x + py），RGB（255，0，0））；
            pDC → SetPixel（（-y + px），（-x + py），RGB（255，0，0））；
        }
    }
```

该圆形实际由很多条线段组成，具体原理读者可以自行分析。

③ 运动轨迹绘制及相应代码。图形绘制可以直接调用上述函数，双击绘制运动轨迹按钮控件进入按钮控件事件处理函数，添加代码，函数内容如下：

```
UpdateData（TRUE）；                               // 将控件中的数据值更新到相应的变量
Invalidate（1）；                                  // 使 CWnd 的整个工作区失效
UpdateWindow（）；                                 // 更新工作区
DrawCircle（e_R）；                                // 绘制圆形
DrawPentagram（e_R）；                             // 绘制五角星
strTemp.Format（_T（"%.1f"），r * e_R）；          // 读取 r * e_R 格式化字符串
SetDlgItemText（IDC_In_Dia，strTemp）；            // 字符串在 IDC_In_Dia 控件中显示
UpdateData（0）；
```

3）起动激光打标。起动激光打标控制主要控制激光输出及打标轨迹运行，可以采用点位运动和插补运动相结合，参照任务 3-4、任务 4-2 对轴运动和 I/O 模块进行控制，实现激光头的动作控制，包括各轴运动模式恢复、五角星内外点的计算、参数设定和读取、起动运动等。双击起动激光打标按钮控件，进入按钮控件事件处理函数，添加代码，函数内容如下：

```
UpdateData（TRUE）；
for（int i = 1；i <= 3；i++）
{
    sRtn = GTN_SetHomingMode（1，i，8）；          // 从一键回零恢复切换到位置控制模式
}
CPoint pts[5]，ptsr[5]；
for（int i = 0；i < 5；i++）                       // 计算五角星内外 10 个点坐标
{
    pts[i].x =（long）（e_Cx+e_R*cos（（i*72+90）* 3.14159265/180））*1000；  // 外五角点坐标 X
    pts[i].y =（long）（e_Cy+e_R*sin（（i*72+90）* 3.14159265/180））*1000；  // 外五角点坐标 Y
    ptsr[i].x=（long）（e_Cx+e_R*r*cos（（i*72+126）* 3.14159265/180））*1000；  // 内五角点坐标 X
    ptsr[i].y=（long）（e_Cy+e_R*r*sin（（i*72+126）* 3.14159265/180））*1000；  // 内五角点坐标 Y
}
/* 插补运动设置 */
TCrdPrm crdPrm；
memset（&crdPrm，0，sizeof（crdPrm））；
GTN_CrdClear（core，1，0）；
crdPrm.dimension = 3；                            // 坐标系为三维坐标系
```

```
crdPrm.synVelMax = 500;                      // 最大合成速度：500pulse/ms
crdPrm.synAccMax = 20;                        // 最大加速度：20pulse/ms²
crdPrm.evenTime = 50;                         // 最小匀速时间：50ms
crdPrm.profile[0] = 3;                        // 规划器 1 对应到 Z 轴
crdPrm.profile[1] = 2;                        // 规划器 2 对应到 Y 轴
crdPrm.profile[2] = 1;                        // 规划器 3 对应到 X 轴
crdPrm.setOriginFlag = 1;                     // 表示需要指定坐标系的原点坐标的规划位置
crdPrm.originPos[0] = 0;                      // 坐标系的原点坐标的规划位置为（0，0，0）
crdPrm.originPos[1] = 0;
crdPrm.originPos[2] = 0;
/* 运动至五角星中心点位置 */
sRtn = GTN_SetCrdPrm（core，1，&crdPrm）;
sRtn = GTN_LnXYZ（core，1，e_Cx * 1000，e_Cy * 1000，e_Pz * 1000，25，5，0，0）;
sRtn = GTN_CrdStart（core，1，0）;
sRtn = GTN_CrdStatus（core，1，&run，&segment，0）;
do          // 等待运动完成
{
     GTN_CrdStatus（core，1，&run，&segment，0）;
} while（run == 1）;


/* 开激光器 */
GT_SetGLinkDo（0，0，&outval1，2）;
MySleep（100）;
/* 五角星轨迹 */
GTN_CrdClear（core，1，0）;
int i;
for（i = 0；i < 5；i++）
{
     sRtn = GTN_LnXYZ（core，1，pts[i].x，pts[i].y，e_Pz*1000，e_synVel，e_synAcc，0，0）;
     sRtn = GTN_LnXYZ（core，1，ptsr[i].x，ptsr[i].y，e_Pz*1000，e_synVel，e_synAcc，0，0）;
}
sRtn = GTN_LnXYZ（core，1，pts[0].x，pts[0].y，e_Pz*1000，e_synVel，e_synAcc，0，0）;
/* 圆形轨迹 */
for（i = 1；i < 5；i++）
     sRtn = GTN_ArcXYR（core，1，pts[i].x，pts[i].y，e_R*1000，1，e_synVel，e_synAcc，0，0）;
sRtn = GTN_ArcXYR（core，1，pts[0].x，pts[0].y，e_R*1000，1，e_synVel，e_synAcc，0，0）;
sRtn = GTN_CrdStart（1，1，0）;    // 起动坐标系 1 的 FIFO0 插补运动
GTN_CrdStatus（core，1，&run，&segment，0）;
// 等待运动完成
do
{
     GTN_CrdStatus（core，1，&run，&segment，0）;
} while（run == 1）;
GT_SetGLinkDo（0，0，&outval2，2）;            // 关闭激光器
GTN_CrdClear（core，1，0）;
UpdateData（0）;
```

可以参考上述程序完成激光打标任务，也可以自行编写程序完成相应任务。

6. 程序运行

检查项目设计制作，生成解决方案，运行程序，激光打标回零界面如图 5-16 所示。在对话框的编辑框内填入相应数值，依次单击初始化、位置清零、状态清除和伺服使能按钮，按一键回零按钮，在硬件正常的情况下，轴1、2、3 能够正常进行回零运动。

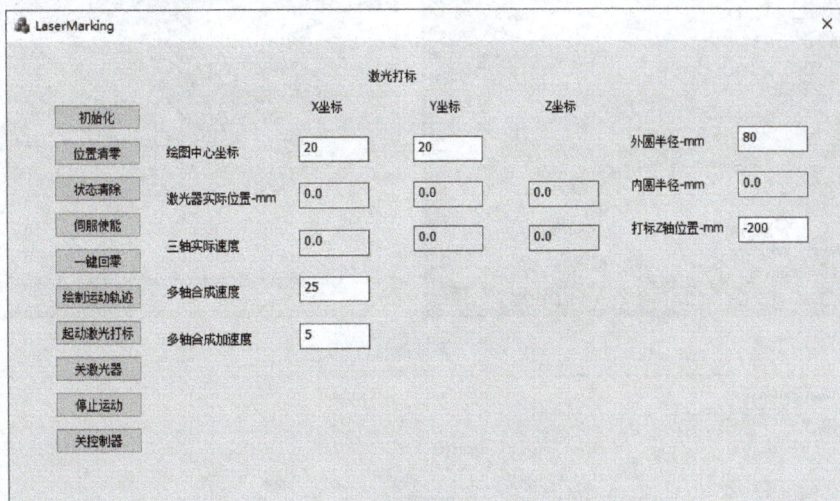

图 5-16　激光打标回零界面

在 3 个轴回零位正常后，触发绘制运动轨迹和起动激光打标按钮，观察绘制轨迹是否正常，并关注激光打标过程，在打标过程出现偏差或打标物出现燃烧等状况时及时处理。激光打标绘图界面如图 5-17 所示。

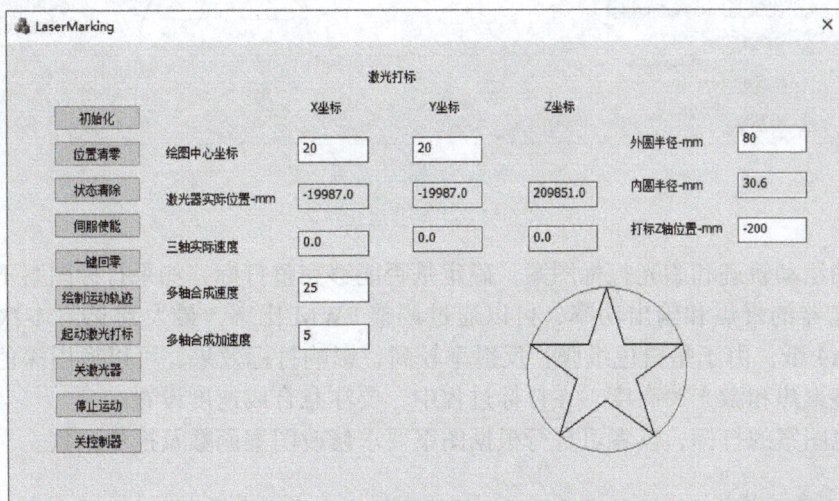

图 5-17　激光打标绘图界面

实际打标过程由于选择的激光器功率较低，打标速度需要降低，项目实际选用多轴合成速度4，合成加速度为2。在此条件下对纸张进行激光打标，能够形成与绘制轨迹相同图案的打标。激光器运行状态如图5-18所示。

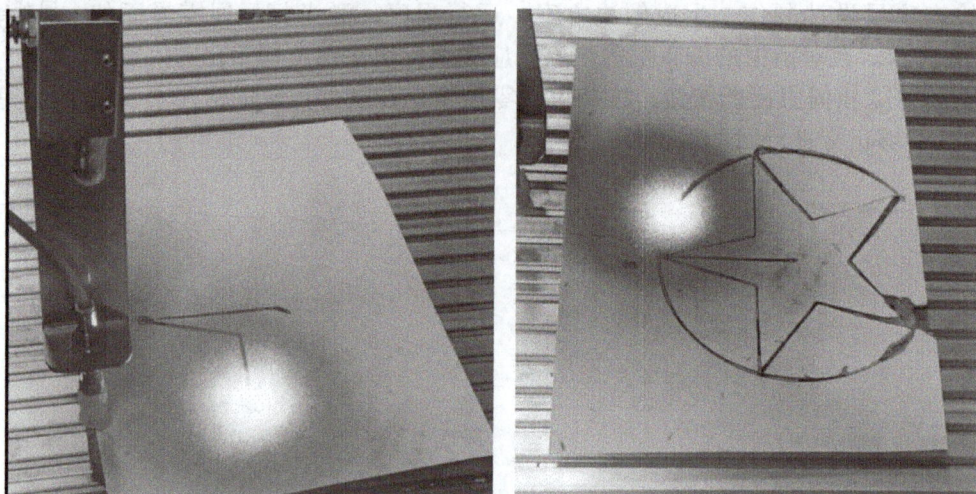

a) 激光器实际运行图

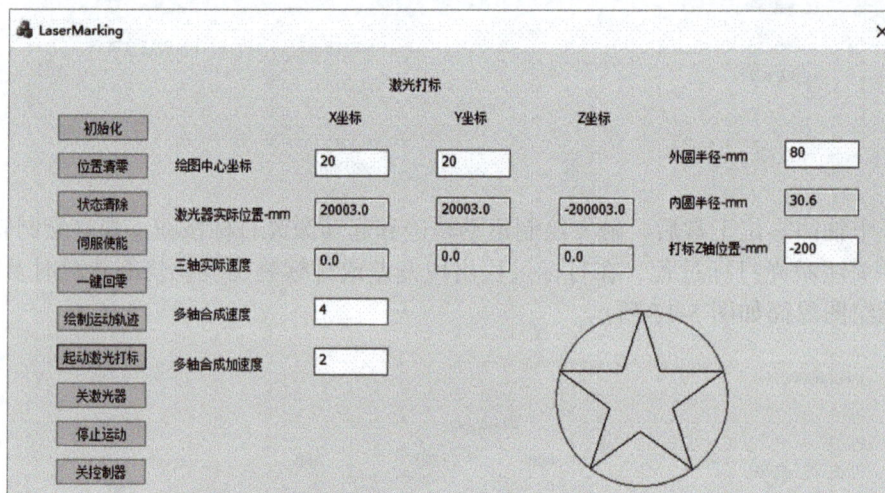

b) 激光打标运行界面

图 5-18　激光器运行状态

观察轴运动轨迹和激光打标图案，确定是否能够完整打标，如果打标图案不完整，需要调整激光器的聚焦和输出功率，可以通过调整PWM比率，最大到99。本次打标任务选用的是A4纸，由于是白色纸张，反射率较高，影响打标效果，可以换用深色卡纸，读者自行调整聚焦和激光头高度。在打标过程中，要注意合成速度设置。

对其他图案的打标，读者可自行根据图案要求修改图案函数及控件函数。

四、任务评价

任务评价见表5-11。

表 5-11　平面激光打标任务评价表

任务	训练内容与分值	训练要求	学生自评	教师评分
平面激光打标	界面设计（25分）	1. 根据任务要求正确选择控件 2. 界面美观		
	程序设计（40分）	1. 属性设置和变量定义合理 2. 程序流程清晰，可读性强 3. 任务功能完善		
	任务调试（25分）	1. 任务功能完整 2. 调试操作熟练		
	职业素养与创新思维（10分）	1. 积极思考、举一反三 2. 操作安全规范 3. 遵守纪律，遵守实验室管理制度		
		学生：　　　　　教师：　　　　　日期：		

任务 5-3　跟踪打标

一、任务引入

打标除了静态打标，还有动态打标。例如，在线飞行打标，在各类产品表面或外包装物表面进行在线式喷码刻标。在喷码刻标过程中，产品在生产线上不停流动，打标装置跟随产品边移动边打标，从而极大地提高了生产效率。

要达到打标装置与产品同步运行，需要保证位置同步和速度同步，本任务以多轴运动为例，使用电子凸轮的追随模式进行飞剪任务。

二、任务准备

1. 电子凸轮运动

电子凸轮（ECAM）是利用构造的凸轮曲线来模拟机械凸轮，以达到机械凸轮系统相同的凸轮轴与主轴之间相对运动的软件系统。

在传统机械里，轴与轴之间是靠机构来传动的，平带传动发生相位偏移如图 5-19 所示。主/从轴间以一条平带相连，当主轴开始转动时，从轴也一起转动。由于带打滑、主/从轴轮径误差等诸多因素，发现主轴与从轴的相位会发生偏移。对单纯用作传输动力的情况，相位的偏移并无关系，当需要同步的控制场合（如引擎中控制气门、曲轴与点火时机的带），就会发生问题。以机构而言，要避免相位偏移，要把一般的带换成正时带或齿轮，即使长时间运转，主/从轴的相位都能维持一致，彼此达到同步状态。

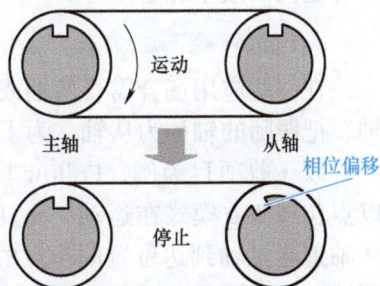

图 5-19　平带传动发生相位偏移

如果把机械传动改成伺服的电子凸轮，用编码器采集主轴的位置，并将脉冲反馈给伺服，伺服以直线的电子凸轮驱动从轴做跟随运动。采用该种方法时，脉冲偏差也同样会产生，无法达到正时带的完全同步效果。

可以效法正时带，因为它是带"齿"的，所以不会滑动造成累积误差。这个"齿"可以用主轴上任何一个周期性出现的信号（如编码器的 Z）来表示。可以用传感器将信号读进伺服的 DI，再根据编码器的型号得知主轴转一圈应该会有 N 个脉冲。由于一圈只有一个齿，所以齿的宽度就是 N。如此，只要伺服每感测到一个"齿"，就知道应该要收到 N 个脉冲，如果数量不对，就可加以补偿，让脉冲总数一直跟齿数维持正确的关系，由此便可让主/从轴的相位保持同步。

用伺服电动机实现电子凸轮功能分两种情况（伺服控制最好采用"运转＋方向"控制方式）。

1）不在跟随情况下（没有辅助编码器或伺服电动机不跟随辅助编码器运转，用控制器直接控制伺服）。这种情况下相对来说比较简单，可以通过周期给伺服驱动器发送命令使伺服电动机运行各种曲线，在控制系统中定义一个定时器，定义一个凸轮表，根据不同的曲线计算出凸轮表，凸轮表中的数据是每次定时器中断填充定时值，这样在中断时发送一次命令，同时根据内部计数索引在凸轮表中取出定时值修改定时器。这里关键是如何产生凸轮表，建立虚拟主轴。同时不要忘记在掉电时记录凸轮表索引。

2）在跟随情况下（有辅助编码器，主轴跟随从轴运转）。这种情况相对上一种情况来说较复杂一点，主要思路就是，根据曲线产生凸轮表，控制系统收到从轴编码器信号后通过硬件或软件方法判断正反转，再根据内部计数通过查凸轮表得出这一次脉冲命令对应要向伺服控制器发送多少个脉冲命令，注意正反转问题。当从轴匀速运动时，与第一种情况几乎一样，当从轴在变速运动时，就会出现伺服电动机噪声过大、发热严重问题。需要通过调整伺服驱动器参数优化，具体查阅伺服手册。当然，在资金充裕的情况下还是使用线数较高的编码器，同时在程序上倍频。同时不要忘记在掉电时记录凸轮表索引，或者用绝对编码器。

实际上，电子凸轮是利用构造的凸轮曲线来模拟机械凸轮，以达到与机械凸轮系统相同的凸轮轴与主轴之间相对运动的软件系统。电子凸轮相比于机械凸轮更为灵活，轨迹易于改动，没有磨损。由电子凸轮实现的追随功能比一般的分开独立控制从轴追随主轴的运动有更高的效率和稳定性。

2. Follow 模式运动

在一些应用场合需要两轴或多轴之间保证位置同步和速度同步，把被跟随的轴称为主轴，把跟随的轴称为从轴。为了减少跟随滞后，从轴的轴号应当大于主轴的轴号。

以飞剪项目为例，Follow 模式主从轴规划如图 5-20 所示。假设主轴（即传送带）是以点位或 Jog 模式在运动，而从轴是以 Follow 模式运动，区域 1 是从轴起动跟随，表示从轴追赶主轴到达位置同步点的位移。区域 2 表示从轴旋转完整一周回到起始点的位移，区域 3 与区域 2 一样，表示从轴循环旋转以达到等长切断主轴传送带上的被剪物体。

注意：区域 1 和区域 2 是功能完全不同的数据段。区域 1 的数据段只是过渡段，当速度和位置到达预定值后便不再执行了，区域 2 则是需要循环执行的段，因此需要将区域 1 的数据放在一个 FIFO，区域 2 的数据放另外一个 FIFO。

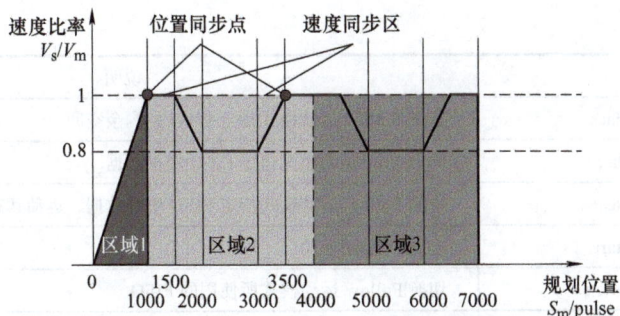

图 5-20 Follow 模式主从轴规划

区域 1：从轴追赶主轴的位移段，当主轴走完 1000pulse 时，从轴需要走 500pulse。以主轴规划位置为参考，该数据段的起点为规划 0 位置。

区域 2：可以分成 5 个数据段。第一段为切刀从位置同步点离开的速度同步区段；第二段为切刀减速脱离速度同步区段；第三段为从轴恒速段；第四段为从轴往主轴速度变化的加速段；最后一段是切刀接近被剪物体的速度同步区段。计算可得飞剪案例区域 2 的数据段，见表 5-12。以主轴规划位置为参考，该数据段的起点为规划位置 1000pulse。

表 5-12 飞剪案例区域 2 的数据段

数据段	第一段	第二段	第三段	第四段	第五段
主轴位置	500	1000	2000	2500	3000
从轴位置	500	950	1750	2200	2700
主轴位移	500	500	1000	500	500
从轴位移	500	450	800	450	500

3. 主要指令

Follow 运动指令主要包括设定轴为 Follow 运动模式 GTN_PrfFollow、起动 Follow 运动 GTN_FollowStart、设置 Follow 运动跟随主轴 GTN_SetFollowMaster、读取 Follow 运动跟随主轴 GTN_GetFollowMaster、设置循环次数 GTN_SetFollowLoop、读取起动跟随条件 GTN_GetFollowEvent、向指定 FIFO 增加数据 GTN_FollowData 和切换所使用的 FIFO 号 GTN_FollowSwitch 等，Follow 运动模式指令汇总表见表 5-13。

表 5-13 Follow 运动模式指令汇总表

指令	说明
GTN_PrfFollow	设置指定轴为 Follow 运动模式
GTN_SetFollowMaster	设置 Follow 运动模式跟随主轴
GTN_GetFollowMaster	读取 Follow 运动模式跟随主轴
GTN_SetFollowLoop	设置 Follow 运动模式循环次数
GTN_GetFollowLoop	读取 Follow 运动模式循环次数
GTN_SetFollowEvent	设置 Follow 运动模式起动跟随条件
GTN_GetFollowEvent	读取 Follow 运动模式起动跟随条件

（续）

指令	说明
GTN_FollowSpace	查询 Follow 运动模式指定 FIFO 的剩余空间
GTN_FollowData	向 Follow 运动模式指定 FIFO 增加数据
GTN_FollowClear	清除 Follow 运动模式指定 FIFO 中的数据，运动状态下该指令无效
GTN_FollowStart	起动 Follow 运动
GTN_FollowSwitch	切换 Follow 运动模式所使用的 FIFO
GTN_SetFollowMemory	设置 Follow 运动模式的缓存区大小
GTN_GetFollowMemory	读取 Follow 运动模式的缓存区大小

（1）设置指定轴为 Follow 运动模式　Follow 运动模式指令见表 5-14。

表 5-14　Follow 运动模式指令

指令原型	short GTN_PrfFollow（short core，short profile，short dir）
指令说明	设置指定轴为 Follow 运动模式
指令参数	core：内核，正整数，常规参数设为 1
	profile：规划轴号，正整数
	dir：设置跟随方式，0：双向；1：正向；-1：负向
使用举例	GTN_ PrfFollow（1，SLAVE）

（2）设置、读取 Follow 运动模式跟随主轴　设置 Follow 运动模式下的跟随主轴指令见表 5-15。

表 5-15　设置 Follow 运动模式下的跟随主轴指令

指令原型	short GTN_SetFollowMaster（short core，short profile，short masterIndex，short masterType = FOLLOW_MASTER_PROFILE，short masterItem）
指令说明	设置 Follow 运动模式下的跟随主轴
指令参数	core：内核，正整数，常规参数设为 1
	profile：规划轴号，正整数
	masterIndex：主轴索引，正整数，取值范围同 profile，最好主轴索引号小于规划轴号
	masterType：主轴类型 2：表示跟随规划轴（profile）的输出值。默认为该类型 1：表示跟随编码器（encoder）的输出值 3：表示跟随轴（axis）的输出值 103：表示 core2 轴跟随 core1 中轴（axis）的输出值 101：表示 core2 轴跟随 core1 中编码器（encoder）的输出值
	masterItem：合成轴类型，masterType=3 时起作用 0 表示 axis 的规划位置输出值，默认为该值 1 表示 axis 的编码器位置输出值
使用举例	GTN_SetFollowMaster（1，SLAVE，MASTER）

读取 Follow 运动模式跟随主轴 GTN_GetFollowMaster 与 GTN_SetFollowMaster 参数相同。

（3）设置、读取 Follow 运动模式循环次数　设置 Follow 运动模式下的循环次数指令见表 5-16。

表 5-16　设置 Follow 运动模式下的循环次数指令

指令原型	short GTN_SetFollowLoop（short core，short profile，short loop）
指令说明	设置 Follow 运动模式下的循环次数
指令参数	core：内核，正整数，常规参数设为 1
	profile：规划轴号，正整数
	loop：指定 Follow 模式循环执行的次数 取值范围：[-32768，32767]。注意：loop 小于 1 表示无限次循环
使用举例	GTN_SetFollowLoop（1，SLAVE，0）

读取 Follow 运动模式循环次数 GTN_GetFollowLoop 与 GTN_SetFollowLoop 参数类似，ploop 为指针式，此时 GTN_GetFollowLoop（1，SLAVE，&loop）。

（4）设置、读取 Follow 运动模式起动跟随条件　设置 Follow 运动模式起动跟随条件指令见表 5-17。

表 5-17　设置 Follow 运动模式起动跟随条件指令

指令原型	short GTN_SetFollowEvent（short core，short profile，short event，short masterDir，long pos）
指令说明	设置 Follow 运动模式起动跟随条件
指令参数	core：内核，正整数，常规参数设为 1
	profile：规划轴号，正整数
	event：起动跟随条件 FOLLOW_EVENT_START（该宏定义为 1）：表示调用 GTN_FollowStart 以后立即起动 FOLLOW_EVENT_PASS（该宏定义为 2）：表示主轴穿越设定位置以后起动跟随
	masterDir：穿越起动时，主轴的运动方向 1—主轴正向运动，-1—主轴负向运动
	pos：穿越位置。单位：pulse 当 event 为 FOLLOW_EVENT_PASS 时有效
使用举例	GTN_SetFollowEvent（1，SLAVE，FOLLOW_EVENT_PASS，1，50000）

读取 Follow 运动模式起动跟随条件 GTN_GetFollowEvent 与 GTN_SetFollowEvent 参数相同。

（5）查询 Follow 运动模式指定 FIFO 的剩余空间　查询 Follow 运动模式指定 FIFO 的剩余空间指令见表 5-18。

表 5-18　查询 Follow 运动模式指定 FIFO 的剩余空间指令

指令原型	short GTN_FollowSpace（short core，short profile，short *pSpace，short fifo=0）
指令说明	查询 Follow 运动模式指定 FIFO 的剩余空间
指令参数	core：内核，正整数，常规参数设为 1
	profile：规划轴号，正整数
	pSpace：读取 FIFO 的剩余空间
	fifo：指定存放数据的 FIFO。取值范围：0、1 两个值，默认为 0
使用举例	GTN_FollowSpace（1，SLAVE）

（6）向 Follow 运动模式指定 FIFO 增加数据　向 Follow 运动模式指定 FIFO 增加数据指令见表 5-19。

表 5-19　向 Follow 运动模式指定 FIFO 增加数据指令

指令原型	short GTN_FollowData（short core，short profile，long masterSegment，double slaveSegment，short type= FOLLOW_SEGMENT_NORMAL，short fifo=0）
指令说明	向 Follow 运动模式指定 FIFO 增加数据
指令参数	core：内核，正整数，常规参数设为 1
	profile：规划轴号，正整数
	masterSegment：主轴位移。单位：pulse
	slaveSegment：从轴位移。单位：pulse
	type：数据段类型 0：普通段。默认为该类型 1：匀速段 2：减速到 0 段 3：保持 FIFO 之间速度连续
	fifo：指定存放数据的 FIFO。取值范围：0、1 两个值。默认为 0
使用举例	GTN_FollowData（1，SLAVE，masterPos，slavePos）

（7）清除 Follow 运动模式指定 FIFO 中的数据　清除 Follow 运动模式指定 FIFO 数据指令见表 5-20。

表 5-20　清除 Follow 运动模式指定 FIFO 数据指令

指令原型	short GTN_FollowClear（short core，short profile，short fifo=0）
指令说明	清除 Follow 运动模式指定 FIFO 数据
指令参数	core：内核，正整数，常规参数设为 1
	profile：规划轴号，正整数
	fifo：指定存放数据的 FIFO，取值范围：0、1 两个值。默认为 0
使用举例	GTN_FollowClear（1，SLAVE）

（8）起动 Follow 运动　起动 Follow 运动指令见表 5-21。

表 5-21　起动 Follow 运动指令

指令原型	short GTN_FollowStart（short core，long mask，long option）
指令说明	起动 Follow 运动
指令参数	core：内核，正整数，常规参数设为 1
	mask：按位指示需要起动 Follow 运动的轴号。当 bit 位为 1 时表示起动对应的轴
	option：按位指示所使用的 FIFO，默认为 0。当 bit 位为 0 时表示对应的轴使用 FIFO1。当 bit 位为 1 时表示对应的轴使用 FIFO2
使用举例	GTN_FollowStart（1，1<<（SLAVE-1））（使用 FIFO1）

（9）切换 Follow 运动模式所使用的 FIFO　切换 Follow 运动模式所使用的 FIFO 指令见表 5-22。

表 5-22　切换 Follow 运动模式所使用的 FIFO 指令

指令原型	short GTN_FollowSwitch（short core，long mask）
指令说明	切换 Follow 运动模式所使用的 FIFO
指令参数	core：内核，正整数，常规参数设为 1
	mask：按位指示需要切换 Follow 工作 FIFO 的轴号。当 bit 位为 1 时表示起动对应的轴
使用举例	GTN_FollowSwitch（1，1<<（SLAVE-1））

（10）读取、设置 Follow 运动模式的缓存区大小　设置 Follow 运动模式的缓存区大小指令见表 5-23。

表 5-23　设置 Follow 运动模式的缓存区大小指令

指令原型	short GTN_SetFollowMemory（short core，short profile，short memory）
指令说明	设置 Follow 运动模式的缓存区大小
指令参数	core：内核，正整数，常规参数设为 1
	profile：规划轴号，正整数
	memory：Follow 运动缓存区大小标志 0：每个 Follow 运动缓存区有 16 段空间 1：每个 Follow 运动缓存区有 512 段空间
使用举例	GTN_SetFollowMemory（1，SLAVE，0）

读取 Follow 运动模式的缓存区大小 GTN_GetFollowMemory（short core，short profile，short *pMemory），与 GTN_SetFollowMemory 参数类似。

三、任务实施

1. 任务实施流程

任务实施主要有以下几个步骤。

1）连接好伺服系统、I/O 模块和控制器，配置伺服驱动器参数，修改后重新上电待用。

2）打开 VS，创建 MFC 应用，设计 MFC 任务界面。

3）程序设计：基本流程包括初始化控制器、总线网络和扩展模块→清除状态、位置清零和伺服使能配置→轴回零→起动运动及飞剪控制→停止并结束任务，跟随飞剪运动控制流程如图 5-21 所示。

4）生成解决方案。

5）将相应运动轴使用 MotionStudio 创建 XML 文件"Gecat.xml"，与其他配置文件一起存入相应项目文件夹。

6）设备上电，运行执行文件，调试设备。

2. 项目创建

打开 VS，单击新建项目，选择创建 MFC 应用，修改项目名称，本例改为"Follow_feijian"，单击"Next"，然后选择"基于对话框"，最后单击"完成"按钮。

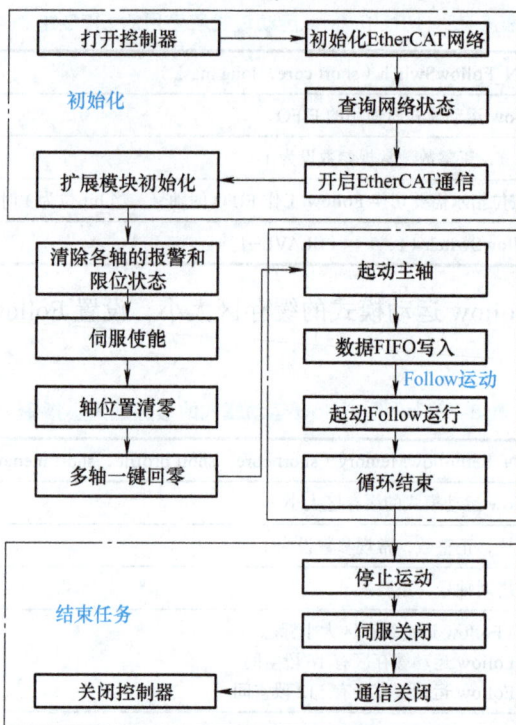

图 5-21　跟随飞剪运动控制流程

3. 界面设计

1）从工具箱添加静态文本框，修改属性 Caption，ID 除了标题其他项默认，其中标题设为 IDC_topic。

2）从工具箱添加按钮控件，修改属性 Caption，ID 设定参考功能定义。

3）从工具箱添加编辑框，18 个数值编辑框，ID 设定同样参考功能定义，其中主轴实际位置和跟随轴实际位置两个编辑框的属性"Read Only"项设置成"True"。

飞剪控制设计界面如图 5-22 所示。

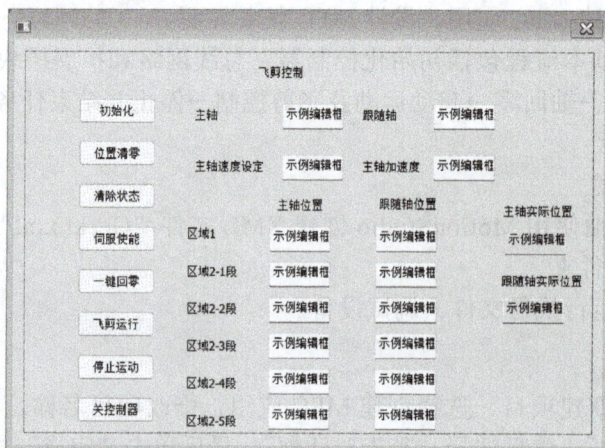

图 5-22　飞剪控制设计界面

4. 添加变量

1）打开工具栏的"项目"→"类向导"，添加编辑框的变量，分别为区域段主轴、跟随轴的规划位置建立变量，如 e_1FPos、e_1MPos 等，它们的变量类型选 double，跟随运动添加变量如图 5-23 所示。

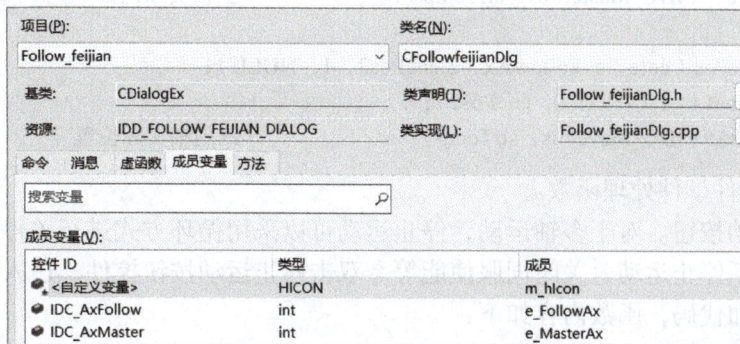

a）轴号变量

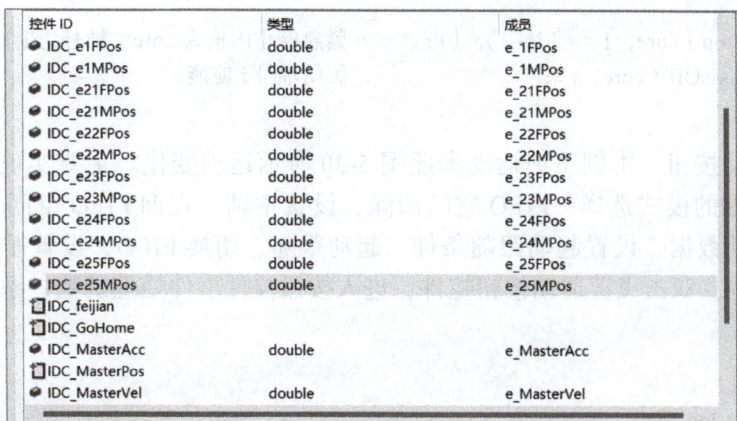

b）其他变量

图 5-23　跟随运动添加变量

2）在消息栏添加消息 WM_TIMER，生成 OnTimer 处理程序，参照任务 3-1。

5. 编辑程序

常规程序代码包括 OnInitDialog（）函数中添加字体设置代码，初始化按钮、清除状态按钮、位置清零按钮、伺服使能按钮、一键回零按钮、停止运动和关控制器按钮等函数都采用与任务 5-2 相同的方法，其他程序代码如下。

1）声明全局变量。声明变量与任务 5-2 和任务 3-2 类似，主要包括运动指令返回值、内核、规划速度、实际位置与速度、字符串数据结构，以及回零状态、回零模式、回零速度与加速度等回零相关的变量或声明。

2）添加文件。根据项目需要添加相关头文件，参照任务 3-1。

3）修改对话框初始化函数。在 OnInitDialog（）函数中添加字体设置代码，参照任务 3-1。

4）定时器处理程序。参照前面的任务，在添加的定时器 OnTimer（UINT_PTR nIDEvent）函数中添加获取主轴和跟随轴实际位置等变量的实时变化。

```
GTN_GetEncPos（core，e_MasterAx，&encPos1，1，NULL）;
strTemp.Format（_T（"%.1f"），encPos1）;
SetDlgItemText（IDC_MasterPos，strTemp）;              // 主轴实际位置

GTN_GetEncPos（core，e_FollowAx，&encPos2，1，NULL）;
strTemp.Format（_T（"%.1f"），encPos2）;
SetDlgItemText（IDC_SlavePos，strTemp）;               // 跟随轴实际位置
```

5）按钮控件事件处理函数。

①停止运动按钮。对于多轴运动，停止运动可以采用循环方式进行关停。主要为实现运动结束，包括停止运动、关闭伺服使能等。双击停止运动按钮控件，进入按钮控件事件处理函数，添加代码，函数内容如下：

```
for（int i = 1；i <= 4；i++）                          // 根据轴数量添加循环次数
{
    GTN_Stop（core，1 << （i – 1），1）;                 // 紧急停止内核为 core、轴号为 i 的运动
    GTN_AxisOff（core，i）;                            // 关闭轴号 i 使能
}
```

②飞剪运动按钮。本例飞剪运动参照图 5-20 所示运动变化。主要实现主轴的 Jog 运动设置、跟随轴的模式选择、FIFO 空间清除、设置主轴、查询 FIFO 空间、向 FIFO1 和 FIFO2 写入运动数据、设置起动跟随条件、起动跟随、切换 FIFO、设置循环次数及跟随运动结束查询等。双击飞剪运动按钮控件，进入按钮控件事件处理函数，添加代码，函数内容如下：

```
UpdateData（1）;
// 将主轴设为 Jog 模式
sRtn = GTN_PrfJog（1，e_MasterAx）;
sRtn = GTN_GetJogPrm（1，e_MasterAx，&jog）;
jog.acc = e_MasterAcc;
sRtn = GTN_SetJogPrm（1，e_MasterAx，&jog）;
sRtn = GTN_SetVel（1，e_MasterAx，e_MasterVel）;
sRtn = GTN_Update（1，1 << （e_MasterAx – 1））;
// 将跟随轴设为 Follow 模式
sRtn = GTN_PrfFollow（1，e_FollowAx）;
sRtn = GTN_FollowClear（1，e_FollowAx，0）;            // 清空从轴 FIFO1
sRtn = GTN_FollowClear（1，e_FollowAx，1）;            // 清空从轴 FIFO2
// 设置主轴，默认跟随主轴规划位置
sRtn = GTN_SetFollowMaster（1，e_FollowAx，e_MasterAx）;
sRtn = GTN_FollowSpace（1，e_FollowAx，&space，0）; // 查询 Follow 模式 FIFO1 的剩余空间
// 向 FIFO1 中增加区域 1 运动数据
sRtn = GTN_FollowData（1，e_FollowAx，e_1MPos，e_1FPos，FOLLOW_SEGMENT_NORMAL，0）;
sRtn = GTN_FollowSpace（1，e_FollowAx，&space，1）; // 查询 Follow 模式 FIFO2 的剩余空间
```

```
// 向 FIFO2 中增加区域 2 运动数据
GTN_FollowData (1, e_FollowAx, e_21MPos, e_21FPos,    FOLLOW_SEGMENT_EVEN, 1);
GTN_FollowData (1, e_FollowAx, e_22MPos, e_22FPos, FOLLOW_SEGMENT_NORMAL, 1);
GTN_FollowData (1, e_FollowAx, e_23MPos, e_23FPos, FOLLOW_SEGMENT_EVEN, 1);
GTN_FollowData (1, e_FollowAx, e_24MPos, e_24FPos, FOLLOW_SEGMENT_NORMAL, 1);
GTN_FollowData (1, e_FollowAx, e_25MPos, e_25FPos, FOLLOW_SEGMENT_EVEN, 1);
// 设置跟随条件
sRtn = GTN_SetFollowEvent (1, e_FollowAx, FOLLOW_EVENT_START, 1);
sRtn = GTN_FollowStart (1, 1 << (e_FollowAx – 1), 0);          // 起动从轴 Follow 运动
// 切换 Follow 所使用的 FIFO1 到 FIFO2
sRtn = GTN_FollowSwitch (1, 1 << (e_FollowAx – 1));
sRtn = GTN_SetFollowLoop (1, e_FollowAx, 10);                  // 设置 Follow 的循环次数为 10 次
do
{
    sRtn = GTN_GetSts (1, e_FollowAx, &sts);                   // 读取跟随轴状态
} while (sts & 0x400);
UpdateData (0);
```

6. 程序运行

检查项目设计内容，生成解决方案，运行程序，弹出结果对话框。在对话框的编辑框内填入相应数值，依次单击初始化、位置清零、清除状态和伺服使能按钮，按一键回零按钮，在硬件正常的情况下，轴 1、2、3 能够正常进行回零运动。飞剪控制设置界面如图 5-24 所示。按飞剪运行按钮，轴相应开始运行，位置发生变化。

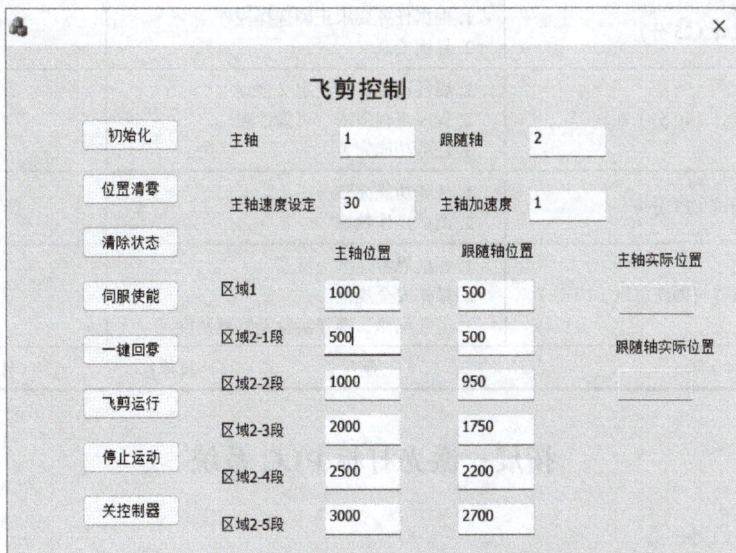

图 5-24　飞剪控制设置界面

由于实际位置偏小，为了便于观察，建议将区域 1 和区域 2 的位置放大 10 倍。飞剪运动位置放大如图 5-25 所示。

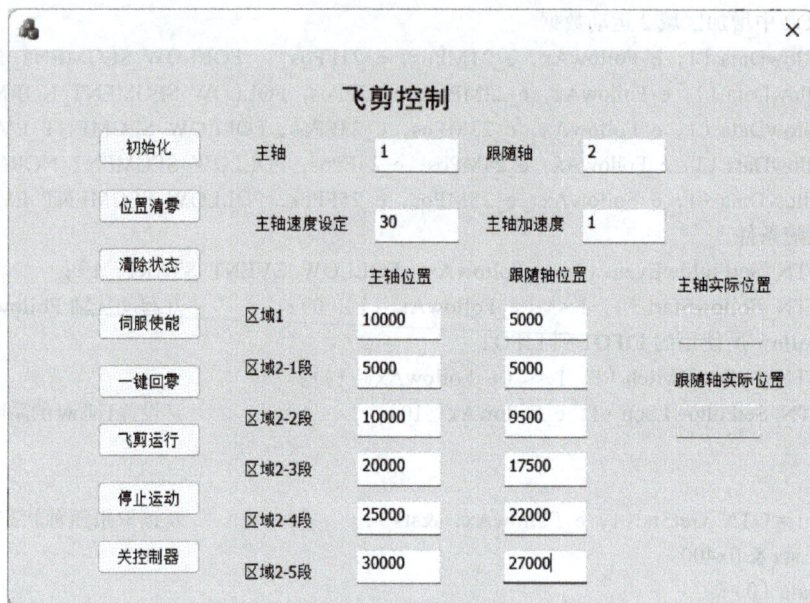

图 5-25　飞剪运动位置放大

四、任务评价

任务评价见表 5-24。

表 5-24　跟踪打标任务评价表

任务	训练内容与分值	训练要求	学生自评	教师评分
跟踪打标	界面设计（25分）	1. 根据任务要求正确选择控件 2. 界面美观		
	程序设计（40分）	1. 属性设置和变量定义合理 2. 程序流程清晰，可读性强 3. 任务功能完善		
	任务调试（25分）	1. 任务功能完整 2. 调试操作熟练		
	职业素养与创新思维（10分）	1. 积极思考、举一反三 2. 操作安全规范 3. 遵守纪律，遵守实验室管理制度		
	学生：　　　　　　　教师：　　　　　　　日期：			

拓展：激光打标 PLC 系统

一、设备及任务

1. 设备选型

设备选用 3 轴伺服系统，主要设备见表 5-25。

表 5-25　设备选型

序号	设备名称	型号	数量	说明
1	伺服驱动器	MR–JET–40G–N1	3	带 EtherCAT 总线
2	伺服电动机	HG–KNS43J	3	旋转电动机
3	PLC	汇川 H5U–1614MTD	1	带 EtherCAT 总线
4	3 坐标系统	自制	1	3 坐标机架
5	激光器	金雕 JDGY	1	5.5W 激光器

2. 任务要求

在触摸屏设置参数，HMI 仿真界面如图 5-26 所示，可以根据运动轨迹需要设计自动运行程序，实现相应的运动。本任务要求使用激光器按照一定轨迹完成打标工作。

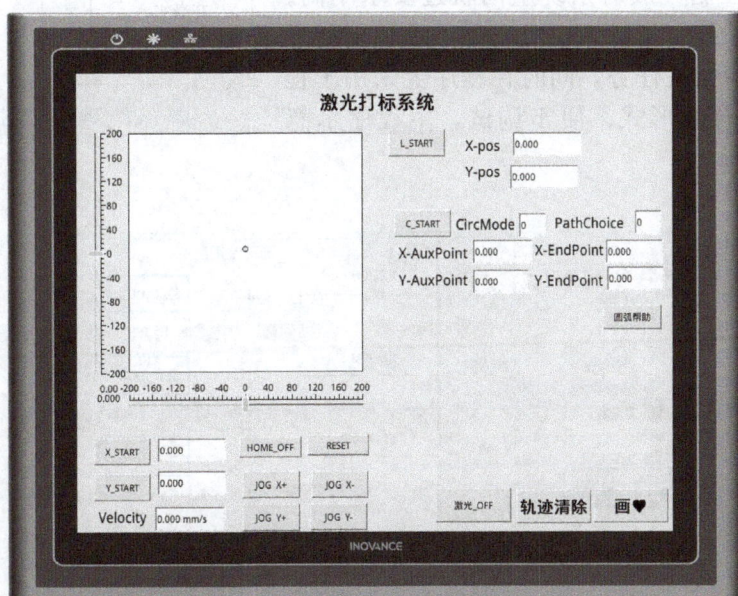

图 5-26　HMI 仿真界面

任务要求：编制一个自动控制程序，在激光打标系统中打印如图 5-27 所示 PLC 打标运动轨迹，各点坐标已标出，运动速度为 30mm/s。

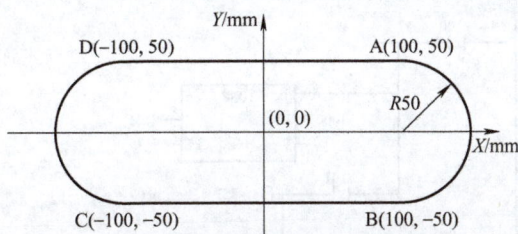

图 5-27　PLC 打标运动轨迹

209

工作过程规划：按下起动按钮，系统自动回零点，然后运动到 A 点，打开激光，沿图像 ABCDA 运动，结束后关闭激光，回到零点。

二、控制流程及程序设计

1. 控制流程

依据打标的过程，工作流程为初始化→回零→插补运动打标→关激光器及回零，插补运动根据轨迹可以分成直线段和圆弧段，如图 5-27 所示，共计 4 个工作点，由 4 点与插补运动完成打标工作。激光打标控制流程图如图 5-28 所示。

2. 程序设计

激光打标控制一般对系统空间轨迹要求不高，可以设计成 2 轴组合运动，也可以采用单轴控制形式，类似项目 4 拓展任务。同时在程序上采用子程序与主程序结合的形式，便于调试。主程序示意图如图 5-29 所示。

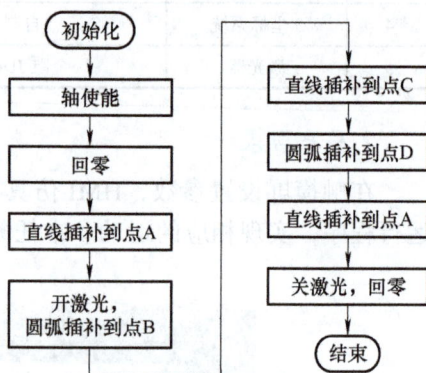

图 5-28　激光打标控制流程图

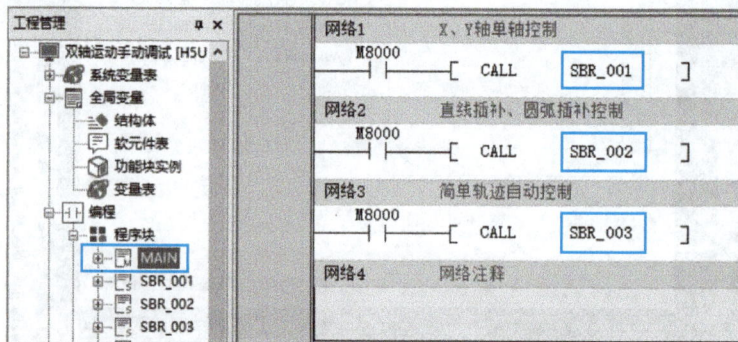

图 5-29　主程序示意图

以简单轨迹自动控制为例，对程序进行说明。

// 回零控制，延时时间设定为 1000，定时结束时复位 M100 步，进入 M102 步

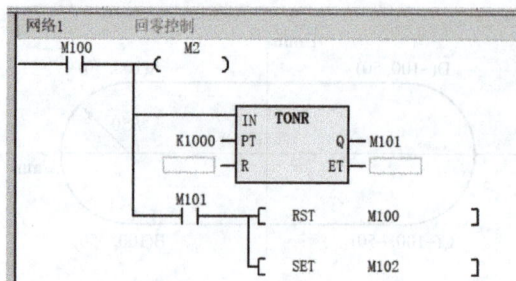

// M102 步，为 A 点赋值坐标点，直线插补至 A 后，复位 M102 步，进入 M103 步

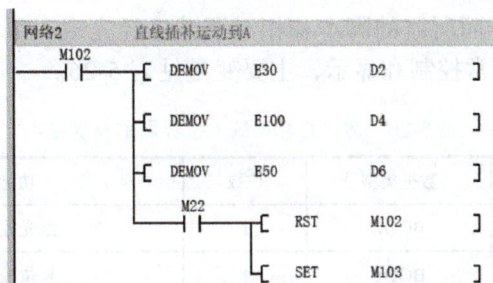

网络2　　　　直线插补运动到A

// M103 步，开激光，为圆弧赋值点坐标，完成插补至 B 后，复位 M103 步，进入 M104 步

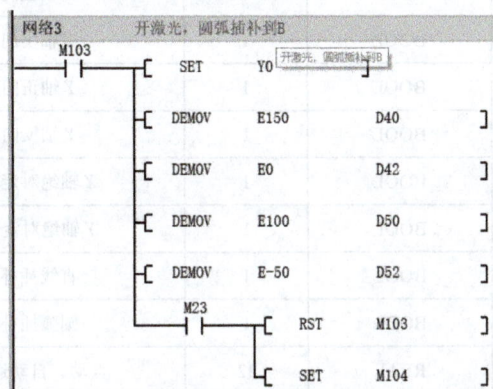

网络3　　　　开激光，圆弧插补到B

// M104 步，赋值 C 点平面坐标，直线插补至 C 后，复位 M104 步，进入 M105 步

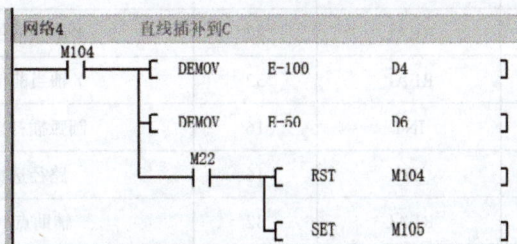

网络4　　　　直线插补到C

// M105 步，为圆弧赋值点坐标，完成插补至 D 后，复位 M105 步，进入 M106 步（程序略）
// M106 步，重新赋值 A 点坐标，直线插补至 A 后，复位 M106 步，进入 M107 步（程序略）
// M107 步，关闭激光，回零点，完成动作后，复位 M107 步

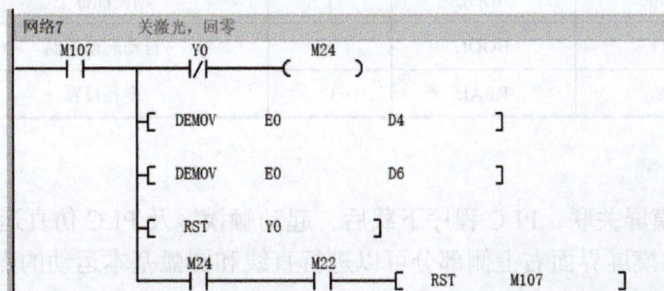

网络7　　　　关激光，回零

三、运行调试

激光打标系统人机界面所需的脚本和相对调试已经完成，编程时只要按表 5-26 所给的寄存器进行关联就可正常控制和显示，主要变量见表 5-26。

表 5-26　激光打标系统人机界面主要变量

序号	寄存器编号	数据类型	位数	功能	HMI
1	Y0	BOOL	1	激光控制	√
2	M1	BOOL	1	复位控制	√
3	M2	BOOL	1	回零控制	√
4	M3	BOOL	1	X 轴正向点动	√
5	M4	BOOL	1	X 轴反向点动	√
6	M5	BOOL	1	Y 轴正向点动	√
7	M6	BOOL	1	Y 轴反向点动	√
8	M9	BOOL	1	X 轴绝对定位控制	√
9	M10	BOOL	1	Y 轴绝对定位控制	√
10	M21	BOOL	1	直线插补控制	√
11	M20	BOOL	1	圆弧插补控制	√
12	D2	REAL	32	点动、自动运动速度	√
13	D4	REAL	32	X 轴绝对目标位置	√
14	D6	REAL	32	Y 轴绝对目标位置	√
15	D10	REAL	32	X 轴当前位置	√
16	D12	REAL	32	Y 轴当前位置	√
17	D0	INT	16	圆弧插补模式	√
18	D1	INT	16	路径选择	√
19	D40	REAL	32	辅助点 [0]	√
20	D42	REAL	32	辅助点 [0]	√
21	D50	REAL	32	终点 [0]	√
22	D52	REAL	32	终点 [1]	√
23	M1000	BOOL	1	轴使能标志	√
24	M11	BOOL	1	自动起动控制	√
25	D8	REAL	32	半径设置	√

1. 手动运行调试

将 PLC 与触摸屏关联，PLC 程序下载后，起动触摸屏及 PLC 仿真运行。

此时，通过触摸屏界面右上侧部分可以进行直线和圆弧基本运动的点、模式等参数的设置；左下侧可以进行起始点、运动速度设置，同时也能进行 Jog 运动和 Home 运动的控制，配套 PLC 的 SBR_1 和 SBR_2。

通过这两部分的设置与运行，观察设备工作是否正常，若有问题可以结合表 5-26 与 PLC 程序进行检查调试，直至最终能正常工作为止。

2. 自动运行调试

此时，通过触摸屏界面右下方的自动起动按钮起动自动控制，观察触摸屏运动轨迹与规划轨迹是否一致。触摸屏人机界面及工作完成后轨迹图如图 5-30 所示。如果有硬件打标设备，同时观察打标情况。

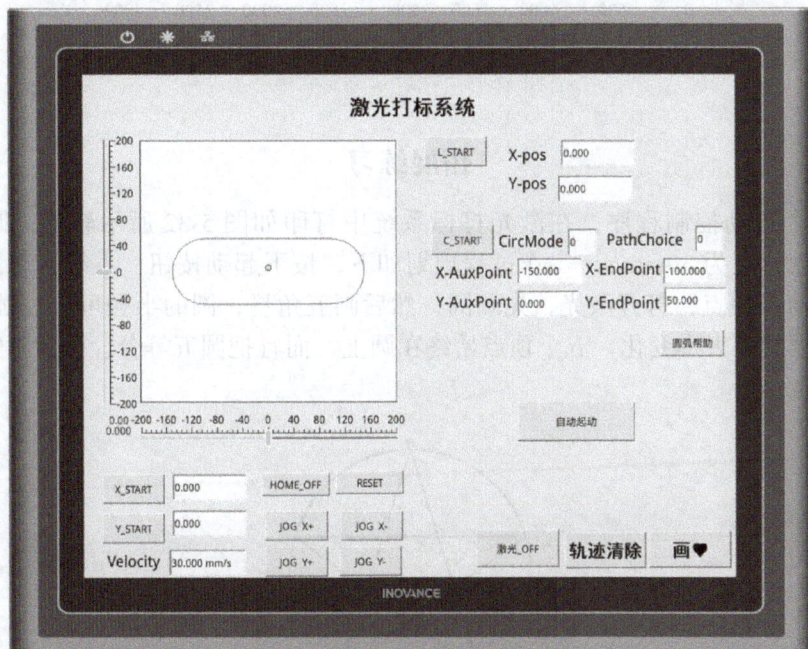

图 5-30　触摸屏人机界面及工作完成后轨迹图

如果运动轨迹有误，检查 PLC 程序各设置点和控制指令，确定规划点及目标轨迹是否一致；如果不能工作，检查手动工作是否正常，不正常则参照手动调试，正常则检查自动程序或触摸屏与 PLC 的关联。

在进行实物激光器打标时，有可能打标痕迹不明显，此时要调整激光器镜头的聚焦，若还是不明显，调整激光器 PWM 信号相关频率和占空比，若还是不明显，就降低运行速度。不同的材质对打标有较大影响，需要结合材料、激光器功率和打标运行速度综合设置进行打标。

实战练习

5-1　参照任务 5-2 完成如图 5-27 所示轨迹的打标运动。

5-2　参照任务 5-3 完成如图 5-31 所示运动轨迹的跟踪运动。

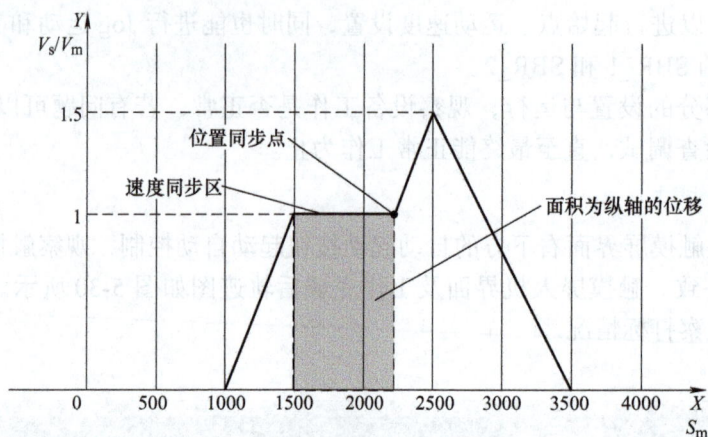

图 5-31　练习 5-2 运动轨迹

拓展练习

编制一个自动控制程序，在激光打标系统中打印如图 5-32 所示轨迹，圆心坐标为（0，0），运动速度为30mm/s。工作过程规划如下，按下起动按钮，系统自动回零点，然后运动到五角星顶点，打开激光，先画圆，然后画五角星，圆的半径可通过触摸屏设定，五角星能根据圆的大小变化，五个顶点始终在圆上，而且把圆五等分。图像画完后关闭激光，回到零点。

图 5-32　拓展练习 5-1 图

附　　录

附录 A　MR-JET-40G-N1 驱动器 I/O 一览表

名称	信号简称	接头引脚 No.	控制模式
<输入信号>			
强制停止 2	EM2	CN3-20	○
强制停止 1	EM1	（CN3-20）	△
触摸探针 1	TPR1	—	△
触摸探针 2	TPR2	—	△
触摸探针 3	TPR3	—	△
正转行程末端	LSP	CN3-2	○
反转行程末端	LSN	CN3-12	○
近点 DOG	DOG	CN3-19	○
比例控制	PC	—	△
增益切换	CDP	—	△
增益切换 2	CDP2	—	△
全闭合选择	CLD	—	△
<输出信号>			
电磁制动互锁	MBR	CN3-13	○
故障	ALM	CN3-15	○
到位	INP	CN3-9	○
准备就绪	RD	—	△
速度到达	SA	—	△
速度限制中	VLC	—	△
零速度检测	ZSP	—	△
转矩限制中	TLC	—	△
警告	WNG	—	△
电池警告	BWNG	—	△
电动机停止警告	WNGSTOP	—	△
可变增益选择中	CDPS	—	△
可变增益选择中 2	CDPS2	—	△

（续）

名称	信号简称	接头引脚 No.	控制模式
绝对位置丢失中	ABSV	—	△
Tough Drive 中	MTTR	—	△
全闭合控制中	CLDS	—	△
通用输出 A	DOA	—	△
通用输出 B	DOB	—	△
通用输出 C	DOC	—	△

注：控制模式栏中记号的含义如下：〇—出厂状态下可使用的信号；△—参数 PA04、PD03 ～ 09、PD38、PD39 的设置中，可使用的信号接头引脚 No. 为初始值状态时。

附录 B　轴状态定义表

序号	bit 位	位定义
1	0	保留
2	1	驱动器报警标志：控制轴连接的驱动器报警时置 1
3	2	保留
4	3	保留
5	4	跟随误差越限标志：控制轴规划位置和实际位置的误差大于设定极限时置 1
6	5	正限位触发标志： （1）正限位开关电平状态为限位触发电平时置 1 （2）规划位置大于正向软限位时置 1
7	6	负限位触发标志： （1）负限位开关电平状态为限位触发电平时置 1 （2）规划位置小于负向软限位时置 1
8	7	I/O 平滑停止触发标志：如果轴设置了平滑停止 I/O，当其输入为触发电平时置 1，并自动平滑停止该轴
9	8	I/O 急停触发标志：如果轴设置了急停 I/O，当其输入为触发电平时置 1，并自动急停该轴
10	9	电动机使能标志：电动机使能时置 1
11	10	规划运动标志：规划器运动时置 1
12	11	电动机到位标志：规划器静止，规划位置和实际位置的误差小于设定误差带，并且在误差带内保持设定时间后，置到位标志
13	12 ～ 29	保留

　　规划运动状态（bit10）只表示理论上的运动状态。置 1 表示处于规划运动状态，清零表示处于规划静止状态。由于电动机跟随滞后、机械系统振荡等原因，一般在规划静止一段时间以后，机械系统才能完全停止。

附录 C　MR 伺服驱动器主要参数表及说明

表 C-1 为 MR 伺服驱动器主要参数表。

表 C-1　MR 伺服驱动器主要参数表

参数	名称	说明	设置值
PA04.2	伺服强制停止选择	0：有效（使用强制停止输入 EM2 或 EM1） 1：无效（不使用强制停止输入 EM2 及 EM1）	1
PA04.3	强制停止减速功能选择	0：强制停止减速功能无效（使用 EM1） 2：强制停止减速功能有效（使用 EM2）	2
PA06	电子齿轮分子 CMX	编码器分辨率，对应 [Motor revolutions（Obj. 6091h: 01h）]	65536
PA07	电子齿轮分母 CDV	轴运动一圈的位移或角度，对应 [Shaft revolutions（Obj. 6091h: 02h）]	1125
PA08.0	增益调整模式选择	0：2 增益调整模式 1（插补模式） 1：自动调谐模式 1 2：自动调谐模式 2 3：手动模式 4：2 增益调整模式 2 5：瞬间调谐模式 6：负载转动惯量比监视模式	1
PA08.4	瞬间调谐负载转动惯量比设定	0：负载转动惯量比 30 倍以下 1：负载转动惯量比 100 倍以下	1
PA25	一键式调整过冲允许等级	范围为 0 ～ 100%	90
PB17.0-1	轴共振抑制滤波设定频率选择	见 MR Configurator2 软件帮助文档	2B/2D
PB17.2	陷波深度选择	0：−40dB 1：−14dB 2：−8dB 3：−4dB	1
PB24.0	微振动抑制控制选择	0：无效 1：有效	1
PC76.3	限位开关状态读取选择	见下文 1）	1
PC79.0	DI 状态读取选择	见下文 2）	E
PD60.0	DI 引脚极性选择	见下文 3）	03
PT29.0	软元件输入极性 1	应选择近点狗输入极性 0：OFF 时检测近点狗 1：ON 时检测近点狗	1
PT45	原点复位方式	见下文 4）	27
PV13	蠕变速度扩展设定	设定原点复位时的近点狗后的伺服电动机速度，PT01.1 速度 / 加减速度单位选择为 "1" 时有效	1000
PV15	原点复位加速度	设定原点复位时的加速度，PT01.1 为 "1" 时有效	1000000

　　1）通过 [Digital inputs（Obj. 60FDh）] 读取的 LSP（正转行程末端）及 LSN（反转行程末端）的输出变为反向，限位开关状态读取选择见表 C-2。

表 C-2　限位开关状态读取选择

Pr. PC76.3	LSP/LSN	Digital inputs（Obj. 60FDh）
0	OFF	0
	ON	1
1	OFF	1
	ON	0

2）对读取 [Digital inputs（Obj. 60FDh）] 时是回复输入软元件的 ON/OFF 状态还是回复引脚的 ON/OFF 状态进行选择，读 #60FD 软元件和硬件 ON/OFF 状态选择见表 C-3。

表 C-3　读 #60FD 软元件和硬件 ON/OFF 状态选择

设定位（BIN）	功能	设定值
_ _ _ x	—	0
_ _ x _	DI1 状态读取选择，选择 DI1（位 17）的状态读取 0：回复输入软元件的 ON/OFF 状态 1：回复 DI1 引脚的 ON/OFF 状态	1
_ x _ _	DI2 状态读取选择，选择 DI2（位 18）的状态读取 0：回复输入软元件的 ON/OFF 状态 1：回复 DI2 引脚的 ON/OFF 状态	1
x _ _ _	DI3 状态读取选择，选择 DI3（位 19）的状态读取 0：回复输入软元件的 ON/OFF 状态 1：回复 DI3 引脚的 ON/OFF 状态	1

3）引脚极性选择，引脚定义与选择见表 C-4。

表 C-4　引脚定义与选择

名称	信号类型选择	工作位	设置值
DI 引脚极性选择 1 CN3-2	0：24V 输入时 ON 1：0V 输入时 ON	_ _ _ x	1
DI 引脚极性选择 2 CN3-12	0：24V 输入时 ON 1：0V 输入时 ON	_ _ x _	1
DI 引脚极性选择 3 CN3-19	0：24V 输入时 ON 1：0V 输入时 ON	_ x _ _	0

4）原点复位方式如下：

① 反转（CW）或负方向方式 1（Homing on negative limit switch and index pulse）。

② 正转（CCW）或正方向方式 2（Homing on positive limit switch and index pulse）。

③ 方式 3（Homing on positive home switch and index pulse）。

④ 方式 4（Homing on positive home switch and index pulse）。

⑤ 反转（CW）或负方向方式 5（Homing on negative home switch and index pulse）。

⑥ 方式 6（Homing on negative home switch and index pulse）。

⑦ 正转（CCW）或正方向方式 7（Homing on home switch and index pulse）。

⑧ 方式 8（Homing on home switch and index pulse）。

⑨ 方式 9（Homing on home switch and index pulse）。

⑩ 方式 10（Homing on home switch and index pulse）。

⑪ 反转（CW）或负方向方式 11（Homing on home switch and index pulse）。

⑫ 方式 12（Homing on home switch and index pulse）。

⑬ 方式 13（Homing on home switch and index pulse）。

⑭ 方式 14（Homing on home switch and index pulse）。

⑰ 方式 17（Homing without index pulse）。

⑱ 正转（CCW）或正方向方式 18（Homing without index pulse）。

⑲ 方式 19（Homing without index pulse）。

⑳ 方式 20（Homing without index pulse）。

㉑ 反转（CW）或负方向方式 21（Homing without index pulse）。

㉒ 方式 22（Homing without index pulse）。

㉓ 正转（CCW）或正方向方式 23（Homing without index pulse）。

㉔ 方式 24（Homing without index pulse）。

㉗ 反转（CW）或负方向方式 27（Homing without index pulse）。

㉘ 方式 28（Homing without index pulse）。

㉝ 方式 33（Homing on index pulse）。

㉞ 正转（CCW）或正方向方式 34（Homing on index pulse）。

㉟ 方式 35（Homing on index pulse）。

㊲ 方式 37（Homing on current position）。

参 考 文 献

[1] 基洛卡 . 工业运动控制：电机选择、驱动器和控制器应用 [M]. 尹全，王庆义，等译 . 北京：机械工业出版社，2018.

[2] 廖强华，盛倩 . 运动控制系统开发与应用：中级 [M]. 北京：机械工业出版社，2021.

[3] 彭瑜，何衍庆 . 运动控制系统软件原理及其标准功能块应用 [M]. 北京：机械工业出版社，2020.